“十三五”高等职业教育规划教材

计算机应用技能实训教程

刘　民　郭晓丹　主　编
李继连　刘丹书　副主编
彭德林　付　伟　主　审

中国铁道出版社有限公司
CHINA RAILWAY PUBLISHING HOUSE CO., LTD.

内 容 简 介

本书结合当前的就业情况，精选实训任务而编写。本书共分 6 个实训单元及对应的习题，涵盖了高职院校计算机应用教学大纲的内容，包括计算机基础知识、Windows 7 操作系统、文字处理软件 Word 2010、电子表格处理软件 Excel 2010、演示文稿制作软件 PowerPoint 2010、Internet 应用。

本书突出实用性和专业性，书中的实训任务模拟工作岗位中的实际情境，可重点培养学生的应用能力和动手能力。

本书适合作为高等职业院校各专业计算机基础类课程的实训指导用书，也可以作为计算机应用技能的自学教材以及各类培训机构的参考资料，既可单独使用也可与理论教材配套使用。

图书在版编目（CIP）数据

计算机应用技能实训教程/刘民，郭晓丹主编. —北京：中国铁道出版社，2017.11（2019.8重印）
“十三五”高等职业教育规划教材
ISBN 978-7-113-23874-2

Ⅰ.①计… Ⅱ.①刘… ②郭… Ⅲ.①电子计算机-高等职业教育-教材 Ⅳ.①TP3

中国版本图书馆 CIP 数据核字（2017）第 248081 号

书　　名： 计算机应用技能实训教程
作　　者： 刘　民　郭晓丹　主编

策　　划： 翟玉峰　　　　**读者热线：**（010）63550836
责任编辑： 翟玉峰　彭立辉
封面设计： 刘　颖
责任校对： 张玉华
责任印制： 郭向伟

出版发行： 中国铁道出版社有限公司（100054，北京市西城区右安门西街 8 号）
网　　址： http://www.tdpress.com/51eds/
印　　刷： 三河市航远印刷有限公司
版　　次： 2017 年 11 月第 1 版　　2019 年 8 月第 2 次印刷
开　　本： 787 mm×1 092 mm　1/16　**印张：** 13.25　**字数：** 320 千
印　　数： 2 001～3 500 册
书　　号： ISBN 978-7-113-23874-2
定　　价： 32.00 元

PREFACE

前 言

计算机应用能力不仅是每一位大学生必备的技能，也是衡量当今人才素质的一个重要指标。我们的教学目标是培养学生具有较强的信息获取、信息分析、信息传递和信息加工的能力。“计算机应用技能”作为一门大学生必修的信息类公共基础课，对于培养适应信息时代的新型“应用型”人才尤为重要。

为了巩固学生的理论知识，强化学生的实际动手能力，我们参考大学计算机基础课程教学基本要求，结合计算机应用技能课程教学的实际情况，配合高等职业院校教育教学改革的需要编写了本书。

编者按照高等职业教育的培养目标，结合当今职业教育的教育教学改革需要，编写了这本旨在通过更多的上机操作和动手实训，使学生进一步提高计算机操作能力的实训教材。本书采用“成果导向”和“项目教学”的思路进行编写，分析计算机实际使用过程中遇到的问题，以此作为实训设计的主线，以期达到充分调动学生的学习积极性、发挥学生的主体性、培养学生的自学能力和动手能力的目的。

本书适用于高等职业院校各类专业，在内容的编排上，力求着重提高受教育者的职业能力，具备如下特点：

（1）在具备一定的知识系统性和知识完整性的情况下，突出高等职业教育的特点，在编写过程中把握好“必需”和“够用”这两个“度”。

（2）注重成果导向，任务教学。让学生零距离接触所学知识，拓展学生的职业技能。

（3）按照职业教育的教学规律和学生认知特点讲解各个知识点，选择大量与知识点紧密结合的案例。

（4）由浅入深，由易到难，循序渐进，通俗易懂，理论与案例制作相结合，实用与技巧相结合。

（5）注重培养学生的学习兴趣、独立思考能力、创造性和再学习能力。

（6）有针对性地介绍有关业内的专业知识和案例，使学生学习后可以尽快胜任相关岗位工作。

本书涵盖了高职院校计算机应用教学大纲的内容，包括：计算机基础知识、Windows 7 操作系统、文字处理软件 Word 2010、电子表格处理软件 Excel 2010、演示文稿制作软件 PowerPoint 2010、Internet 应用及习题。

前言 PREFACE

本书由刘民、郭晓丹任主编，李继连、刘丹书任副主编。编写分工：实训单元一、实训单元二、实训单元三由黑龙江司法警官职业学院郭晓丹编写；实训单元四及实训单元五中实训任务一、实训任务二由黑龙江司法警官职业学院李继连编写；实训单元六及习题由上海市七宝实验中学刘民编写；实训单元五中的实训任务三至实训任务六及习题参考答案由青岛外事服务职业学校刘丹书编写，黑龙江司法警官职业学院付伟、刘妍、徐士华、姚丽丽参加了相关项目的编辑与校对工作。全书由黑龙江司法警官职业学院彭德林和付伟审阅定稿。

本书的编写得到了中国铁道出版社领导和编辑的大力支持与帮助，在此表示诚挚的感谢。

由于时间仓促，编者水平有限，书中难免存在疏漏和不妥之处，敬请读者批评指正。

编　者
2017 年 8 月

CONTENTS 目 录

实训单元一 计算机基础知识

实训任务一 计算机的基本操作 1
实训任务二 进制转换计算 2
实训任务三 计算机编码与指法练习 5
实训任务四 认识计算机系统的组成 9
实训任务五 配置一台计算机 11

实训单元二 Windows 7 操作系统

实训任务一 设置 Windows 7 工作环境 16
实训任务二 Windows 7 桌面与窗口的基本操作 23
实训任务三 文件及文件夹的管理 26
实训任务四 Windows 7 磁盘管理的基本操作 28
实训任务五 控制面板的使用 30
实训任务六 Windows 7 用户账户与磁盘维护 34

实训单元三 文字处理软件 Word 2010

实训任务一 启动和退出 Word 2010 40
实训任务二 Word 文档的创建和输入 42
实训任务三 文档编辑 46
实训任务四 Word 文档格式设置 51
实训任务五 数学公式的应用及图文混排 55
实训任务六 制作广告价目表 57
实训任务七 制作课程表 60
实训任务八 制作书法字帖 60
实训任务九 使用模板制作个人简历 65
实训任务十 绘制组织结构图 66
实训任务十一 绘制图形 69
实训任务十二 制作年终结算表 71
实训任务十三 Word 2010 快速制作导航目录 74
实训任务十四 多级编号 79
实训任务十五 综合实训 1 82
实训任务十六 综合实训 2 84

目 录 CONTENTS

实训单元四 电子表格处理软件 Excel 2010

实训任务一 制作人民警察基本信息情况表 87
实训任务二 制作学员成绩单 93
实训任务三 制作学院超市商品清单及收银单 100
实训任务四 制作企业销售情况统计表 110
实训任务五 数据管理 113
实训任务六 导入文本文件 119
实训任务七 数据模拟分析和实验 121

实训单元五 演示文稿制作软件 PowerPoint 2010

实训任务一 制作“个人介绍”演示文稿 124
实训任务二 制作“知识测验”演示文稿 126
实训任务三 元旦晚会演示文稿 128
实训任务四 为演示文稿添加动画、声音和视频 135
实训任务五 演示文稿的发布 138
实训任务六 演示文稿转换为 PDF/XPS 文档文件 141

实训单元六 Internet 应用

实训任务一 IE 浏览器的使用 144
实训任务二 电子邮件的接收与发送 150
实训任务三 TCP/IP 网络配置 155
实训任务四 查看本机网络信息 158
实训任务五 网络连接 160
实训任务六 Windows 7 网络安全设置 164

习 题

习题一 计算机基础知识 168
习题二 Windows 7 操作系统 175
习题三 文字处理软件 Word 2010 179
习题四 电子表格处理软件 Excel 2010 185
习题五 演示文稿制作软件 PowerPoint 2010 189
习题六 Internet 应用 193

习题参考答案 198

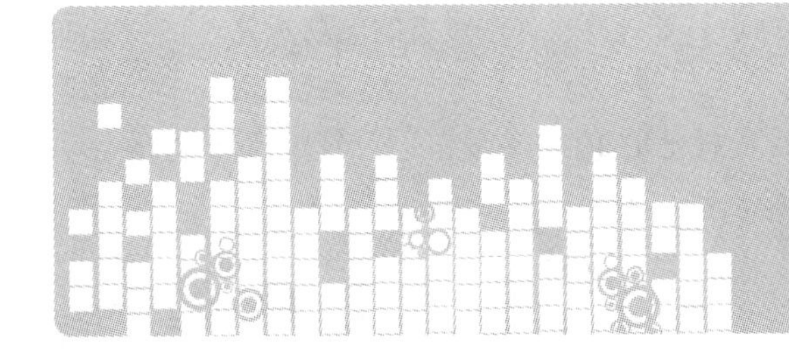

实训单元一 计算机基础知识

实训任务一　计算机的基本操作

实训目的与要求

① 认识微型计算机的主要硬件。

② 能够正确安装微型计算机各部分硬件。

③ 正确启动和关闭计算机。

实训内容

1. 认识微型计算机的主要硬件

① 在教师的指导下，打开主机箱，观察主板、CPU、硬盘、内存、光驱等主要硬件。

② 在教师的指导下，拆下上述硬件，观察各硬件的接口和连线。

③ 在教师的指导下，重新安装好上述硬件。

2. 练习启动和关闭计算机

① 按照规范的步骤启动计算机，进入操作系统。

② 使用“开始”按钮关闭计算机。

操作要点

1. 认识微型计算机的主要硬件(需要在教师的指导下操作)

① 打开主机箱，观察主板、硬盘、CPU、内存等硬件在主板上的具体位置及连接方法。

② 拆装 CPU 风扇、CPU 和内存。

③ 拆装硬盘、了解跳线的作用（一条数据线连接两块硬盘时，区分主盘和从盘）。

④ 了解主板上各个接口及插槽的作用。

2. 练习启动和关闭计算机

（1）启动计算机

① 检查外设及主机电源是否已经连接正常，然后打开计算机外围设备的电源开关。

② 按下机箱上的 Power 按钮，进行冷启动。

③ 如果出现机器死锁状态，可以使用主机箱面板上的 RESET 按钮进行复位启动。

④ 单击“开始”|“重新启动”命令，重新启动计算机。

（2）关闭计算机

首先关闭所有应用程序，然后单击“开始”|“关机”按钮，主机自行关机后，最后关闭所有外围设备电源。

实训任务二　进制转换计算

实训目的与要求

① 了解常用数制。

② 能够独立计算数制之间的转换。

实训内容

① 十进制转换成二进制算法。

② 二进制数转换成十进制数。

操作要点

1. 常用数制（教师黑板计算演练）

（1）十进制数

在日常生活中，人们常用十进制计数，数字符号为 0、1、…、9，基数为 10，“逢十进一”。例如，十进制数 123.45 的位权表示为

$$123.45=1\times10^2+2\times10^1+3\times10^0+4\times10^{-1}+5\times10^{-2}$$

（2）二进制数

计算机中采用二进制计数，它用 0 表示断，1 表示通，容易实现，其特点是“逢二进一”。例如，二进制数 1101.11 的位权表示为

$$(1101.11)_2=1\times2^3+1\times2^2+0\times2^1+1\times2^0+1\times2^{-1}+1\times2^{-2}$$

二进制数的位数较多，为了使用方便，常采用八进制数或十六进制数来表示。

（3）八进制数

八进制数采用 0～7 共 8 个数字符号，按“逢八进一”规则进行计数。例如：

$$(345.64)_8=3\times8^2+4\times8^1+5\times8^0+6\times8^{-1}+4\times8^{-2}$$

（4）十六进制数

十六进制数采用 0～9、A～F 共 16 个符号表示，其中符号 A、B、C、D、E、F 分别代表十

进制数值 10、11、12、13、14、15，按“逢十六进一”的进位原则计数。例如：

$$(2AB.6)_{16}=2\times16^{2}+10\times16^{1}+11\times16^{0}+6\times16^{-1}$$

不同数制之间可以相互转换，应当正确掌握数制之间的转换方法。

2. 数制间的转换

（1）十进制数转换成二进制数

十进制数转换成二进制数的方法：整数部分采用除 2 取余法，即反复除以 2 直到商为 0，取余数；小数部分采用乘 2 取整法，即反复乘以 2 取整数，直到小数为 0 或取到足够二进制位数。

例如，将十进制数 23.375 转换成二进制数，其过程如下：

① 先转换整数部分：

2 | 23　　余数为 1 ↑
2 | 11　　余数为 1
2 | 5　　余数为 1
2 | 2　　余数为 0
2 | 1　　余数为 1
0

转换结果：$(23)_{10}=(10111)_2$

② 再转换小数部分：

0.375
× 2
0.750　　取整数部分 0，小数部分为 0.75

0.75
× 2
1.50　　取整数部分 1，小数部分为 0.5

0.5
× 2
1.0　　取整数部分 1，小数部分为 0 结束

转换结果：$(0.375)_{10}=(0.011)_2$

最后结果：$(23.375)_{10}=(10111.011)_2$

如果一个十进制小数不能完全准确地转换成二进制小数，可以根据精度要求转换到小数点后某一位停止。例如，0.85 取 4 位二进制小数为 0.1101。

（2）二进制数转换成十进制数

二进制数转换成十进制数的方法：按权相加法，把每一位二进制数所在的权值相加，得到对应的十进制数。各位上的权值是基数 2 的若干次幂。例如：

$$(1010.01)_2=1\times2^{3}+0\times2^{2}+1\times2^{1}+0\times2^{0}+0\times2^{-1}+1\times2^{-2}=(10.25)_{10}$$

（3）二进制数与八进制数、十六进制数的相互转换

每 1 位八进制数对应 3 位二进制数，每 1 位十六进制数对应 4 位二进制数，这样大大缩短

了二进制数的位数。

二进制数转换成八进制数的方法：以小数点为基准，整数部分从右至左，每3位一组，最高位不足3位时，前面补0；小数部分从左至右，每3位一组，不足3位时，后面补0，每组对应一位八进制数。

例如，二进制数$(10101.11)_2$转换成八进制数为

$$\underline{010}\ \ \underline{101}\ .\ \underline{110}$$
$$2\quad 5\quad 6$$

即$(10101.11)_2=(25.6)_8$

八进制数转换成二进制数的方法：把每位八进制数写成对应的3位二进制数。

例如，八进制数$(36.5)_8$转换成二进制数为

$$3\quad 6\ .\ 5$$
$$\downarrow\quad\downarrow\quad\downarrow$$
$$011\quad 110\quad 101$$

即$(36.5)_8=(11110.101)_2$

同理，二进制数$(10101.11)_2$转换成十六进制数为

$$\underline{0001}\ \ \underline{0101}\ .\ \underline{1100}$$
$$1\quad 5\quad C$$

即$(10101.11)_2=(15.C)_{16}$

十六进制数转换成二进制数的方法是：把每位十六进制数写成对应的4位二进制数。

例如，十六进制数$(3E.5)_{16}$转换成二进制数为

$$3\quad E\ .\ 5$$
$$\downarrow\quad\downarrow\quad\downarrow$$
$$0011\quad 1110\quad 0101$$

即$(3E.5)_{16}=(111110.0101)_2$

（4）八、十六进制数与十进制数的相互转换

八进制、十六进制数转换成十进制数，也是采用“按权相加”法。例如：

$(345.64)_8=3\times8^2+4\times8^1+5\times8^0+6\times8^{-1}+4\times8^{-2}=(229.8125)_{10}$

$(2AB.68)_{16}=2\times16^2+10\times16^1+11\times16^0+6\times16^{-1}+8\times16^{-2}=(683.40625)_{10}$

十进制整数转换成八进制、十六进制数，采用除8、16取余法。十进制数小数转换成八进制、十六进制小数采用乘8、16取整法。

3. 数据单位

计算机中采用二进制数来存储数据信息，常用的数据单位有以下几种：

（1）位（bit）

位是指二进制数的一位0或1，也称比特。它是计算机存储数据的最小单位。

（2）字节（byte）

8位二进制数为一个字节，缩写为B。字节是存储数据的基本单位，通常，一个字节可以存放一个英文字母或数字，两个字节可存放一个汉字。

存储容量单位还有千字节（KB）、兆字节（MB）、吉字节（GB），它们之间的换算关系为（以 2^{10}=1 024 为一级）

1 B=8 bit　　1 KB=1 024 B　　1 MB=1 024 KB　　1 GB=1 024 MB

（3）字（word）

字由一个或多个字节组成。字与字长有关。字长是指 CPU 能同时处理二进制数据的位数，分 8 位、16 位、32 位、64 位等，如 486 机字长为 32 位，字由 4 个字节组成。

实训任务三　计算机编码与指法练习

实训目的与要求

① 掌握了解计算机编码知识。

② 学习使用鼠标和键盘。

③ 掌握正确的击键指法。

④ 提高打字速度和击键的正确率。

实训内容

① 了解计算机编码知识。

② 鼠标操作练习。

③ 键盘的击键指法练习。

操作要点

1．计算机编码知识

（1）字符编码（ASCII 码）

字母、数字等各种字符都必须按约定的规则用二进制编码才能在计算机中表示。目前，国际上使用最为广泛的是美国标准信息交换码（American Standard Code for Information Interchange），简称 ASCII 码。

通用的 ASCII 码有 128 个元素，它包含 0～9 共 10 个数字、52 个英文大小写字母、32 个各种标点符号和运算符号、34 个通用控制码。

计算机在存储使用时，一个 ASCII 码字符用一个字节表示，最高位为 0，低 7 位用 0 或 1 的组合来表示不同的字符或控制码。例如，字母 A 和 a 的 ASCII 码为

A：01000001　　a：01100001

其他字符和控制码的 ASCII 码如表 1.1 所示。

（2）汉字编码

为了满足汉字处理与交换的需要，1981 年我国制定了国家标准信息交换汉字编码，即 GB 2312—1980 国标码。在该标准编码字符集中共收录了汉字和图形符号 7 445 个，其中一级汉字 3 755 个，二级汉字 3 008 个，图形符号 682 个。

表 1.1 通用 ASCII 码表

低4位＼高4位	0000	0001	0010	0011	0100	0101	0110	0111
0000	NUL	DLE	SP	0	@	P	`	p
0001	SOH	DC1	!	1	A	Q	a	q
0010	STX	DC2	"	2	B	R	b	r
0011	ETX	DC3	#	3	C	S	c	s
0100	EOT	DC4	$	4	D	T	d	t
0101	ENQ	NAK	%	5	E	U	e	u
0110	ACK	SYN	&	6	F	V	f	v
0111	BEL	ETB	'	7	G	W	g	w
1000	BS	CAN	(	8	H	X	h	x
1001	HT	EM	)	9	I	Y	i	y
1010	LF	SUB	*	:	J	Z	j	z
1011	VT	ESC	+	;	K	[	k	{
1100	FF	FS	,	<	L	\	l	|
1101	CR	GS	-	=	M	]	m	}
1110	SO	RS	.	>	N	^	n	~
1111	SI	US	/	?	O	—	o	DEL

国标码是一种机器内部编码，在计算机存储和使用时，它采用两个字节来表示一个汉字，每个字节的最高位都为 1。这样，不同系统之间的汉字信息可以相互交换。

要说明的是，在 Windows 95 及以后的中文版操作系统中，采用了新的编码方法，并使用汉字扩充内码 GBK 大字符集，收录的汉字达两万以上，并与国标码兼容，这样可以方便地处理更多的汉字。

2. 鼠标的使用

（1）手持鼠标的方法

一般使用右手使用鼠标，将右手拇指和无名指分别按在鼠标的左右两侧，食指和中指自然落在鼠标的左右按键上，需要使用滑轮时，可以使用食指来滑动滑轮。

（2）鼠标按键方法

手指不脱离鼠标按键面板，轻轻按下，再抬起，切忌用手指“砸”鼠标。

（3）练习鼠标的基本操作方法

① 鼠标的滑动：手持鼠标在鼠标垫上滑动，即可实现鼠标指针的滑动。多次练习，掌握鼠标滑动方向与指针滑动方向的规律，直到能将鼠标指针快速定位到指定位置。

② 单击：按下鼠标左键并立即弹起，即实现单击。

③ 双击：连续快速两次单击，即双击，注意两次单击的时间间隔应足够短。

④ 右击：按下鼠标右键并立即弹起，即实现右击。

⑤ 拖动：按下鼠标左键不松手，并滑动鼠标。

3. 键盘的使用

熟悉键盘、键位，掌握操作的正确姿势、击键要领和标准指法：

① 正确的姿势：正对键盘端坐，高低要合适，大臂自然下垂，小臂与大臂成90°角，手腕向上倾斜，掌心向下，手指与字键垂直，并轻轻放在基准键位上，如图1.1所示。

图1.1　正确的输入姿势

② 击键的要领：击键要干脆、果断、迅速，击键后要立即弹起，手指退回原位。击键的力度要均匀，不要过大，击键的频率要有节奏。

③ 标准的指法：标准的指法是指按字键的使用频度不同，而合理分配给各个手指分管的科学方法。各手指分管的键位如下：

- 左手小拇指：1、Q、A、Z、左Shift键和这些键左边的字符键及控制键。
- 左手无名指：2、W、S和X键。
- 左手中指：3、E、D和C键。
- 左手食指：4、R、F、V、5、T、G和B键。
- 右手食指：6、Y、H、N、7、U、J和M键。
- 右手中指：8、I、K和“,”键。
- 右手无名指：9、O、L、和“。”键。
- 右手小拇指：0、P、“;”、“/”、右Shift键和这些键左边的字符键及控制键。
- 左右大拇指：空格键。

在各个键中，A、S、D、F、J、K、L、；八个键被称为基准键位，是手指的常驻键位。击键时，各手指击打自己分管的键，手指平移击键后，立即回到基准键位上，准备好再次击键。

指法分管示意图如图1.2所示。

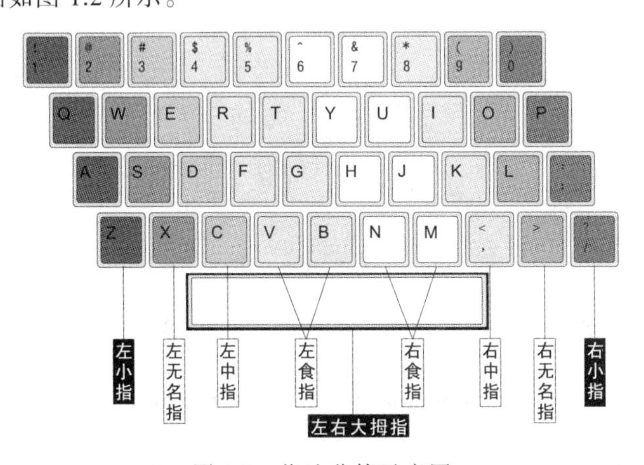

图1.2　指法分管示意图

应用扩展——微机键盘简介与操作

1. 键盘结构

键盘是最常用的输入设备。键盘可分为4个区域：功能键区、主键盘区、编辑键区和数字键区，如图 1.3 所示。

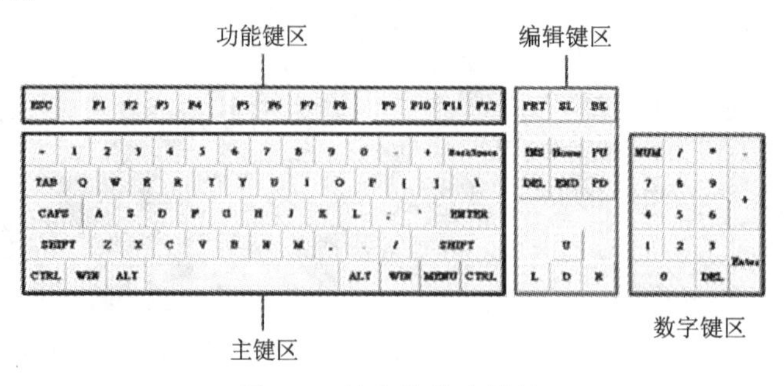

图 1.3 键盘的基本结构

（1）主键盘区

主键盘区是人们平时最常用的键区，其中包括数字键 0～9、字母键 A～Z 以及各种符号键。此外，还包括一些控制键，如 Enter 键、Alt 键、Ctrl 键等。

通过主键盘区可以实现各种文字和控制信息的录入。主键盘区的正中央有 8 个基准键，即左边的 A、S、D、F 键和右边的 J、K、L、；键，其中 F、J 键上都有一个小凸起，叫作“定位键”，以便盲打时手指能通过触觉来定位。

（2）编辑键区

编辑键区位于主键盘区和数字键区之间，主要用于编辑修改。例如，文字的插入、删除、上、下、左、右移动和翻页等。

（3）功能键区

在键盘的最上一排，有 Esc、F1～F12 共 13 个功能键，其功能由软件或用户定义。

（4）数字键区

数字键区又称小键盘，位于键盘的右部，主要为录入大量的数字提供了方便。

2. 基准键盘指法

开始打字前，左手小指、无名指、中指和食指应分别虚放在 A、S、D、F 键上，右手的食指、中指、无名指和小指应分别虚放在 J、K、L、；键上，两个大拇指则虚放在空格键上。基准键是打字时手指所处的基准位置，击打其他任何键，手指都是从这里出发，而且打完后又须立即退回到基准键位上，如图 1.4 所示。

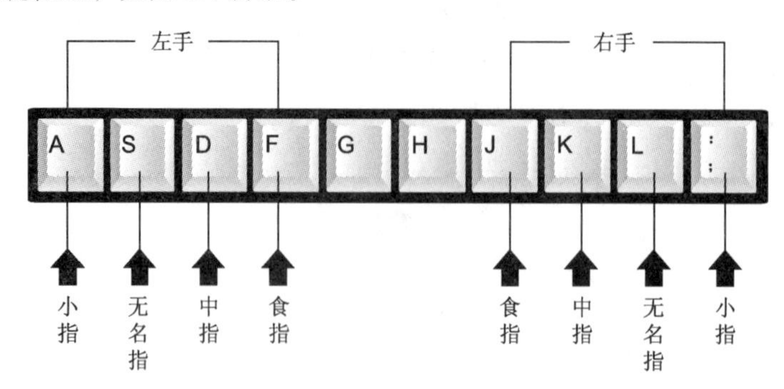

图 1.4 基准键的指法

实训任务四　认识计算机系统的组成

实训目的与要求

① 掌握微型机硬件系统的构成及工作原理。

② 掌握微型机软件系统的基本组成。

③ 区分软件系统和硬件系统。

实训内容

① 了解计算机硬件系统组成。

② 将计算机软件系统进行分类。

操作要点

1. 认识微型计算机的系统组成（需要在教师的指导下操作）

计算机系统由计算机硬件和软件两部分组成。

硬件包括中央处理器、存储器和外围设备等，软件是计算机的运行程序和相应的文档。计算机系统具有接收和存储信息、按程序快速计算和判断并输出处理结果等功能，如图 1.5 所示。

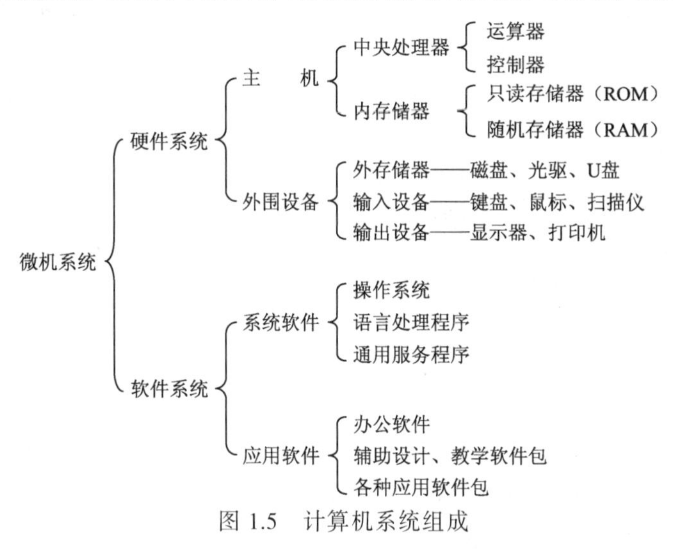

图 1.5　计算机系统组成

（1）硬件系统

硬件是组成一台计算机的各种物理装置。硬件系统包括运算器、控制器、存储器、输入设备、输出设备五大部分。通常，把运算器和控制器合在一起称为中央处理器，中央处理器和主存储器合在一起称为主机，输入设备和输出设备合称为外围设备。

（2）软件系统

软件是计算机运行所需要的各种程序、数据以及相关文档的总称。软件系统由系统软件和应用软件组成。

（3）软硬件之间的关系

只有硬件的计算机称为硬件计算机或裸机。配置了相应的软件才能构成完整的计算机系统。软硬件之间的界限并不是固定不变的，硬件是软件的基础，软件是硬件功能的扩充与完善。硬件与软件相互渗透、相互促进。

2. 微机的硬件系统

微型计算机简称微机，其硬件系统主要由中央处理器、存储器和输入/输出设备组成。

（1）中央处理器

微机中的运算器和控制器集成在一块芯片上，称为中央处理器（简称 CPU）。微机的型号通常以 CPU 的型号来命名。

运算器主要用来完成各种算术运算和逻辑运算。控制器是指控制指挥中心，发出各种控制信号，读取并分析指令，协调各部件正常运行。

（2）存储器

存储器用于存放信息处理所需的程序和数据等信息。存储器的容量是指存储器能够存放信息的最大字节数，通常以 KB、MB 与 GB 为单位。其中，1 KB=1 024 B，1 MB=1 024 KB，1 GB=1 024 MB。

微型机的存储器分为内存储器和外存储器。

① 内存储器：简称内存，又称主存，它与 CPU 合在一起构成主机。程序和数据必须读入内存后才能运行。内存储器按其构造及工作方式的不同，又分为随机存储器与只读存储器。

- 随机存储器（RAM）：存放的信息可读可写，主要用于存取系统运行时的程序和数据。RAM 的特点是存取速度快，断电后其存放的信息全部丢失。
- 只读存储器（ROM）：ROM 中的信息只能读出，不能随意写入，断电后其中的信息也不会丢失。ROM 常用来存放一些固定的程序，如基本输入/输出系统（BIOS）等。

② 外存储器：又称辅助存储器，简称外存。它的容量一般较大，断电后也可长久保存信息，且可移动，便于不同计算机之间进行信息交流。目前微机上常用的外存有硬盘、光盘和 U 盘。

- 硬盘：硬盘的金属盘片和读/写装置密封成一个整体，通常固定在主机箱内。硬盘容量大，读/写速度快。
- 光盘：目前，在微机系统中使用最广泛的是只读型光盘 CD-ROM 或 DVD-ROM，其特点是光盘上的信息只能读取，不能写入。一张 CD 盘片的容量一般为 680 MB，由 CD-ROM 驱动器读取。一张 DVD-ROM 的容量一般为 4.7 GB，由 DVD 驱动器读取。
- U 盘：U 盘是一种通过 USB 接口与主机相连的新型外存，采用 Flash ROM 存储器，可读可写。它具有存取速度快、容量大、体积小、重量轻等特点。

（3）输入设备

输入设备是用户向计算机输入数据的装置。在微机系统中，常用的输入设备有键盘、鼠标器和扫描仪。

键盘是标准的输入设备，通过按键向计算机输入各种文字、符号及控制信息。

（4）输出设备

输出设备是计算机向外输出信息的装置。微型机常用的输出设备包括显示器、打印机和扬声器等。

显示器是标准输出设备，显示文字、图形和图像等信息。

打印机分击打式和非击打式两种方式：击打式主要有针式打印机：非击打式主要有喷墨打印机和激光打印机。

3. 微机的软件系统

软件是计算机系统中各类程序、有关文件以及所需要的数据的总称。软件是计算机的灵魂，包括指挥、控制计算机各部分协调工作并完成各种功能的程序和数据。

微机的软件系统也是由系统软件和应用软件两部分组成。

（1）系统软件

系统软件是指管理、监控和维护计算机软硬件资源的软件，主要包括操作系统、各种语言处理程序、数据库管理系统及各种工具软件等，它为计算机系统服务。

① 操作系统：用于控制和管理计算机软硬件资源，提供用户与计算机之间的操作界面，是最重要的系统软件。

操作系统的主要功能有处理器管理、存储器管理、设备管理和文件管理等。

② 程序设计语言与语言处理程序：

- 指令是控制计算机操作的命令。程序是指具有一定功能的有序指令的集合。
- 程序设计语言提供用户编写计算机程序，可分为机器语言、汇编语言和高级语言。
- 语言处理程序包括汇编程序、编译程序和解释程序，用来处理相应语言编制的程序，生成二进制目标代码，使计算机能够识别并执行。
- 用机器语言编写二进制指令代码程序，计算机能直接执行。
- 用汇编语言编写符号指令代码源程序，必须由汇编程序编译成二进制目标代码程序后，计算机才能执行。机器语言和汇编语言都是计算机低级语言。
- 用高级语言编写人们易读易懂的源程序，必须由编译程序翻译成二进制目标代码，计算机才能运行。常用的高级语言有 C、VB、VC、Java 等。

③ 诊断和工具软件：工具软件有时又称通用服务软件，它是开发和研制各种软件、诊断测试系统的工具。常见的工具软件有诊断程序、调试程序、测试程序等。

（2）应用软件

应用软件是指为解决各种具体问题而编制的各种应用程序及有关文档，主要有字表处理软件、财务软件、图形软件、辅助设计软件和辅助教学软件等。

实训任务五　配置一台计算机

实训目的与要求

① 了解配置一台计算机的基本要求。

② 为自己选购一台合适的计算机。

实训内容

① 一台计算机选购要点。

② 明确购买计算机的目的。

操作要点

购买计算机之前，首先必须明确拟购计算机的用途，做到有的放矢，只有明确用途，才能确定正确的选购思路，而不是先去想应该购买品牌机还是兼容机、台式机还是笔记本的问题。明确购买计算机的目的是最主要的，至于购买品牌机还是兼容机、台式机还是笔记本都必须满足使用的目的，不同的用途会导致不同的购机方案。

1. 明确购买计算机的目的预算

（1）家庭及办公用户

如果购买计算机用于普通办公或家庭使用，例如用来打字、制表、看影碟、上网以及玩游戏等，没必要赶时髦非要购买高档计算机，应根据实际需要进行选购。

（2）图形及图像处理用户

如果购买计算机的主要目的是制作动画和进行平面设计，应尽量选用较大的内存。

（3）计算机游戏爱好者

对于计算机游戏爱好者来说，对计算机的配置要求一般都比较高，特别是 3D 游戏爱好者。这时在制定计算机的配置方案时一定要注意内存容量是否够大,显卡的动画处理能力是否强大。建议此类用户选择兼容机。

（4）确定购买计算机的预算

确定预算也是购机方案的重要一步，预算根据不同用途、不同时期以及当时的市场行情会有所不同，因此确定预算应该根据当时的具体情况而定。

2. 确定购买品牌机还是兼容机

如果用户是一个计算机的初学者，掌握的计算机知识有限，身边也没有可以随时请教的老师，购买品牌机不失为一种比较合适的选择。相反，如果用户已经掌握了一定的计算机知识，并且希望自己的计算机可以随时根据自己的需要进行升级，那么兼容机则是更好的选择。

购买品牌机有以下优点：

① 与众不同的品位享受。

② 可靠的质量。

③ 赠送大量的随机软件。

④ 浅显易懂的说明书和耐心的技术服务。

⑤ 值得信赖的保修网络。

购买兼容机有以下优点：

① 配置自由。

② 兼容性好。

③ 价格低廉。

④ 便于升级。

⑤ 提高动手能力。

3. 常用计算机配件的选购

（1）CPU 的选购

在选购 CPU 时，需要根据市场行情和自己实际应用需求，确定 CPU 的型号。

① 盒装 CPU 与散装 CPU。相同型号的盒装 CPU 与散装 CPU 在性能指标、生产工艺上完全一样，是同一生产线上生产出来的产品。由于产品发行渠道不同等因素，盒装 CPU 较散装 CPU 更有质量保证，当然价格也要比散装的贵一些。如果在价格差距不大的前提下，建议选择盒装 CPU。

② CPU 的主频与外频。初学者对于计算机性能好坏往往简单根据 CPU 主频来判断，其实这是十分片面的。相同外频、不同主频的 CPU 其实在性能的差别上并不大。

③ CPU 的发热量。CPU 的发热量经常是初学者所忽略的问题。如果 CPU 的发热量过大，则容易导致计算机运行不稳定，经常“死机”，甚至烧毁 CPU。如果选择的 CPU 发热量偏大，一定要选择一个散热好的风扇，选择一个可以通风的机箱则更好。

（2）主板的选购

在选购主板时必须考虑以下因素：

① 支持的 CPU 及接口类型。

② 芯片组。

③ 支持的内存类型。

④ 硬盘接口类型。

⑤ USB 接口、网卡等通信接口。

⑥ 是否选择整合型主板。

（3）内存的选购

在选购内存时应该注意以下选购要点：

① 内存容量。

② 内存与 CPU、主板的搭配。

③ 内存速度。

④ 尽量选择盒装内存。

（4）硬盘的选购

目前国内市场活跃的硬盘品牌有西部数据、希捷、迈拓和日立，此外还有三星、易拓、长城等品牌硬盘。选购硬盘时应该注意以下要点：

① 硬盘转速。硬盘的转速越快，读/写数据的速度也就越快，硬盘传输速度也就越高。

② 硬盘的缓存。硬盘的缓存也叫作 Cache，是硬盘与外部总线交换数据的场所，缓存的容量与速度可以直接关系到硬盘的传输速度，因此缓存容量越大越好。

③ 平均寻道时间、平均潜伏时间和平均访问时间：

- 平均寻道时间（Average Seek Time）：指硬盘在盘面上移动读/写头至指定磁道寻找相应目标数据所用的时间，它描述硬盘读取数据的能力，单位为毫秒（ms）。当单碟片容量增大时，磁头的寻道动作和移动距离减少，从而使平均寻道时间减少，加快硬盘速度。
- 平均潜伏时间（Average Latency Time）：指当磁头移动到数据所在的磁道后，等待所要的数据块继续转动到磁头下的时间。

- 平均访问时间（Average Access Time）：指磁头找到指定数据的平均时间，通常是平均寻道时间和平均潜伏时间之和。平均访问时间最能够代表硬盘找到某一数据所用的时间，越短的平均访问时间越好。

（5）显卡的选购

在选择显卡时应根据具体需要的不同而有所区别，如主要用于上网、办公、文字处理等场合的计算机，由于对显示处理的要求不高，只需一般的显卡甚至一般集成显卡都可以满足要求。如果计算机主要用来进行 3D 动画设计，则对显卡的要求较高，这时就要选择一个性能好的显卡才能满足要求。在选择显卡时，要关注的主要技术指标有：刷新频率、色深、分辨率、显存、芯片核心/显存频率、接口技术。

（6）显示器的选购

目前常见的 LCD 显示器的主要性能指标：信号反应时间、可视角度、对比度、亮度、环保认证。

（7）光存储设备的选购

① CD-ROM：CD-ROM 虽然只能读、不能写，但由于 CD-ROM 价格低廉、承载丰富的软件，同时 CD-ROM 自身众多可选择的品牌，CD-ROM 光驱成为普通家庭、个人、学生的必选产品。

② CD-R：由于只能对光盘进行一次写入，因此已经渐渐被市场所淘汰。

③ CD-RW：建议需要刻录光盘的场合选择 CD-RW。

④ DVD-ROM：既可以读取普通光盘，也可以读取 DVD，因此成为很多喜欢看 DVD 影片的计算机用户的首选。

⑤ DVD-RW：可以读/写普通光盘和 DVD。对于那些需要经常刻录大量数据的用户来说，DVD-RW 是一个不错的选择。

⑥ DVD COMBO：集 CD、DVD 读取和 CD-RW 写入、复写功能于一体，而价格仅比同档次的 CD-RW 贵百元左右，成为有这一类需求的用户的首选。

（8）机箱和电源的选购

相对于主板、CPU 和硬盘来说，机箱和电源已经不是人们选择的重点，但是稳定性好的计算机同样需要好的电源和机箱的支持。

① 机箱的选购要点，一般从两方面来考虑：

- 计算机的用途。如果需要经常添加硬件设备，经常升级，就需要一个空间足够大、扩展性好、各种驱动器舱位尽量多的全高型机箱。另外，拆装方式也要尽量简便，例如一些免螺钉固定的机箱。如果有多种 USB 外围设备，如数码照相机、打印机、扫描仪等，那么有前置 USB 口的机箱则十分必要。此外，如果计算机需要长时间工作，一般应该买散热性能好的立式机箱。
- 计算机放置的位置和空间。这是选购机箱时经常忽略的。一般来说，体积大的机箱有利于升级或者散热，对于环境比较狭小的场所，省空间的卧式机箱可能最合适。

② 电源的选购要点：

- 电源重量：电源的重量不能太轻，一般来说，电源功率越大，重量应该越重。尤其是一些通过安全标准的电源，会额外增加一些电路板零组件，以增进安全稳定度，重量自然会有所增加。在购买时，可以从散热孔看出电源的整体结构是否紧凑。

- 电源外壳：计算机电源的外壳钢材标准厚度有 0.8 mm 和 0.6 mm 两种，使用的材质也不相同，用硬币在外壳上刮几下，如果出现刮痕，说明钢材品质较差。
- 线材和散热孔：电源所使用的线材粗细与它的耐用度有很大关系。较细的线材长时间使用，常常会因过热而烧毁。另外，一般电源外壳上都有散热孔，在计算机工作的过程中，除了通过电源内附的风扇散热外，散热孔也是加大空气对流的重要设施，因此散热孔不能太小。
- 变压器：变压器是电源的关键部件，变压器的好坏对电源性能影响最大，简单的判断方法是看变压器的大小。一般来说 250 W 电源的变压器线圈内径不应小于 28 mm，300 W 的电源不得小于 33 mm。

此外，在选购时一定要注意电源是否通过国家的 CCC 认证，没有通过认证的电源在各个方面都没有保证，在选购时必须注意。

（9）鼠标和键盘的选购

光电鼠标采用光学定位，精度相对来说要高一些，再加上重量轻，不用定期清洁鼠标，因此以前常用于需要精确定位的设计领域。目前随着成本的降低，也逐渐推广开来。很多办公、家用计算机开始选用光电鼠标。

选购键盘时，应注意以下几个问题：

① 注意按键手感。

② 注意生产工艺和质量。

③ 注意使用的舒适度。

④ 注意选择键盘接口。

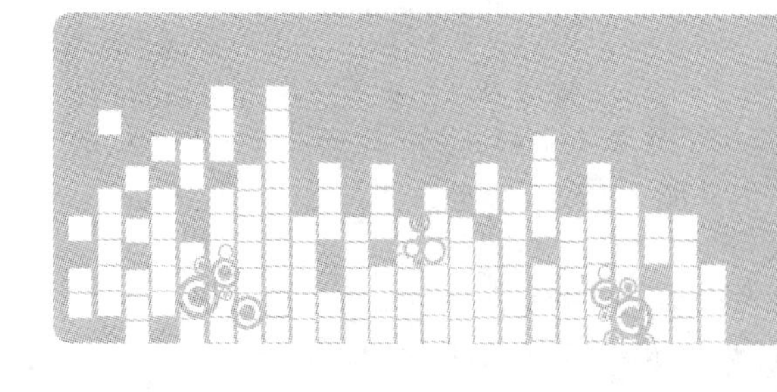

实训单元 二

Windows 7 操作系统

实训任务一　设置 Windows 7 工作环境

实训目的与要求

① 熟悉 Windows 7 操作系统的工作界面。

② 学会设置 Windows 7 工作环境。

实训内容

① 更改桌面的主题。将桌面的主题设置为 Windows 7 主题。

② 更改桌面背景。将桌面背景设置为 Windows 7 中的一幅图片，并分别将背景位置设置为“拉伸”“居中”“平铺”；同时，还可以更改桌面上图标样式，并设置在活动桌面上显示 Web 内容。

③ 更改屏幕保护程序。选择一个屏幕保护程序，并将等待时间设置为 8 min。

④ 更改外观。设置外观的色彩方案为“银色”，设置消息框字体为“黑体”，大小为“9”。

⑤ 更改设置。将显示器的分辨率设置为 1 440 × 900 像素，设置屏幕的刷新率为 85 Hz。

⑥ 更改任务栏。隐藏任务栏上的时钟程序。

⑦ 移动任务栏。将任务栏移动到桌面左侧、右侧和顶部。

操作要点

1. 个性化桌面主题

① 在桌面空白区域内单击鼠标右键。

② 在弹出的快捷菜单中选择“个性化”命令。

③ 在弹出的“个性化”窗口中切换到“主题”窗口，如图 2.1 所示。

④ 在列表框中选择 Windows 7 主题。

⑤ 设置完成后，单击“确定”按钮。

图 2.1　“个性化”窗口

2. 更改桌面背景

① 在桌面空白区域单击鼠标右键。

② 在弹出的快捷菜单中选择“个性化”命令，在打开的窗口中单击“桌面背景”。

③ 单击“背景”下拉列表框中右侧的“浏览”按钮，找到一副背景图片，并在“图片位置”下拉列表框中任意将背景位置设置为“居中”“平铺”“拉伸”。

④ 更改“背景颜色”，选择喜欢的颜色，最后单击“保存修改”按钮，如图 2.2 所示。

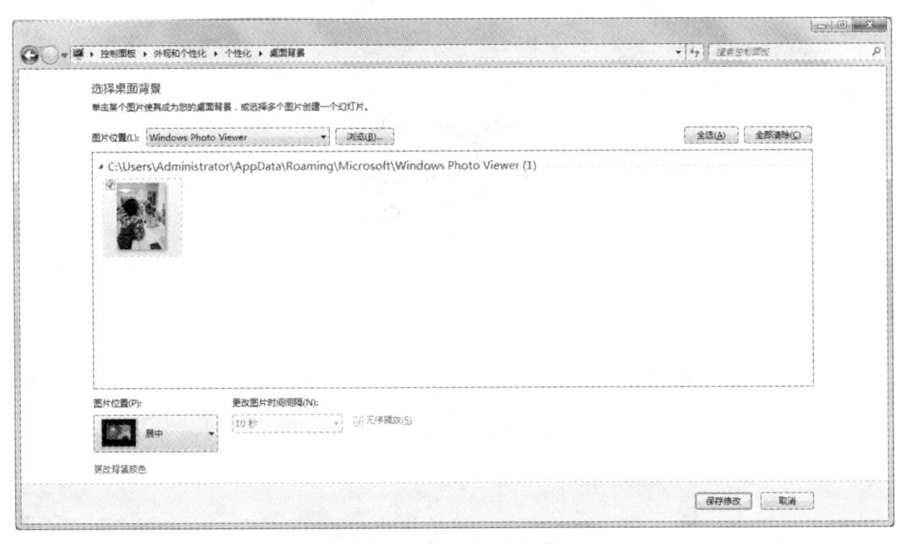

图 2.2　“桌面背景”窗口

⑤ 在“个性化”窗口，单击“更改桌面图标”，打开“桌面图标设置”对话框。若对系统提供的图标不满意，可以单击“更改图标”|“浏览”按钮选择所需要的图标，如图 2.3、图 2.4 所示。

⑥ 设置完成后，单击“确定”按钮，返回到“桌面图标设置”对话框。

图 2.3 “桌面图标”对话框

图 2.4 “更改图标”对话框

3．更改屏幕保护程序

① 右击桌面任意位置，选择“个性化”命令，在“个性化”窗口中单击右下角的“屏幕保护程序”。

② 打开“屏幕保护程序设置”对话框，可选择多种屏保程序。

③ 在“屏幕保护程序”下拉列表中选择某一个屏幕保护程序，将等待时间调整为 8min，取消“在恢复时显示登录屏幕”复选框的勾选，如图 2.5 所示。

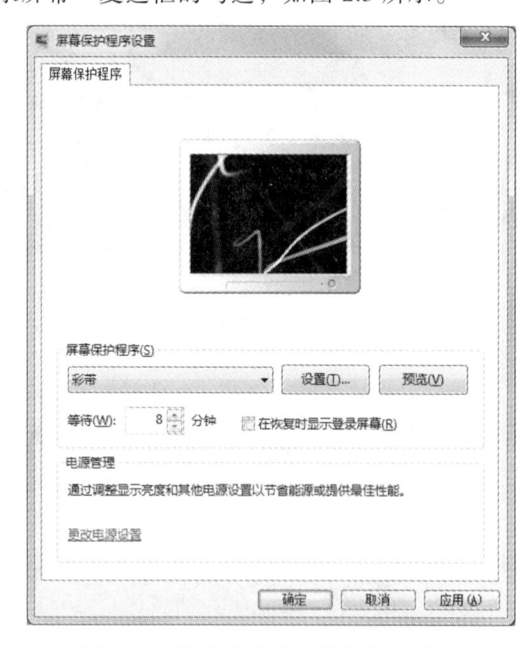

图 2.5 “屏幕保护程序设置”对话框

4．个性化更改外观

① 在桌面空白区域右击，选择“个性化”命令，在窗口下端单击“窗口颜色”。

② 选择喜欢的窗口颜色，然后取消或勾选“启动透明效果”复选框，可将窗口设置成透

明或者不透明，如图 2.6 所示。

图 2.6　“窗口颜色和外观”窗口

③ 单击“高级外观设置”，在打开的“窗口颜色和外观”对话框中可调整桌面颜色，如图 2.7 所示。

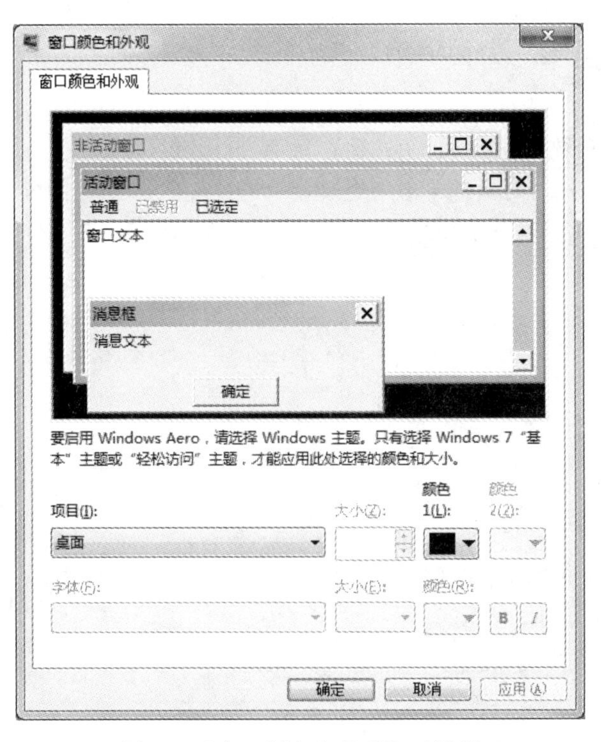

图 2.7　“窗口颜色和外观”对话框

④ 在“窗口颜色和外观”对话框中的“项目”下拉列表中选择“消息框”，同时在“字体”下拉列表中选择“黑体”，“大小”下拉列表中选择“9”，如图 2.8 所示。

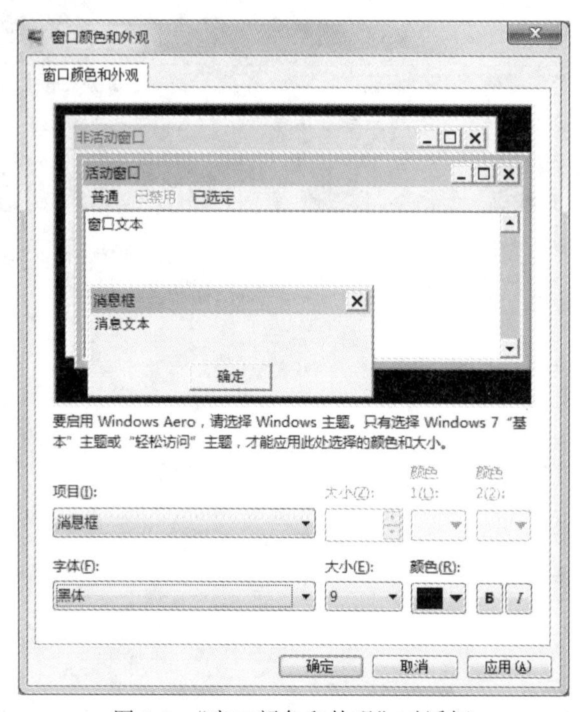

图 2.8 “窗口颜色和外观”对话框

⑤ 单击“确定”按钮返回“个性化”对话框，再次单击“保存修改”按钮，完成设置。

5. 更改显示设置

① 在桌面空白区域内单击鼠标右键。

② 在弹出的快捷菜单中选择“个性化”命令，打开窗口，在左下角单击“显示”。

③ 在弹出的“显示”对话框单击“更改显示器设置”，如图 2.9 所示。

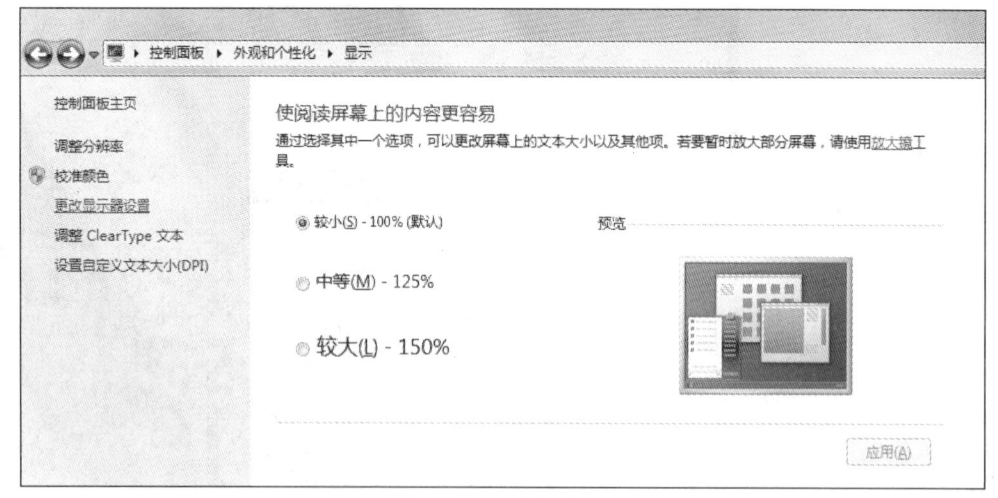

图 2.9 “显示”窗口

④ 单击“分辨率”下拉按钮，拖动滑块，调整屏幕分辨率的大小为 1440×900，结果如图 2.10 所示。

图 2.10　“屏幕分辨率”窗口

⑤ 单击“高级设置”，切换到“监视器”选项卡，在“屏幕刷新频率”下拉列表中设置屏幕的刷新率为 85 Hz，如图 2.11 所示。

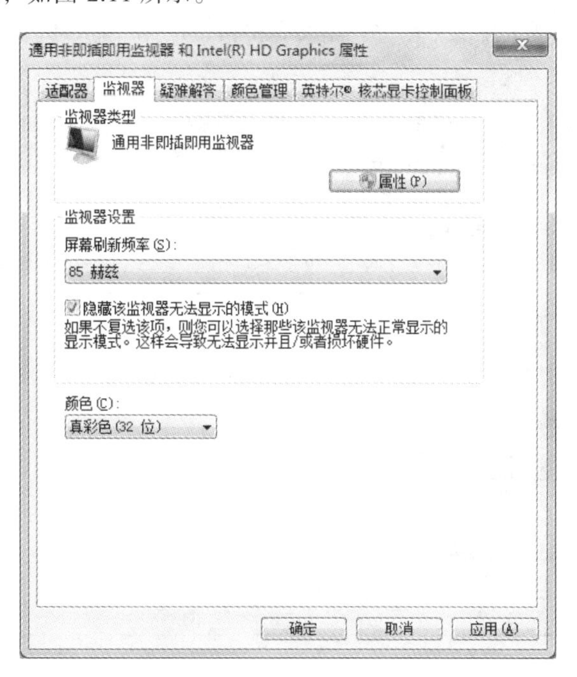

图 2.11　“监视器”对话框

⑥ 设置完成后，单击“确定”按钮。

6. 更改任务栏，并隐藏时钟程序

① 在任务栏的空白区域内单击鼠标右键。

② 在弹出的快捷菜单中选择“属性”命令。

③ 在弹出的“任务栏和「开始」菜单属性”对话框中切换到“任务栏”选项卡，如图 2.12 所示。

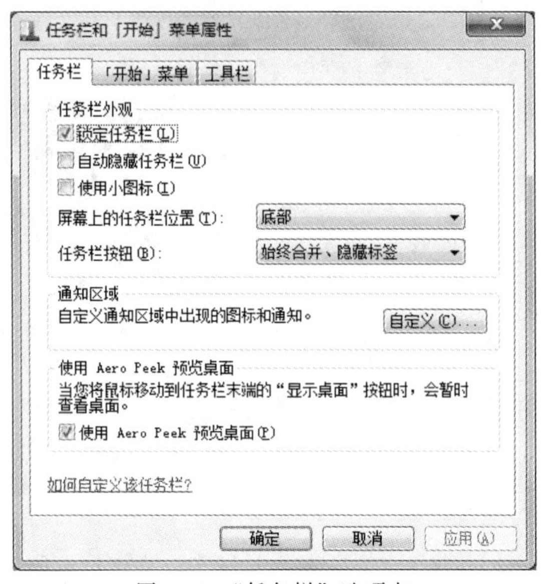

图 2.12 “任务栏”选项卡

④ 在“任务栏”选项卡中，单击“自定义”按钮，打开“通知区域图标”窗口，如图 2.13 所示。

图 2.13 “通知区域图标”窗口

⑤ 单击“打开或关闭系统图标”，打开“系统图标”窗口，如图 2.14 所示。

图 2.14 “系统图标”窗口

⑥ 选择“时钟”，单击下拉按钮，选择“关闭”，设置完成后，单击“确定”按钮。

7. 移动任务栏

① 在任务栏的空白区域内单击鼠标右键。

② 在弹出的快捷菜单中选择“属性”命令。

③ 在弹出的“任务栏和「开始」菜单属性”对话框中切换到“任务栏”选项卡。

④ 在“任务栏”选项卡中，取消“锁定任务栏”复选框的选中状态，单击“确定”按钮。

⑤ 单击任务栏空白处并按住鼠标不放，并将其拖动至桌面的左侧、右侧或顶部的位置后，释放鼠标即可。

实训任务二 Windows 7 桌面与窗口的基本操作

实训目的与要求

① 熟悉 Windows 7 桌面与窗口。

② 掌握 Windows 7 桌面与窗口的基本操作。

实训内容

① 开机进入 Windows 7 界面，熟悉 Windows 7 桌面的组成元素。

② 了解“开始”菜单的组成元素及其功能。

③ 应用程序的 4 种启动方法与 5 种关闭方法。

④ 掌握窗口、对话框、菜单、单选按钮、复选框、滚动条等的使用。

⑤ 了解回收站的作用、设置和使用方法。

操作要点

① 正确开启计算机，进入到 Windows 界面，显示出 Windows 7 桌面各组成元素，如图 2.15 所示。

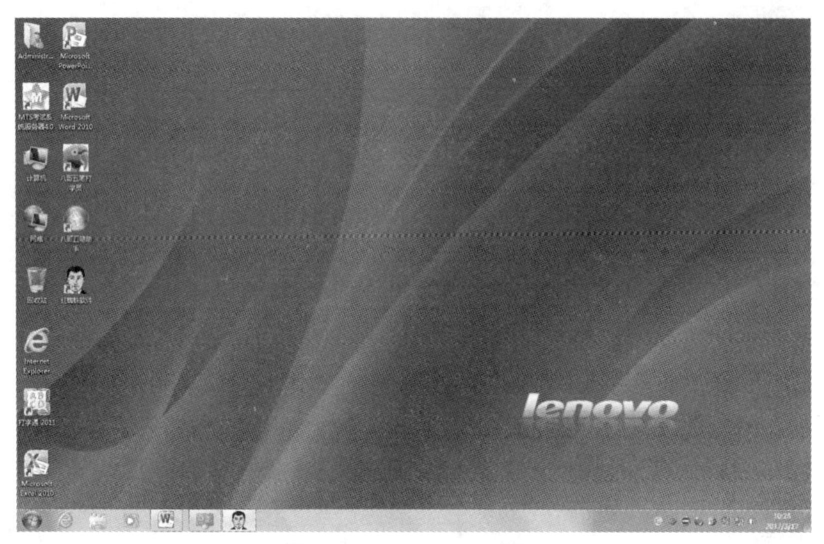

图 2.15　Windows 7 桌面

② 单击“开始”菜单，如图 2.16 所示。

图 2.16　“开始”菜单

③ 以 Word 应用程序为例，用 4 种方法启动该应用程序，并用 5 种方法关闭该应用程序。

④ 启动 Word 应用程序，在其中输入学号、姓名、班级等信息后，将该文件以自己的名字

为文件名存放至桌面上。

⑤ 利用 Print Screen 键和 Alt+Print Screen 组合键将整个桌面和“计算器”“写字板”窗口及“写字板”窗口中的“文件”菜单以图片的形式插入到前面所创建的 Word 文档中。

⑥ 以“Word 文档”窗口为例，说出窗口的组成元素，如图 2.17 所示。

图 2.17　“Word 文档”界面

⑦ 以“Word 文档”窗口中的“文件”选项卡为例，说出组成元素，如图 2.18 所示。

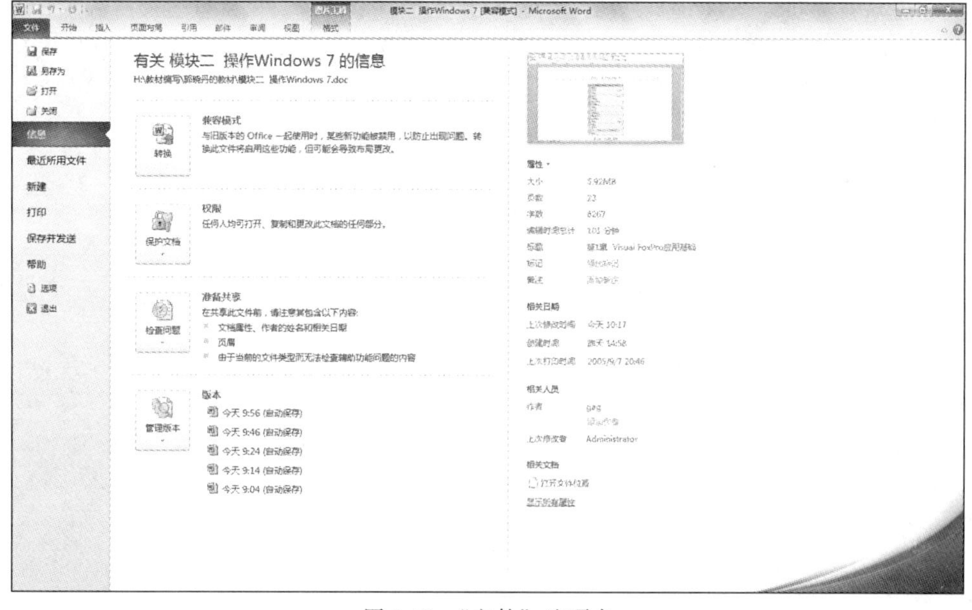

图 2.18　“文件”选项卡

实训任务三　文件及文件夹的管理

实训目的与要求

① 理解文件及文件夹的概念。

② 掌握文件及文件夹的各种操作方法。

实训内容

① 在 E 盘根目录下创建一个以自己的学号为名的文件夹，作为实验目录。

② 利用操作系统的搜索功能，在 C 盘根目录下搜索名字以字母 A 开头的文本文件，并将它们复制到实验目录下。

③ 在实验目录下创建名称为 HYY 的文件夹，并在该文件夹内创建一个名称为“我的文件”的文本文件，并将其属性设置为“隐藏”和“只读”。

④ 在实验目录下创建 student 的文件夹，将 HYY 文件夹下的“我的文件”的文本文件，移动到实验目录下的 student 文件夹下。

⑤ 在 C 盘根目录下，搜索计算器程序（Calc.exe），创建桌面快捷方式。

⑥ 设置“回收站”，设置 C 盘的“回收站”磁盘空间最大值，也可选择删除文件是直接彻底删除而不进入“回收站”。

操作要点

① 打开“计算机”，双击 E 盘图标，进入 E 盘根目录窗口，在窗口的空白区域右击，在弹出的快捷菜单中选择“新建”|“文件夹”命令（见图 2.19），输入自己的学号作为文件夹的名称。

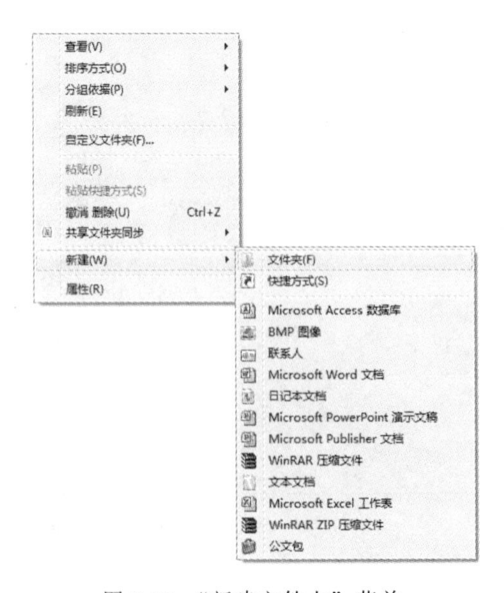

图 2.19　“新建文件夹”菜单

② 双击桌面上的“计算机”图标，在右上角“搜索”窗口搜索，如图 2.20 所示。在文本框中输入 A*.txt，在左侧“计算机”类目选择“本地磁盘 C：”，单击“搜索”按钮，稍等片刻后，便可查找出相关的结果。将搜索的结果复制到实验目录下。

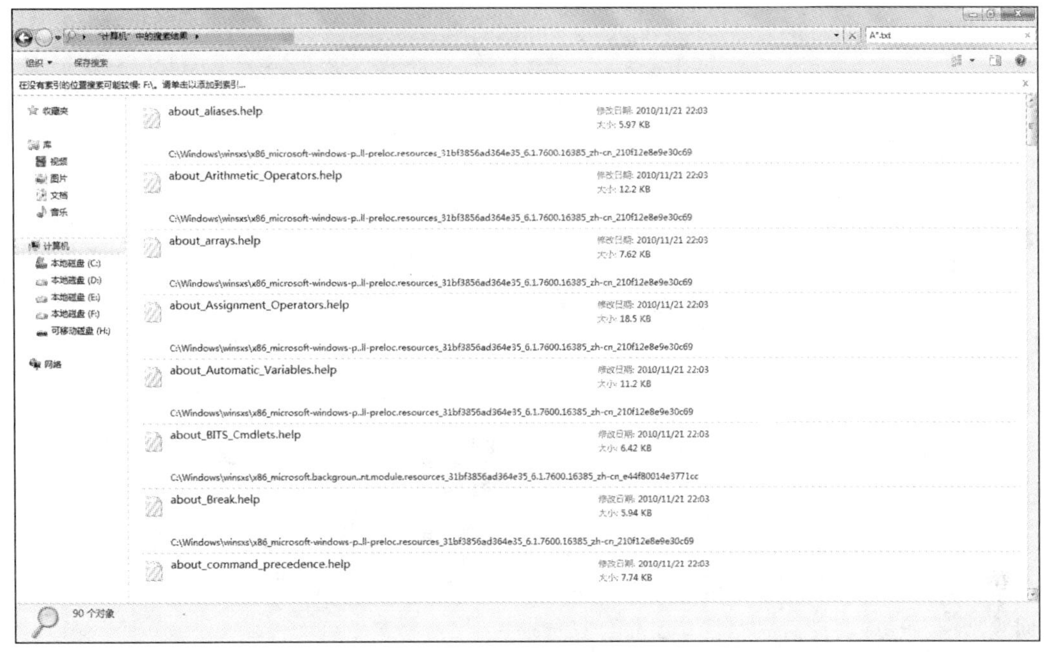

图 2.20 “搜索结果”窗口

③ 在实验目录下创建名称为 HYY 的文件夹，打开该文件夹，在空白区域右击，在弹出的快捷菜单中选择“新建”|“文本文档”命令，输入“我的文件”作为文件的名称。右击该文本文件图标，在弹出的快捷菜单中选择“属性”命令，弹出“我的文件 属性”对话框，勾选“隐藏”和“只读”复选框，单击“确定”按钮，如图 2.21 所示。

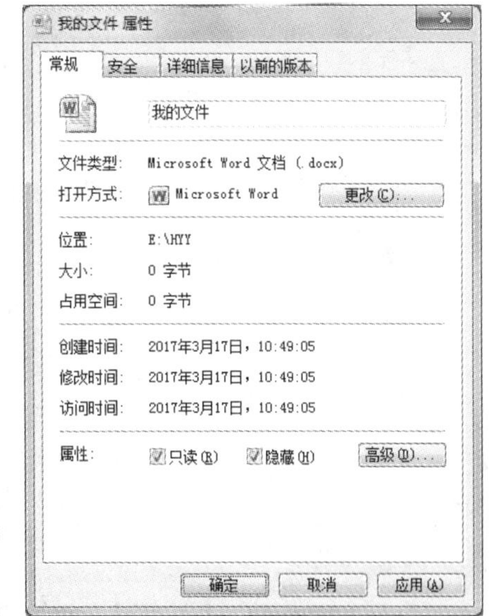

图 2.21 “我的文件属性”对话框

④ 在实验目录下创建 student 文件夹。打开实验目录下的 HYY 文件夹，右击“我的文件”文本文件，在弹出的快捷菜单中选择“剪切”命令，然后打开实验目录下的 student 文件夹，在空白区域右击，在弹出的快捷菜单中选择“粘贴”命令，即将文本文件移动到 student 文件夹下。

⑤ 利用操作系统的搜索功能，搜索计算器程序(Calc.exe)，右击该程序，在弹出的快捷菜单中选择“发送到”|“桌面快捷方式”命令（见图 2.22），以后就可以在桌面直接找到该程序快捷方式。

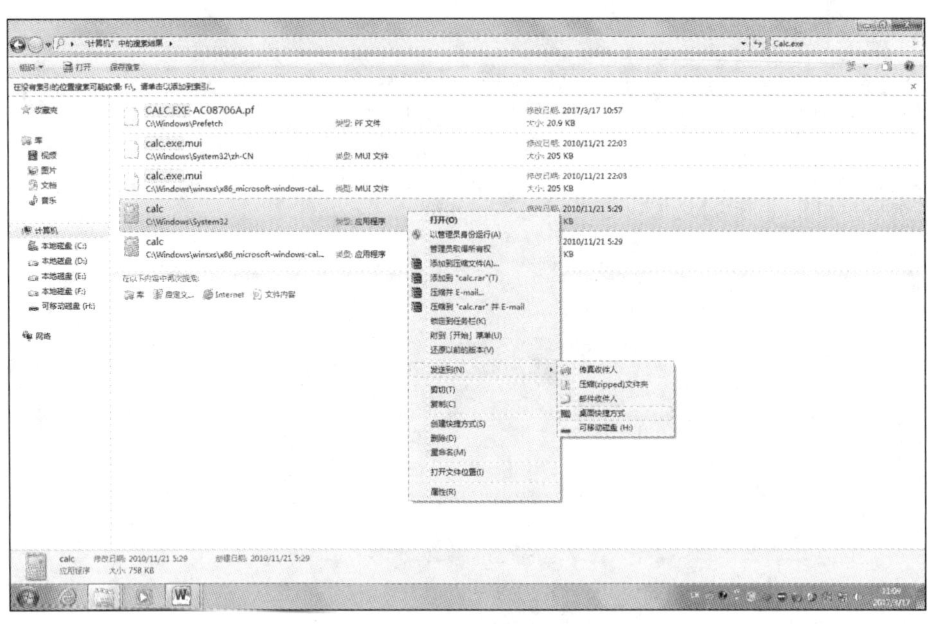

图 2.22　创建“桌面快捷方式”窗口

⑥ 右击桌面上的“回收站”图标，在弹出的快捷菜单中选择“属性”命令，打开“回收站 属性”对话框，如图 2.23 所示。可自定义“回收站”的最大空间，也可选中“不将文件移入回收站中。移除文件后立即将其删除”复选框。

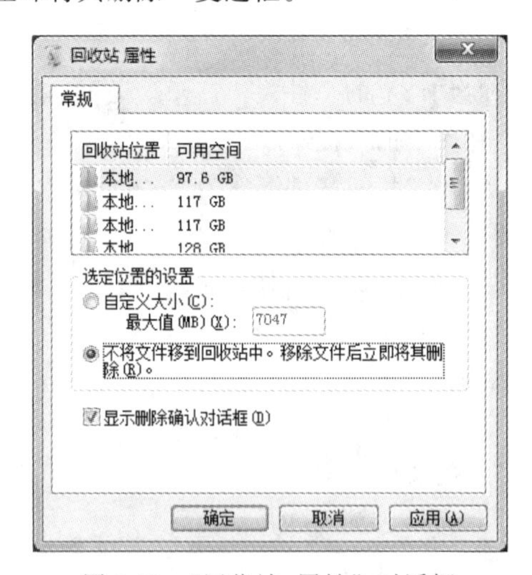

图 2.23　“回收站 属性”对话框

实训任务四　Windows 7 磁盘管理的基本操作

实训目的与要求

① 熟悉 Windows 7 资源管理器的操作界面。

② 掌握 Windows 7 磁盘管理的使用方法。

实训内容

① 用不同的方法打开“资源管理器”，熟悉资源管理器窗口的组成部分。

② 调整资源管理器的左、右窗格大小。

③ 在资源管理器中对文件和文件夹进行操作。

④ 改变资源管理器窗口文件的显示方式。

⑤ 改变资源管理器窗口文件的显示顺序。

操作要点

1. 启动 Windows 7 资源管理器的多种方法

① 双击桌面上的计算机图标打开资源管理器。

② 按 Win + E 组合键打开。

③ 选择“开始”菜单中的“计算机”命令打开。

④ 右击“开始”按钮，选择“打开 Windows 资源管理器”命令。

⑤ 打开 Windows 7 资源管理器，然后右击任务栏中的资源管理器图标，选择“将此程序锁定到任务栏”命令，以后就可以随时从任务栏中直接单击图标打开 Windows 7 资源管理器。

2. 调整资源管理器窗格大小

启动资源管理器后，会出现左右两个窗格，左边的窗格显示了所有磁盘和文件夹的列表，称为目录窗格；右边的窗格用于显示选定的磁盘和文件夹中的内容，称为内容窗格，如图 2.24 所示。窗口左右两半部分之间可以通过拖拉分界线来改变大小。

图 2.24　“资源管理器”窗口

3．在资源管理器中对文件和文件夹进行操作

在 Windows 7 资源管理器中可以对文件和文件夹进行所有的管理操作，如创建文件或文件夹、选定文件或文件夹、删除文件或文件夹、打开文件或文件夹、重命名文件或文件夹、移动文件或文件夹、复制文件或文件夹等相关操作。

4．改变资源管理器窗口的文件显示方式

右击资源管理器的空白区域，在弹出的快捷菜单中选择“查看”菜单下的不同显示方式，如大小图标、列表、平铺和详细信息等，如图 2.25 所示。

5．改变资源管理器窗口的文件显示顺序

右击资源管理器的空白区域，在弹出的快捷菜单中选择“排序方式”菜单下的不同排序方式，如名称、类型、大小、修改日期、递增、递减等项目，如图 2.26 所示。

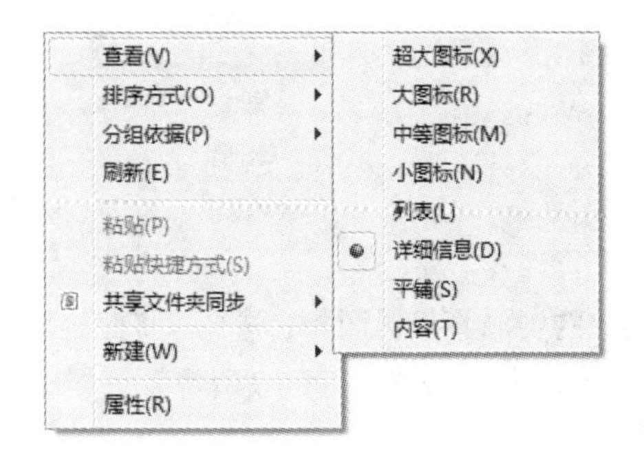

图 2.25 “查看”菜单

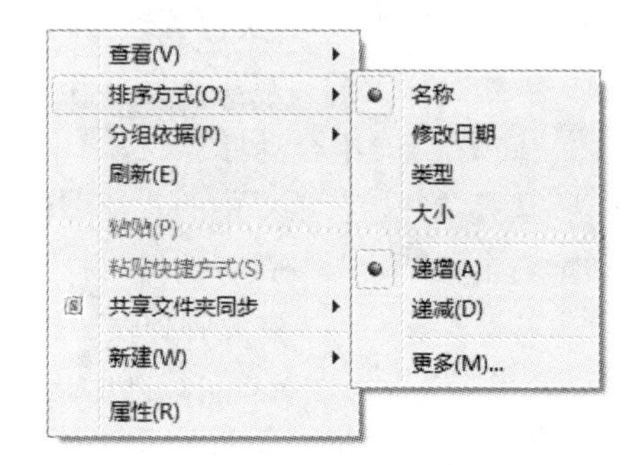

图 2.26 “排列方式”菜单

实训任务五　控制面板的使用

实训目的与要求

① 熟悉 Windows 7 控制面板界面。

② 学会使用 Windows 7 控制面板的各项功能。

实训内容

① 打开“控制面板”，熟悉控制面板的各组成部分。

② 设置系统的日期和时间。

③ 在控制面板中打开“鼠标属性”对话框，适当调整指针速度、指针轨迹、指针形状等，然后恢复初始设置。

④ 安装打印机。

⑤ 添加或删除应用程序。

⑥ 字体的安装与删除。

操作要点

① 通过单击“开始”按钮，单击打开“控制面板”窗口，如图 2.27 所示。

图 2.27 “控制面板”窗口

② 在“控制面板”窗口中，单击“时钟、语言和区域”|“日期和时间”|“设置时间和日期”命令，打开“日期和时间”对话框，如图 2.28 所示。在其中可以设置“日期和时间”“附加时钟”“Internet 时间”，还可设置“更改时区”。

图 2.28 “日期和时间”对话框

③ 在“控制面板”窗口中，单击“外观和个性化”|“硬件和声音”|“设备和打印机”|“鼠标”，如图 2.29 所示。

图 2.29 “硬件和声音”窗口

④ 打开“鼠标 属性”对话框，如图 2.30 所示。在该窗口中可以适当调整指针速度、指针轨迹和指针形状等内容。

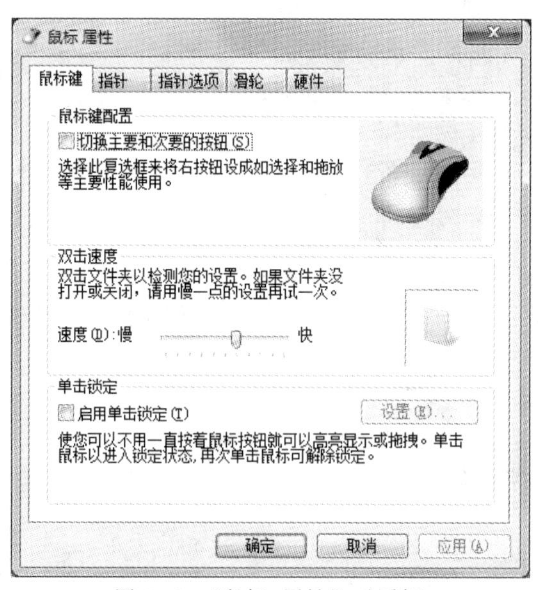

图 2.30 “鼠标 属性”对话框

⑤ 在“控制面板”窗口中，单击“硬件和声音”|“设备和打印机”，打开“设备和打印机”窗口，如图 2.31 所示。在该窗口中可以添加新的打印机驱动程序，也可以添加网络打印机。

图 2.31　“设备和打印机”窗口

⑥ 在“控制面板”窗口中，单击“程序”|“程序和功能”|“卸载程序”，打开“程序和功能”窗口，如图 2.32 所示。在该对话框中卸载或更改当前已经安装的应用程序。

图 2.32　“程序和功能”窗口

⑦ 单击“控制面板”左侧的 “查看方式”|“大图标”或者“小图标”，可以显示“所有控制面板项”，如图 2.33 所示。

⑧ 在该窗口中，双击“字体”图标，打开“字体”窗口，如图 2.34 所示。在该窗口中可以将下载的新字体复制安装到字体库中，也可以在其中删除已有的字体。

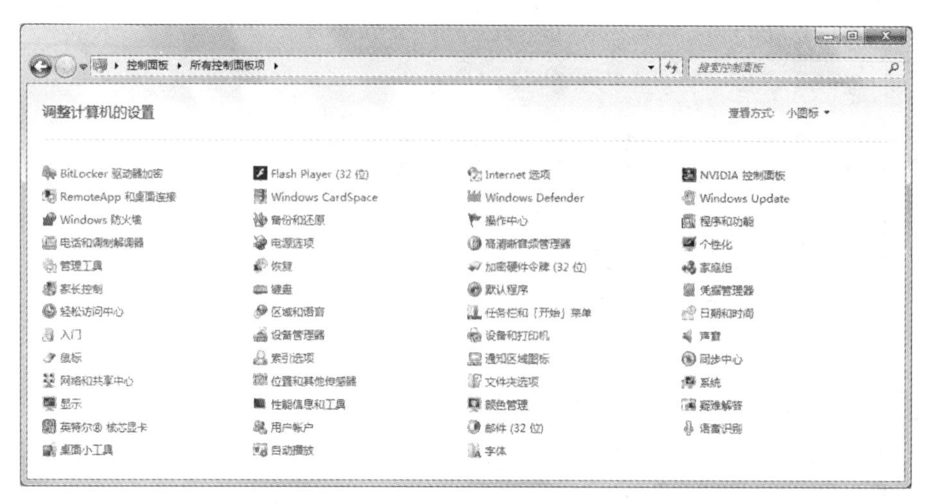

图 2.33 “所有控制面板项”窗口

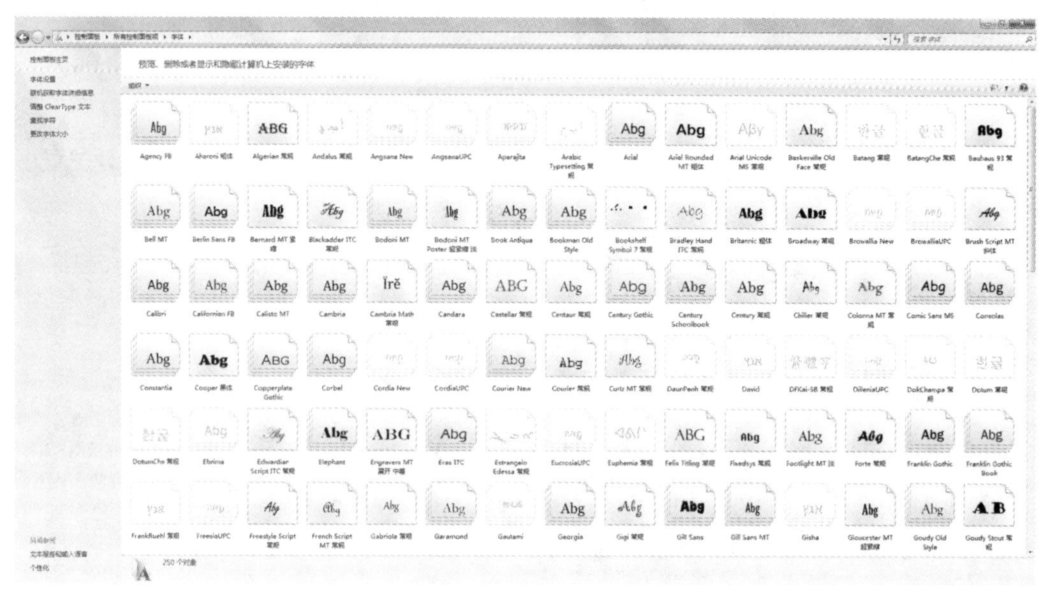

图 2.34 “字体”窗口

实训任务六 Windows 7 用户账户与磁盘维护

实训目的与要求

① 掌握创建用户账户的方法。

② 熟悉磁盘碎片整理的过程。

③ 熟悉清理磁盘的方法。

实训内容

① 创建用户账户。创建一个名为 XL 的新计算机管理员账户，并为其创建密码为 Admin01。

② 格式化磁盘。

③ 磁盘碎片整理。

④ 清理磁盘。

操作要点

1. 创建用户账户

① 在“控制面板”中，单击“用户账户和家庭安全”|“添加或删除用户账户”|“创建一个新账户”并输入新账户的名称 XL，选择账户类型为“计算机管理员”，如图 2.35 所示。单击“创建账户”，完成创建过程，即可在“用户账户”窗口中，看到一个新的计算机管理员账户，如图 2.36 所示。

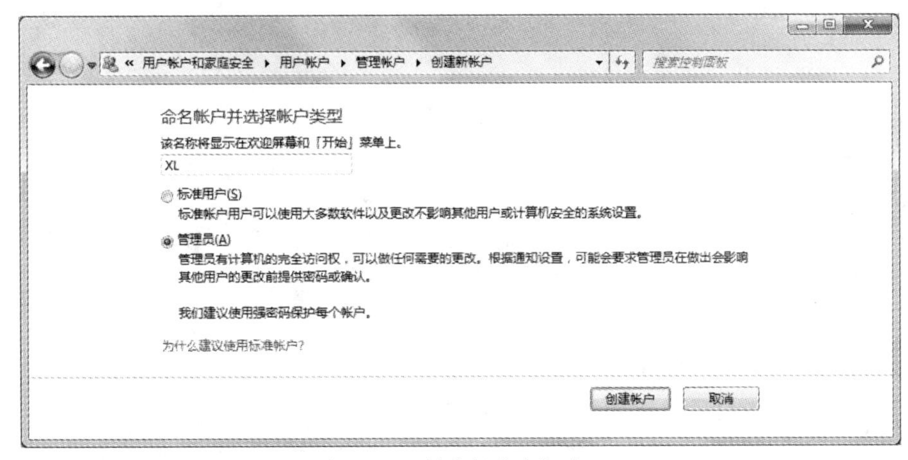

图 2.35 “创建新账户”窗口

图 2.36 “管理账户”窗口

② 单击“XL”账户，如图 2.37 所示。

图 2.37 “更改账户”窗口

③ 单击“创建密码”按钮，进入如图 2.38 所示的窗口，输入新密码和再次确认密码，设置密码提示“Your name?”，单击“创建密码”按钮，创建完毕。

图 2.38 “创建密码”窗口

2. 格式化磁盘

右击要格式化的磁盘，在弹出的快捷菜单中选择“格式化”命令，打开“格式化”对话框，如图 2.39 所示。选择合适的文件系统、添加卷标和设置需要的格式化选项，单击“开始”按钮，等待进度条完成后，格式化完成。

3. 磁盘碎片整理

以下是 3 种方法打开 Windows 7 系统的“磁盘碎片整理程序”，如图 2.40 所示。

① 单击 Windows 7“开始”按钮，依次选择“程序”|“附件”|“系统工具”|“磁盘碎片整理程序”命令。

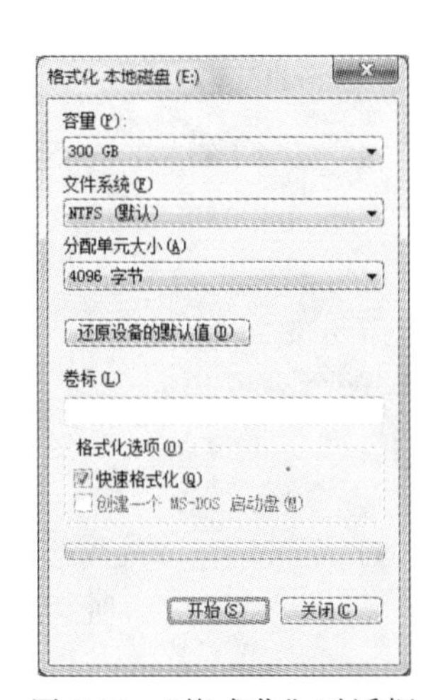

图 2.39　“格式化”对话框

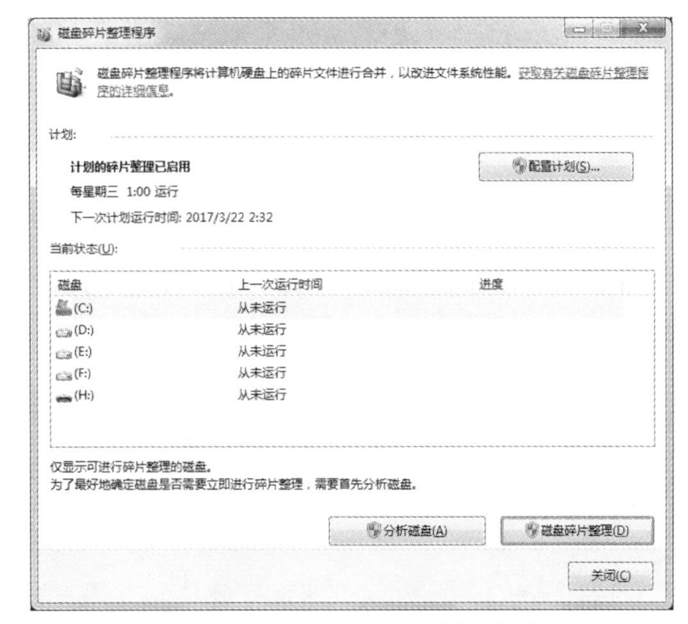

图 2.40　“磁盘碎片整理程序”对话框

② 单击 Windows 7“开始”按钮，在 Windows 7 的多功能搜索框中输入“磁盘碎片整理”，然后单击搜索结果。

③ 在指定驱动器的右键菜单中选择“属性”命令，在磁盘的属性设置面板中选择“工具”选项卡，单击“立即进行碎片整理”按钮。

4．清理磁盘

计算机使用时间长了，就会产生一些垃圾碎片存在于计算机之中，导致计算机反应速度会变慢。以下是清理磁盘步骤：

① 右击桌面上的“计算机”图标，选择“属性”命令，打开系统属性窗口，如图 2.41 所示。

图 2.41　系统属性窗口

② 单击属性界面左下角的“操作中心”，打开“操作中心”窗口，如图 2.42 所示。

图 2.42 “操作中心”窗口

③ 单击“操作中心”界面的左侧的“查看性能信息”，打开“性能信息和工具”窗口，如图 2.43 所示。

图 2.43 “性能信息和工具”窗口

④ 单击左侧的“打开磁盘清理”，打开“磁盘清理：驱动器选择”对话框，选择所需要清理的驱动器，C\D\E\F 盘进行清理，选择一个磁盘后，单击“确定”按钮，如图 2.44 所示。

⑤ 选择清理磁盘后，有提示正在进行计算可以释放多少空间，如图 2.45 所示。

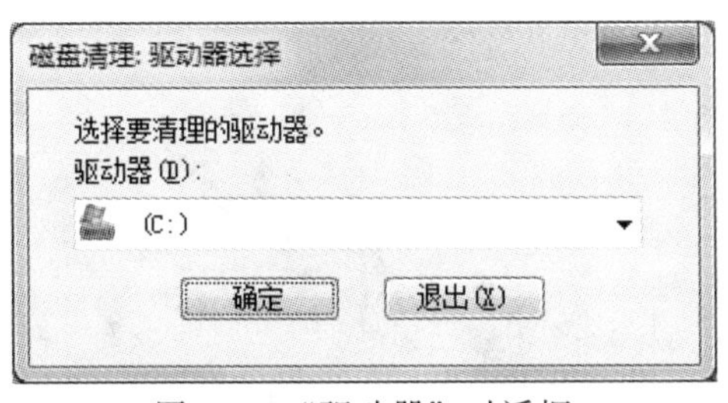

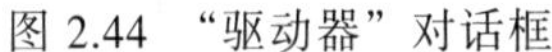

图 2.44　“驱动器”对话框

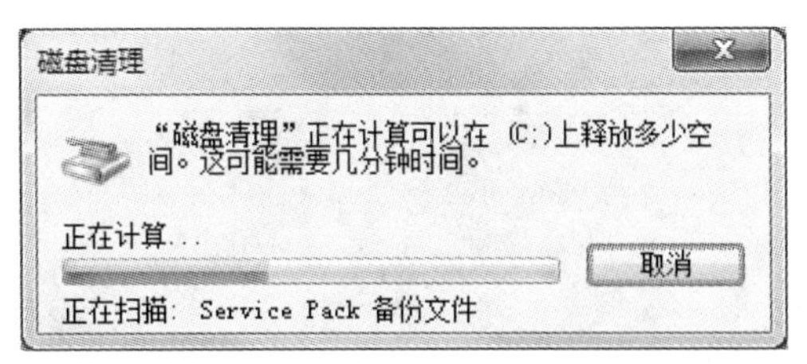

图 2.45　“磁盘清理”对话框

⑥ 在打开的磁盘清理对话框中选择要删除的文件，选定要清理的文件后，单击“确定”按钮，如图 2.46 所示。

⑦ 在该选项卡的其他选项中，可以选择“程序和功能”进行清理以及“系统还原和卷影复制”进行清理，前者主要是卸载和修改程序，如图 2.47 所示。

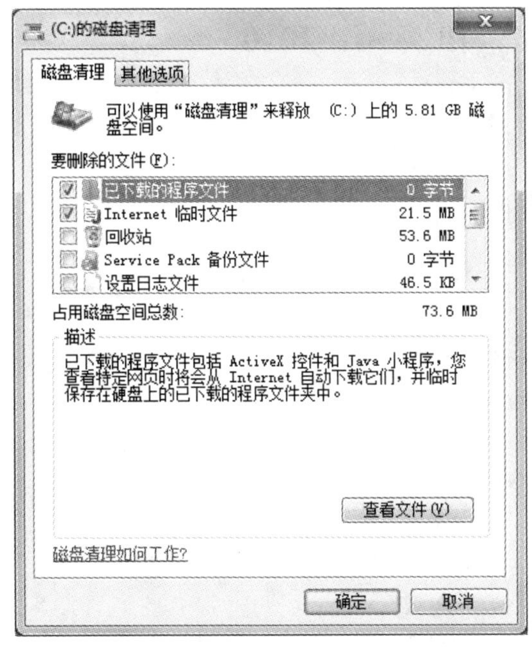

图 2.46　“磁盘清理”选项卡

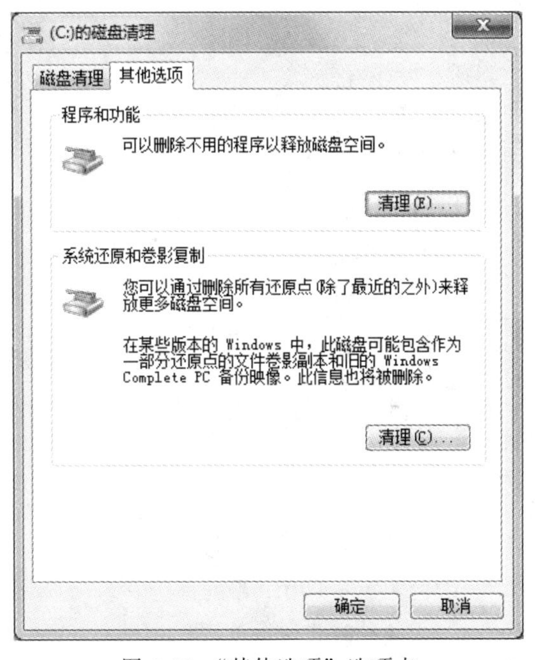

图 2.47　“其他选项”选项卡

⑧ 对“系统还原和卷影复制”进行清理时，单击“清理”按钮弹出提示对话框，单击“删除”按钮，最后单击“确定”按钮即可，等待磁盘的清理，如图 2.48 所示。

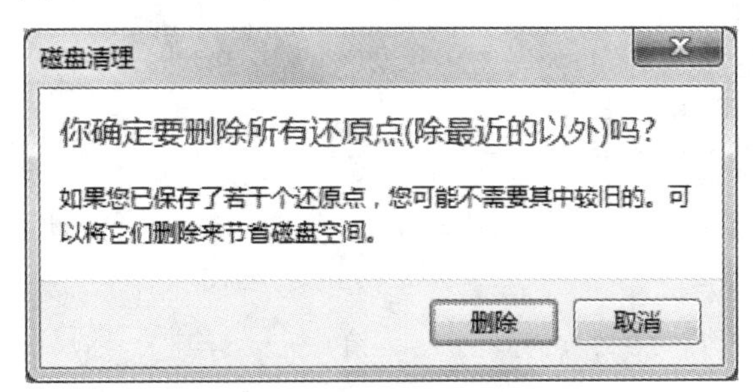

图 2.48　“磁盘清理”对话框

实训单元三 文字处理软件 Word 2010

实训任务一　启动和退出 Word 2010

实训目的与要求

① Word 2010 的启动。

② 熟悉和掌握 Word 2010 的窗口界面。

③ Word 2010 的退出。

实训内容

① 用 3 种方式启动 Word 2010。

② 显示任务窗格。

③ 显示或隐藏工具栏。

④ 显示或隐藏标尺、段落标记。

⑤ 使用 Word 2010 帮助系统。

⑥ 用 4 种方式退出 Word 2010。

操作要点

1. 用 3 种方式启动 Word 2010

① 选择“开始”|“所有程序”|Microsoft Office|Microsoft Word 2010 命令。

② 双击桌面上 Word 2010 的快捷方式。

③ 右击桌面空白处，从弹出的快捷菜单中选择“新建”|“Microsoft Word 文档”命令，然后双击桌面上名为“新建 Microsoft Word 文档”的图标即可启动 Word 2010。

2. 显示任务窗格

观察 Word 2010 的窗口界面，由标题栏、菜单栏、工具栏、标尺、文本区、滚动条及状态栏以及任务窗格组成，熟悉 Word 2010 工作窗口各部分的名称，如图 3.1 所示。选择“文件”|

“新建”命令，则出现“新建文档”任务窗格。

图 3.1　Word 窗口界面组成

3. 如何关闭 Word 2010 窗口中浮动工具栏

如果不需要在 Word 2010 文档窗口中显示浮动工具栏，可以在“Word 选项”对话框中将其关闭。操作步骤如下：

① 打开 Word 2010 文档窗口，依次选择“文件”|“选项”命令。

② 在打开的“Word 选项”对话框中，取消“常规”选项卡中的“选择时显示浮动工具栏”复选框，单击“确定”按钮，如图 3.2 所示。

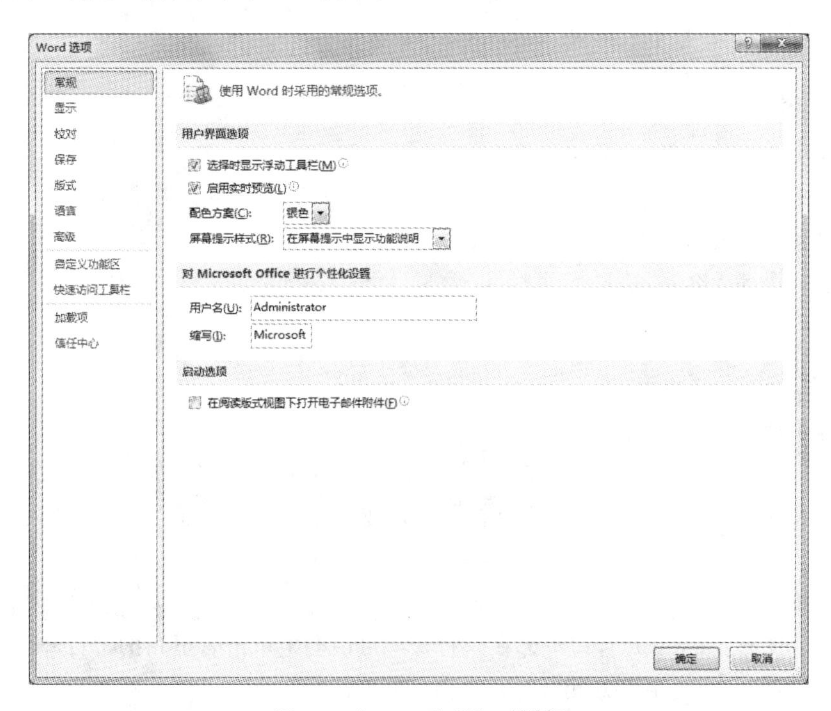

图 3.2　“Word 选项”对话框

4．显示或隐藏标尺、段落标记

① 选择“视图”|“显示”|“标尺”复选框，选择是否显示标尺。

② 选择“视图”|“显示”|“网络线”复选框，选择是否显示网络线。

③ 选择“视图”|“显示”|“导航窗格”复选框，选择是否显示导航窗格。

5．使用 Word 2010 帮助系统

① 选择“文件”|“帮助”命令，打开“Word 帮助”任务窗格。

② 在“Word 帮助”任务窗格中可以点击连接网络，选择所需帮助内容。

6．用 4 种方式退出 Word 2010

使用以下方法之一退出 Word 2010：

① 单击窗口右上角的关闭按钮。

② 双击窗口左上角的控制菜单W。

③ 按 Alt+F4 组合键。

④ 选择“文件”|“退出”命令。

实训任务二　Word 文档的创建和输入

实训目的与要求

① 掌握新建 Word 文档的方法。

② 掌握 Word 文档的保存方法。

③ 掌握文档内容编辑输入。

实训内容

① 常规方法新建、保存 Word 文档。

② 使用模板新建简单的 Word 文档。

③ 切换插入和改写状态。

④ 在文档中插入各种符号。

操作要点

1．新建文档

① 选择“文件”|“新建”|“空白文档”，单击“创建”按钮，如图 3.3 所示。

② 直接单击“自定义快速访问工具栏”下拉按钮，选择“新建”命令，创建空白文档，如图 3.4 所示。

2．打开文档

① 选择“文件”|“打开”命令，在“打开”对话框中单击右下角的“打开”下拉按钮，选择以“只读方式”或“副本方式”打开文档，如图 3.5 所示。

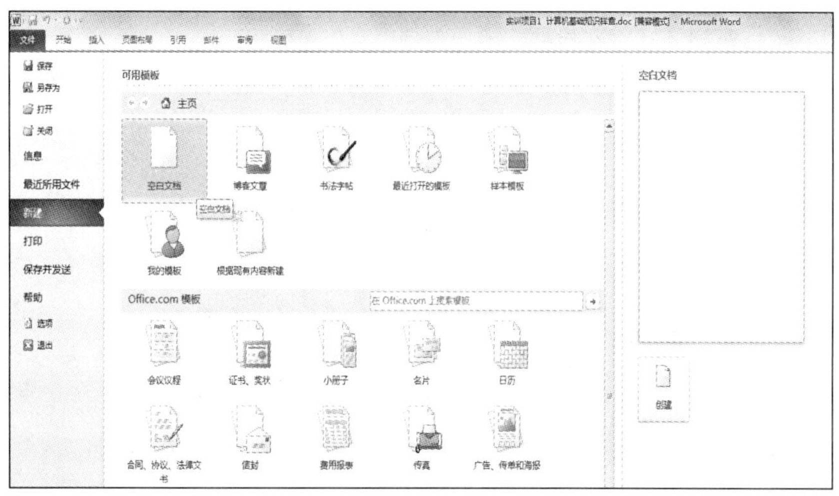

图 3.3　选择“新建”命令

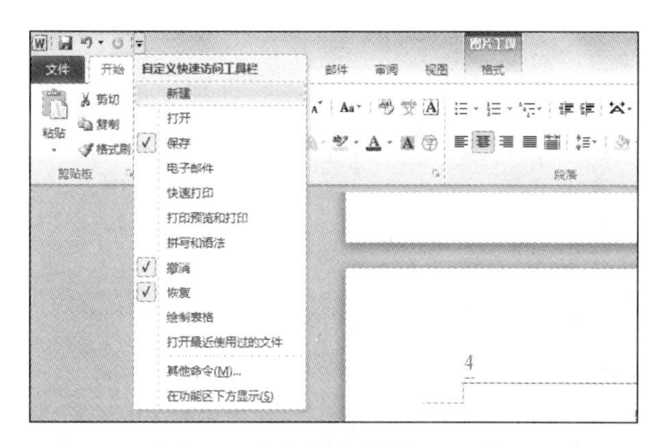

图 3.4　自定义快速访问工具栏

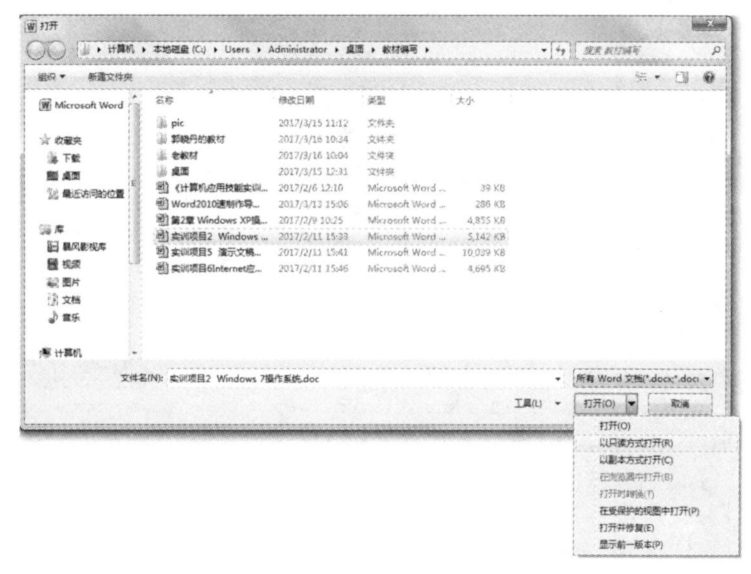

图 3.5　“打开”对话框

② 通过“最近所用文件”列表打开文档，如图 3.6 所示。

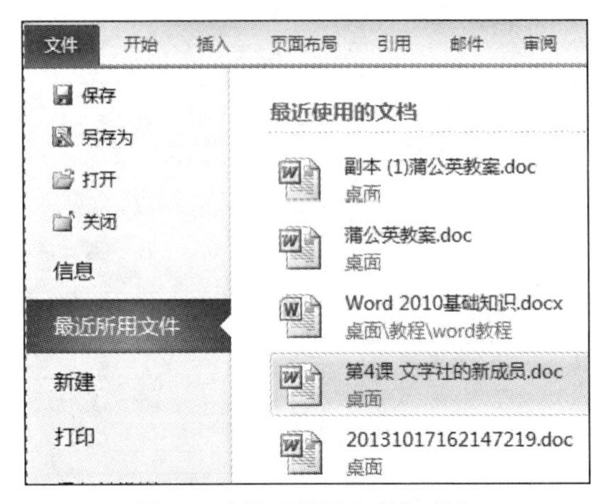

图 3.6 “最近所用文件”列表

3. 保存文档

① 选择“文件”|“保存”或者“另存为”命令，打开“另存为”对话框，如图 3.7 所示。

② 单击快速访问工具栏中的“保存”按钮。

③ 按 Ctrl+S 组合键直接保存。

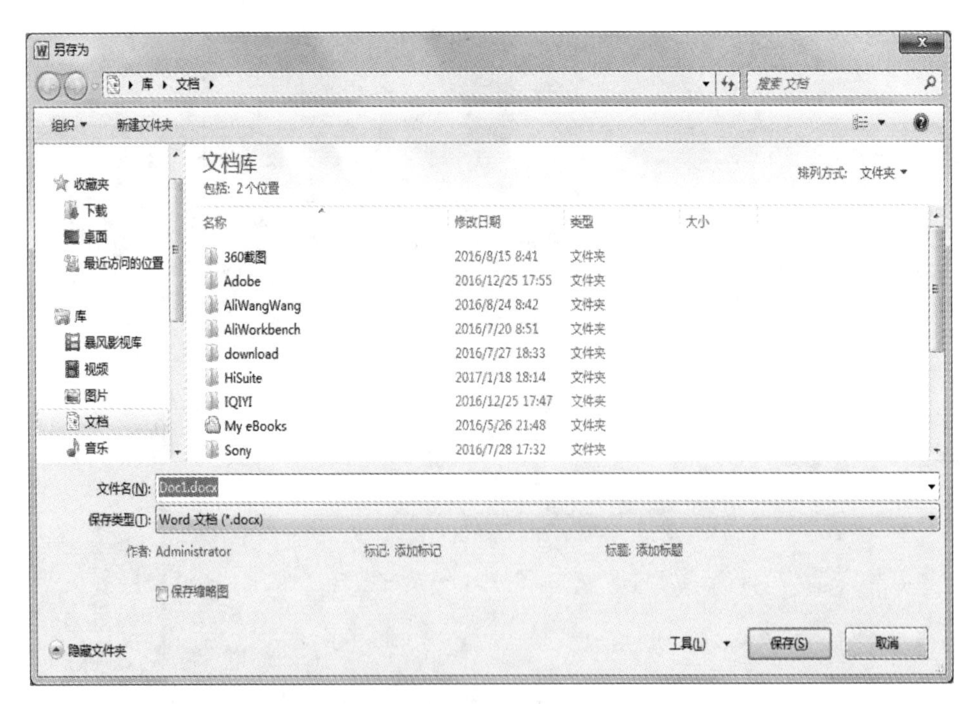

图 3.7 “另存为”对话框

4. 关闭文档

① 选择“文件”|“关闭”命令。

② 单击右上角的红色“关闭”按钮关闭当前文档。

5. 使用模板新建简单的 Word 文档

除了通用型的空白文档模板之外，Word 2010 中还内置了多种文档模板，如博客文章模板、书法字帖模板等。另外，Office.com 网站还提供了证书、奖状、名片、简历等特定功能模板。借助这些模板，用户可以创建比较专业的 Word 2010 文档。

在 Word 2010 中使用模板创建文档的步骤如下：

① 打开 Word 2010 文档窗口，依次选择“文件”|“新建”命令。

② 在打开的“新建”面板中，用户可以单击“博客文章”“书法字帖”等 Word 2010 自带的模板创建文档，还可以单击 Office.com 提供的“名片”“日历”等在线模板。例如，单击“样本模板”选项，如图 3.8 所示。

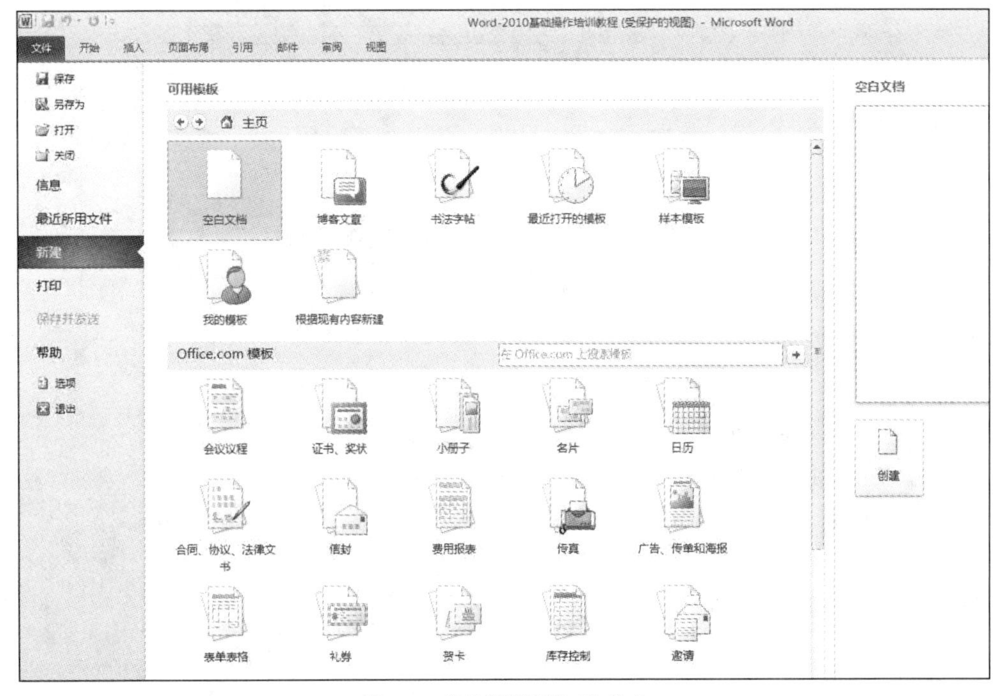

图 3.8 “可用模板”选项卡

6. 切换插入和改写状态

① 打开任意文档.doc，光标移动到第 2 行，输入“计算机应用技能”，观察状态栏中的“改写”状态。

② 按键盘的 Insert 键，将输入状态切换成“改写”状态，观察状态栏中的“改写”状态。

③ 将光标移动到第 2 行开头处，输入“程序设计语言”，观察文档中文字的变化。

④ 再次按键盘的 Insert 键，切换回“插入”状态，回到第 2 行开头处输入“网页设计教程”，观察状态栏中“改写”状态。

7. 在文档中输入各种符号

① 单击“插入”|“符号”按钮，选择“其他符号”命令，打开“符号”对话框，如图 3.9 所示，从字体列表框中选择“Wingdings”，然后双击需要插入的符号，将该符号插入到文档中指定位置。

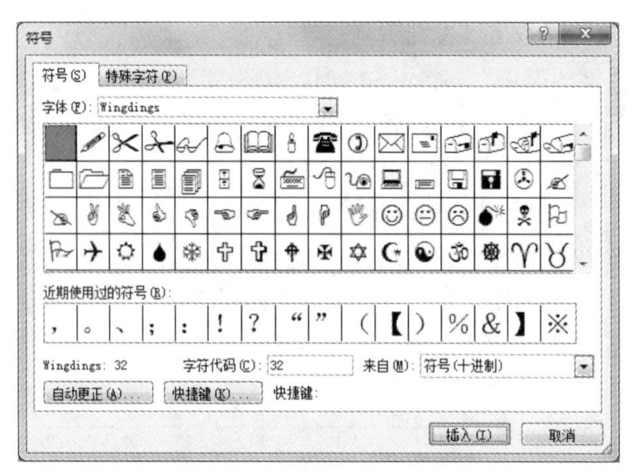

图 3.9 “符号”对话框

② 使用该方法插入符号☺、☯。

实训任务三　文 档 编 辑

实训目的与要求

① 掌握 Word 2010 的文档视图。

② 掌握多窗口查看的方法。

③ 掌握在 Word 2010 窗口中关闭浮动工具栏。

④ 掌握文档编辑简单用法。

实训内容

① 文档视图。

② 多窗口编辑。

③ 剪贴板的使用。

④ 对文本进行复制、移动、删除和替换等操作。

操作要点

1. 文档视图

① 打开任意 Word 文档，分别从文档窗口左下角的工具栏中单击（普通视图）、（Web 版式视图）、（页面视图）、（大纲视图）、（阅读版式视图）按钮，分别查看显示效果。

② 单击“视图”窗格，查看显示效果。“视图”功能区包括文档视图、显示、显示比例、窗口和宏几个组，主要用于帮助用户设置 Word 2010 操作窗口的视图类型，其中文档视图模式包括“页面视图”“阅读版式视图”“Web 版式视图”“大纲视图”“草稿视图”等 5 种视图模式。用户可以在“视图”功能区中选择需要的文档视图模式，也可以在 Word 2010 文档窗口

的右下方单击视图按钮选择视图。

- 页面视图：可以显示 Word 2010 文档的打印结果外观，主要包括页眉、页脚、图形对象、分栏设置、页面边距等元素，是最接近打印结果的页面视图。
- 阅读版式视图：以图书的分栏样式显示 Word2010 文档，“文件”按钮、功能区等窗口元素被隐藏起来。在阅读版式视图中，用户还可以单击“工具”按钮选择各种阅读工具。
- Web 版式视图：以网页的形式显示 Word 2010 文档，Web 版式视图适用于发送电子邮件和创建网页。
- 大纲视图：主要用于设置 Word 2010 文档的设置和显示标题的层级结构，并可以方便地折叠和展开各种层级的文档。大纲视图广泛用于 Word 2010 长文档的快速浏览和设置中。
- 草稿视图：取消了页面边距、分栏、页眉页脚和图片等元素，仅显示标题和正文，是最节省计算机系统硬件资源的视图方式。当然，现在计算机系统的硬件配置都比较高，基本上不存在由于硬件配置偏低而使 Word 2010 运行遇到障碍的问题。

2. 并排查看多个 Word 2010 文档窗口

Word 2010 具有多个文档窗口并排查看的功能，通过多窗口并排查看，可以对不同窗口中的内容进行比较。在 Word 2010 中实现并排查看窗口的步骤如下：

① 打开两个或两个以上 Word 2010 文档窗口，在当前文档窗口中切换到“视图”选项卡，然后在“窗口”功能区中单击“并排查看”命令，如图 3.10 所示。

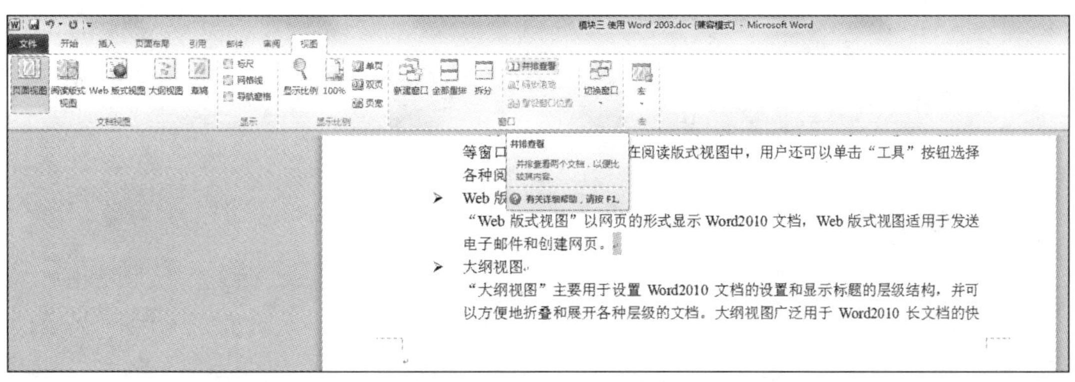

图 3.10　“并排查看”命令

② 在打开的“并排比较”对话框中，选择一个准备进行并排比较的 Word 文档，并单击“确定”按钮，如图 3.11 所示。

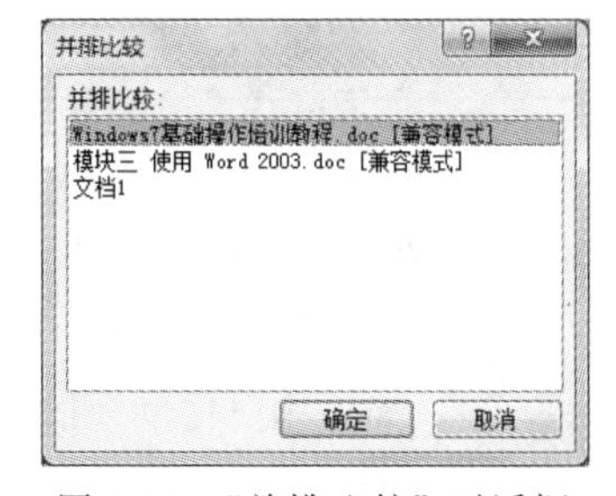

图 3.11　“并排比较”对话框

③ 在其中一个 Word 2010 文档的“窗口”分组中单击“并排滚动”按钮，则可以实现在滚动当前文档时另一个文档同时滚动，非常便于两个文件同时浏览，如图 3.12 所示。

④ 在“视图”选项卡的“窗口”功能区中，还可以进行诸如新建窗口、拆分窗口、全部重排等 Word 2010 窗口相关操作，如图 3.13 所示。

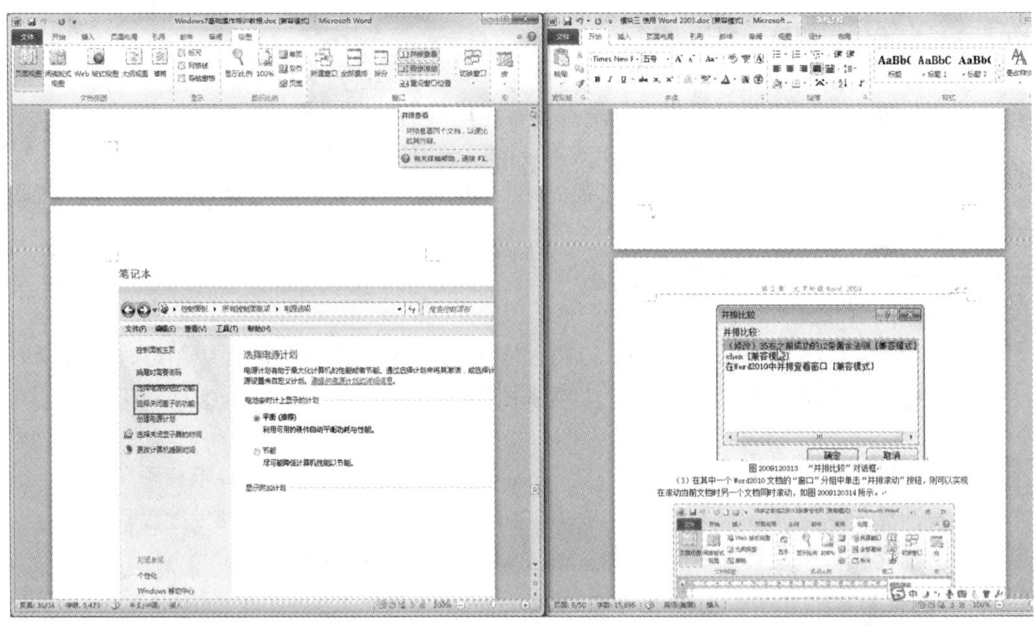

图 3.12 “并排滚动”同步浏览

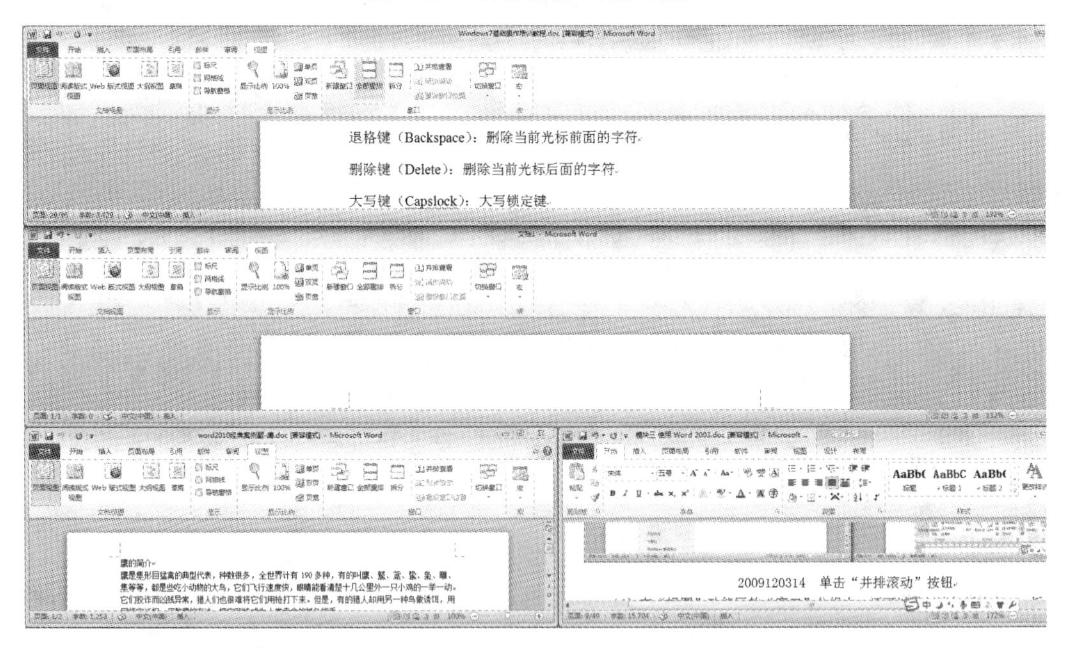

图 3.13 “窗口”分组显示

3．在 Word 2010 窗口中关闭浮动工具栏

浮动工具栏是 Word 2010 中一项极具人性化的功能，当 Word 2010 文档中的文字处于选中状态时，如果用户将鼠标指针移到被选中文字的右侧位置，将会出现一个半透明状态的浮动工具栏。该工具栏中包含了常用的设置文字格式的命令，如设置字体、字号、颜色、居中对齐等命令。将鼠标指针移动到浮动工具栏上将使这些命令完全显示，进而可以方便地设置文字格式，如图 3.14 所示。

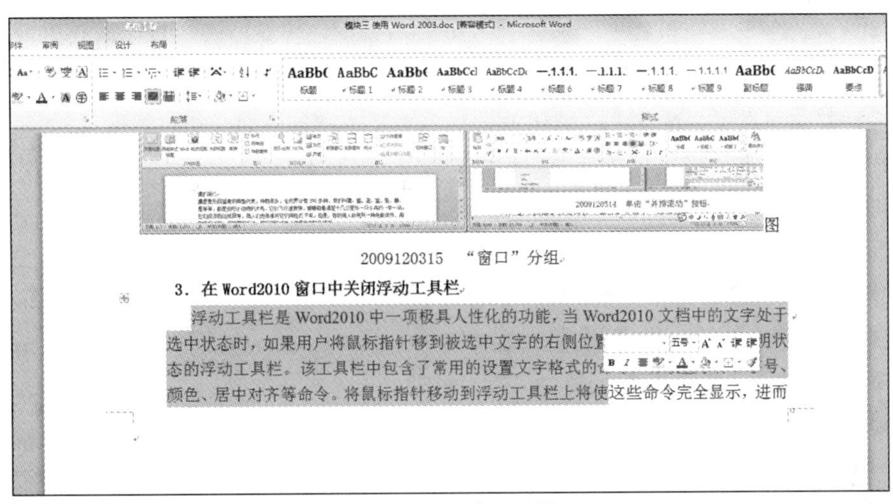

图 3.14　浮动工具栏

如果不需要在 Word 2010 文档窗口中显示浮动工具栏，可以在“Word 选项”对话框中将其关闭，操作步骤如下：

① 打开 Word 2010 文档窗口，依次单击“文件”|“选项”命令。

② 在打开的“Word 选项”选项卡中，取消“常用”选项卡中的“选择时显示浮动工具栏”复选框，并单击“确定”按钮即可，如图 3.15 所示。

图 3.15

4．对文本进行编辑、移动、复制和删除撤销和替换等操作

（1）选定文本操作

① 选择任意文本。将光标置于要选择文本首字的左侧，按住鼠标左键，拖动光标至要选择文本尾字的右侧，然后释放鼠标，即可选择所需的文本内容。

② 选择连续文本。将光标插入点置于要选择文本的首字符左侧，然后按住 Shift 键不放，单击要选择文本的尾字符右侧位置，即可选中该区间内的所有文本。

③ 选择整行文本。将鼠标置于要选择文本行的左侧，待鼠标指针呈箭头状时单击，即可选择光标右侧的整行文本。

④ 选择整句文本。先按住 Ctrl 键不放，再单击要选择句子的任意位置即可。

⑤ 选择整段文本。将鼠标指针置于要选择文本段落的左侧，待指针呈箭头状时双击，即可选择鼠标指针右侧的整段文本。

（2）选择整篇文本

将鼠标指针置于要选择文本段落的左侧空白区，待指针呈箭头状时连续单击三次，即可选择整篇文档的内容。

（3）移动、复制和删除文本

① 移动文本：

方法 1：选中内容后，直接拖动。

方法 2：选择“剪切”|“粘贴”命令。

方法 3：按 Ctrl+X 组合键剪切，然后按 Ctrl+V 组合键粘贴。

② 复制文本：

方法 1：选中内容后，按下 Ctrl 键直接拖动。

方法 2：选择“复制”|“粘贴”命令。

方法 3：Ctrl+C 组合键复制，然后按 Ctrl+V 组合键粘贴。

③ 删除文本：

方法 1：按 Backspace 退格键

方法 2：按 Delete 键。

方法 3：按 Ctrl+X 组合键剪切即可删除，或者按 Ctrl+Z 组合键撤销与恢复上一步操作。

注意：如果不小心删除了一段不该删除的文本，可通过单击“自定义快速访问工具栏”中的“撤销”按钮恢复刚刚删除的内容。如果又要删除该段文本，则可以单击“自定义快速访问工具栏”中的“恢复”按钮。

（4）查找与替换文本

① 单击“开始”|“编辑”|“查找”按钮，快速定位该文档中要查找的内容，如图 3.16 所示。

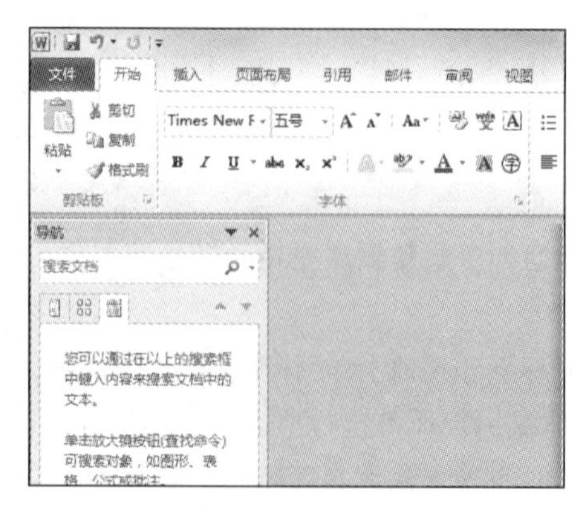

图 3.16 “查找”窗格

② 在“查找和替换”对话框中，可批量查找替换文档中的部分内容，如图 3.17 所示。

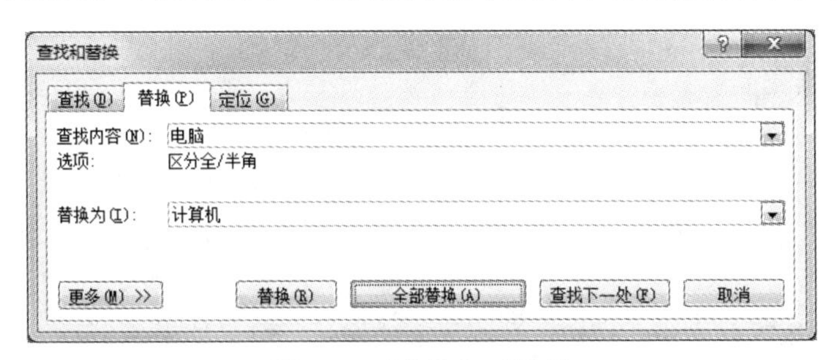

图 3.17　“替换”对话框

实训任务四　Word 文档格式设置

实训目的与要求

① 掌握段落格式和字符格式设置。

② 掌握项目符号和编号设置。

③ 掌握首字下沉的使用。

④ 掌握页面设置的用法。

实训内容

① 文档内容如图 3.18 样张所示。

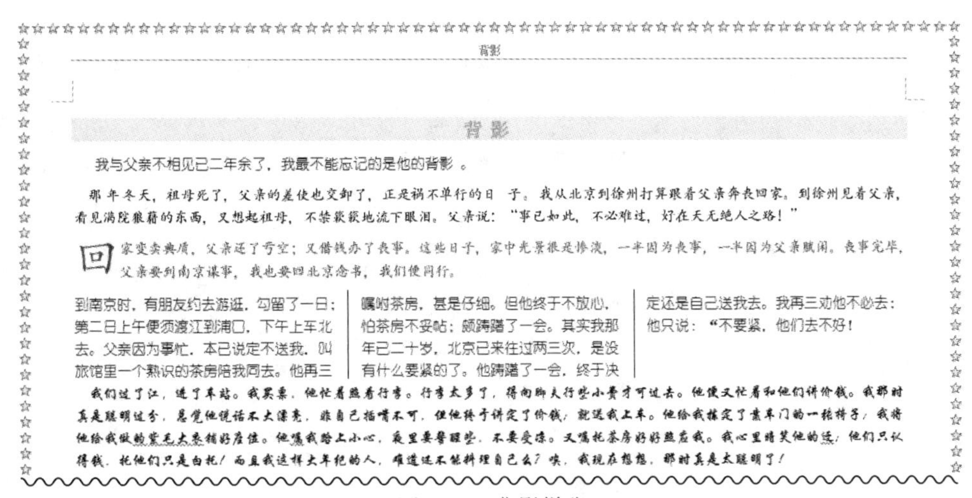

背影

背影

我与父亲不相见已二年余了，我最不能忘记的是他的背影 。

那年冬天，祖母死了，父亲的差使也交卸了，正是祸不单行的日 子。我从北京到徐州打算跟着父亲奔丧回家。到徐州见着父亲，看见满院狼藉的东西，又想起祖母，不禁簌簌地流下眼泪。父亲说：“事已如此，不必难过，好在天无绝人之路！”

回家变卖典质，父亲还了亏空；又借钱办了丧事。这些日子，家中光景很是惨淡，一半因为丧事，一半因为父亲赋闲。丧事完毕，父亲要到南京谋事，我也要回北京念书，我们便同行。

到南京时，有朋友约去游逛，勾留了一日；第二日上午便须渡江到浦口，下午上车北去。父亲因为事忙，本已说定不送我，叫旅馆里一个熟识的茶房陪我同去。他再三嘱咐茶房，甚是仔细。但他终于不放心，怕茶房不妥帖；颇踌躇了一会。其实我那年已二十岁，北京已来往过两三次，是没有什么要紧的了。他踌躇了一会，终于决定还是自己送我去。我再三劝他不必去；他只说：“不要紧，他们去不好！

我们过了江，进了车站。我买票，他忙着照看行李。行李太多了，得向脚夫行些小费才可过去。他便又忙着和他们讲价钱。我那时真是聪明过分，总觉他说话不大漂亮，非自己插嘴不可，但他终于讲定了价钱；就送我上车。他给我拣定了靠车门的一张椅子；我将他给我做的紫毛大衣铺好座位。他嘱我路上小心，夜里要警醒些，不要受凉。又嘱托茶房好好照应我。我心里暗笑他的迂；他们只认得钱，托他们只是白托！而且我这样大年纪的人，难道还不能料理自己么？唉，我现在想想，那时真是太聪明了！

图 3.18　背影样张

操作要点

1. 建立文档

启动 Word 2010，新建一个空白文档，输入相应的内容，然后选择“文件”|“另存为”命

令，在打开的“另存为”对话框中选择保存位置为桌面，文件名输入“背影”，然后单击“保存”按钮。

2. 设置标题格式

选择“背影”，进行以下操作：

① 从“开始”选项卡中的“样式”功能区中选择“标题 3”样式。

② 从“字体”和“段落”功能区中选择居中、隶书、一号，并从“字体颜色”列表中选择绿色。

③ 单击 “字体”右下角的按钮，从弹出的“字体”对话框中选择“高级”选项卡，然后选择“间距”为“加宽”，“磅值”为“3 磅”，单击“确定”按钮，如图 3.19 所示。

图 3.19 设置字符间距

④ 单击“开始”|“段落”|“下框线”的下拉按钮，从下拉菜单中选择“边框和底纹”命令，如图 3.20 所示。

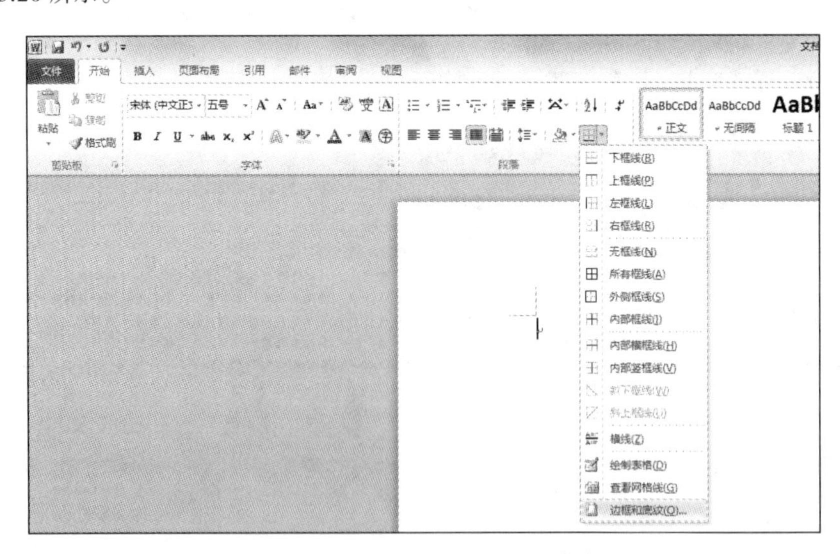

图 3.20 选择“边框和底纹”命令

⑤ 单击“底纹”选项卡，选择“填充”为“浅绿”色，应用于段落，单击“确定”按钮，如图 3.21 所示。

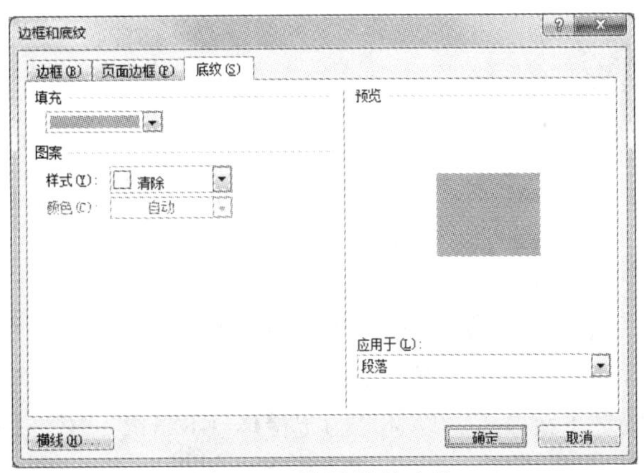

图 3.21　设置段落底纹

3. 设置正文各段落格式

选择除标题之外的正文各段落，进行以下操作：

① 从“开始”|“字体”功能区中选择字体为楷体、小四号，“字体颜色”为绿色。

② 单击“开始”|“段落”功能区右下角的“段落”按钮，打开“段落”对话框，选择“缩进和间距”选项卡，从“特殊格式”中选择“首行缩进”，磅值为“2 字符”；从“间距”中设置“段后 0.5 行”，“行距”设置值为固定值 18 磅，如图 3.22 所示，然后单击“确定”按钮。

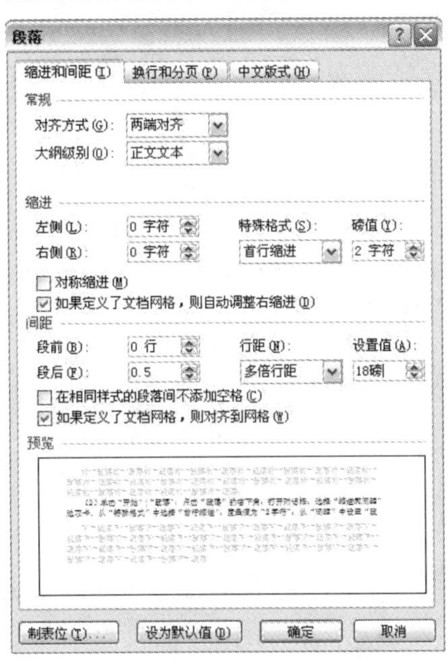

图 3.22　设置缩进和间距

4. 复制段落格式

① 选择正文的第一段，从“字体”功能区中选择字体格式为“幼圆”。

② 选择第一段中的部分文字，然后单击“剪贴板”功能区中的“格式刷”按钮，这时

鼠标变成刷子形状，然后在第 3 段中按住鼠标左键刷过，将第 1 段的字体格式复制到第 3 段。

5. 分栏设置

① 选择正文第 3 段，选项“页面布局”|“页面设置”功能区中的“分栏”|“更多分栏”命令，打开“分栏”对话框。

② 设置为“三栏”，应用于“所选文字”，取消选中“栏宽相等”复选框；并设置第 1 栏和第 2 栏宽度为“10 字符”，选中“分隔线”复选框，然后单击“确定”按钮，如图 3.23 所示。

6. 设置首字下沉

① 选择正文第 2 段或在第 2 段中任意位置单击，然后单击“插入”|“文本”功能区中的“首字下沉”按钮，打开“首字下沉”对话框。。

② 选择“位置”为“下沉”，“字体”为“楷体_GB2312”, 下沉行数为“2”行，距正文“0 厘米”，然后单击“确定”按钮，如图 3.24 所示。

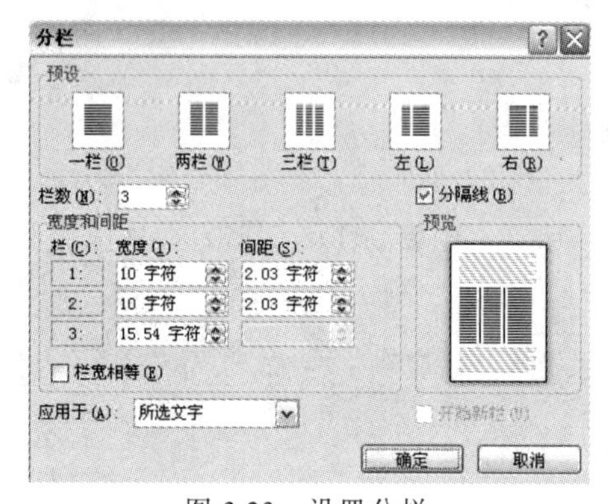

图 3.23 设置分栏

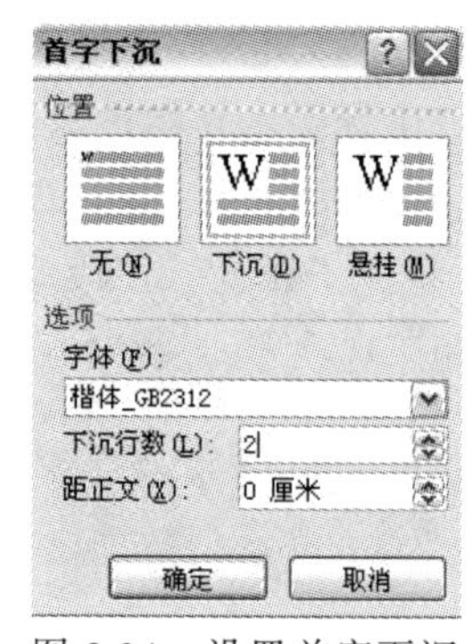

图 3.24 设置首字下沉

7. 设置页面边框

① 单击“开始”|“段落”|“边框和底纹”按钮，打开“边框和底纹”对话框。

② 选择“页面边框”选项卡，然后选择“方框”，并选择一种艺术型边框，应用于“整篇文档”，然后单击“确定”按钮，如图 3.25 所示。

图 3.25 设置页面边框

8．页面设置

① 单击“页面布局”|“页面设置”右下角的 ，从打开的“页面设置”对话框中选择“页边距”选项卡，设置方向为“横向”，应用于“整篇文档”，如图 3.26 所示。

② 选择“纸张”选项卡，设置纸张大小为 A4，应用于“整篇文档”，然后单击“确定”按钮，如图 3.27 所示。

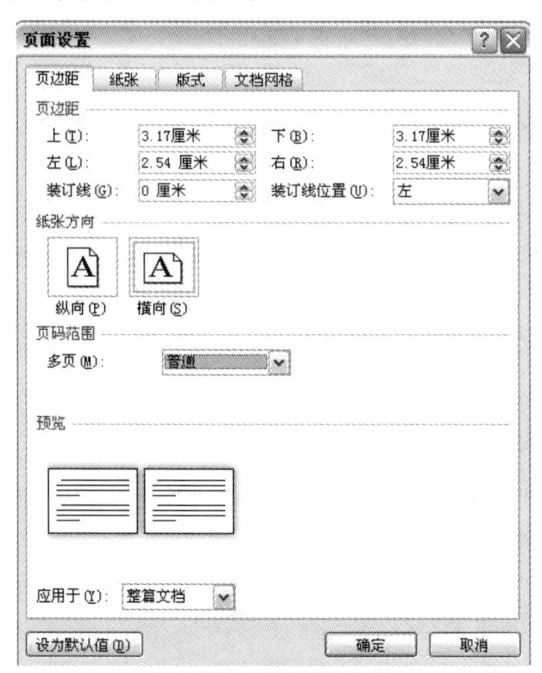

图 3.26　设置页面方向

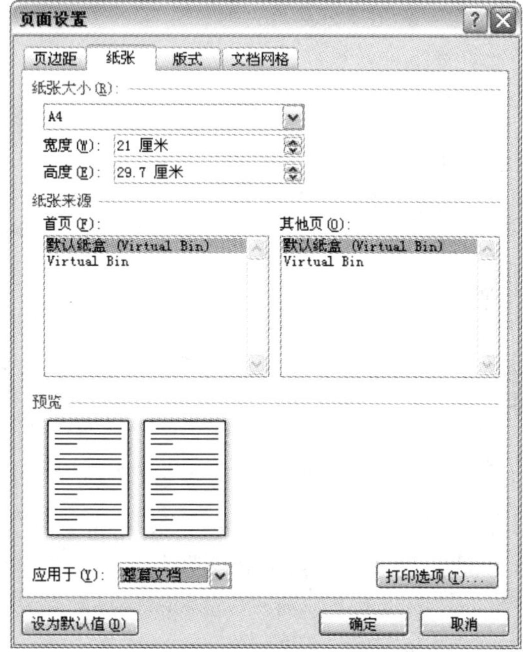

图 3.27　设置页面纸张

9．设置页眉页脚

页眉和页脚是指文档中每个页面顶部和底部的区域，在这两个区域内添加的文本或图形内容将显示在文档的每一个页面中，可以避免重复操作。

① 单击“插入”|“页眉”和“页脚”。

② 在页眉位置输入“背影”，并单击“开始”|“段落”功能区中的“居中”按钮。

③ 在页脚位置输入页码，并单击“开始”|“段落”功能区中的“右对齐”按钮。

实训任务五　数学公式的应用及图文混排

实训目的与要求

① 能够在文档中应用一般常用的数学公式。

② 掌握插入图片、自选图形的方法。

③ 掌握图片的移动、缩放、颜色、版式等设置方法。

④ 能够制作出比较美观的图文混排文本。

实训内容

① 使用公式编辑器，编辑数学公式。

② 在 Word 文档中，输入文本并进行格式设置。

③ 在 Word 文档中，插入图片并且对插入的图片进行编辑。

④ 对文档进行设置，制作出比较美观的图文混排文本。

操作要点

1. 输入数学公式

利用 Word 2010 提供的公式编辑器，输入图 3.28 中的数学公式。

$$ax^2+bx+c=0 \qquad \frac{x^2}{a^2}-\frac{y^2}{b^2}=1$$

$$d*\int_0^1 \cos(x)\mathrm{d}x \pm \sum_1^{10} \mathrm{e}^2+E*E=\frac{\lambda\gamma}{\theta}$$

图 3.28 数学公式

① 单击“插入”选项卡“文本”功能区中的“对象”按钮，在打开的“对象”对话框的“新建”选项卡中选择 Microsoft 公式 3.0 选项，如图 3.29 所示。

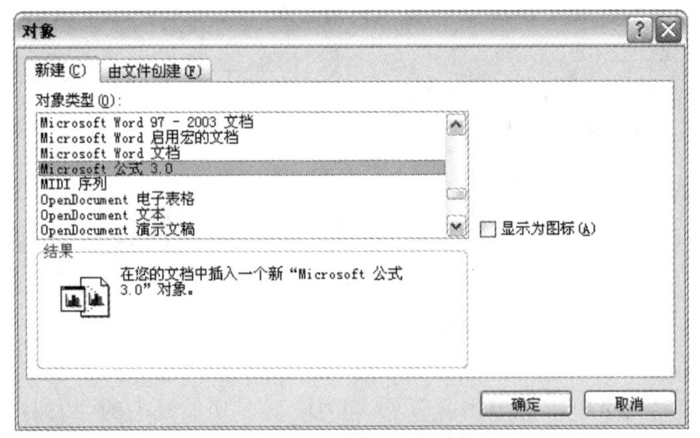

图 3.29 “对象”对话框

② 单击“确定”按钮，即可打开“公式编辑器”窗口和“公式”工具栏，如图 3.30 所示。

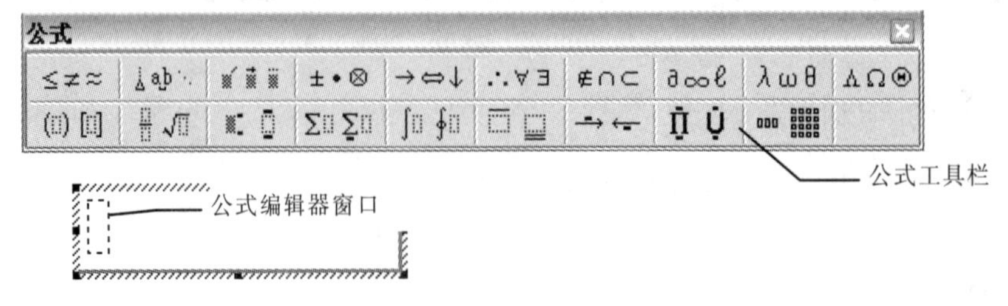

图 3.30 “公式编辑器”窗口和“公式”工具栏

③ 根据公式的不同需要，选择不同的模块进行编辑。

2. 输入文字内容

在 Word 2010 中，输入图 3.31 所示的图文混排文字内容。

环保专栏　1

沙尘暴[1]

人类总是依据自身的利益评价外部事物，将之分成优劣好坏，而大自然则另有一套行为规范与准则。现在人们闻之色变的沙尘暴，即由于强烈的风将大量沙尘卷起，造成空气混浊，能见度小于千米的风沙天气现象，其实古已有之。它本是雕塑大地外貌的自然力之一，是大自然的一项工程，并且在全球生态平衡中占有一席之地。

然而，近百年来，沙尘暴却已成为影响人类生产生活的一大灾害。构成我国沙尘暴的物质材料，多来自干旱、半干旱的草原区。在人为活动的干预下，特别是由于森林大量砍伐，土地过度开垦，工厂盲目建设，排放不加控制，结果造成生态巨变：原来有沙漠的地方扩大了；没有沙漠的地方沙漠产生了；内陆河流程缩短，水量减少，沼泽地消失；河流两岸的绿色走廊枯萎死亡。这样，来自大西北的沙尘暴,一路上还源源获得裸地上新的沙尘源的补充，而且混入了工矿企业排放的有害成分和来自草原上牲畜粪便中的病菌病毒。

总之，在受到人为因素的干扰后，自然界的风蚀速度已远远大于土壤的生成速度，一连串的灾害也就由此产生。

[1]沙尘暴：强风扬起地面的尘沙，使空气浑浊，水平能见度小于 1 km 的风沙现象

图 3.31　图文混排

3. 对文档进行图文混排设置

①“页面布局”中设置纸张大小：自定义大小为宽度 20 厘米，高度 29 厘米；页边距（上）2.5 厘米，（下）3.5 厘米，左、右均为 3.3 厘米。全文段落行间距设置为 18 磅。

② 制作标题：利用艺术字制作标题，输入艺术字“沙尘暴”，楷体，24 号字，艺术字式样为第 3 行第 4 列，阴影样式为阴影 14，文字环绕方式为四周环绕。

③ 插入图片：将图片插入到文档中，环绕方式：四周环绕。

④ 分栏：将正文第 2～4 段设置为两栏，添加分隔线。

⑤ 设置正文最后 1 段边框和底纹：底纹：红色 15%，全部应用于“段落”。

⑥ 设置脚注和尾注：设置正文标题“沙尘暴”三字，添加尾注“沙尘暴：强风扬起地面的尘沙，使空气浑浊，水平能见度小于 1 km 的风沙现象。”

⑦ 设置页眉/页码：按图 3.31 所示添加页眉文字“环保专栏”，并插入页码。

实训任务六　制作广告价目表

实训目的与要求

① 掌握斜线表头的设置方法。

② 掌握行交换的方法。

③ 掌握单元格的相关设置方法。

④ 掌握表格属性的设置方法。

实训内容

制作如图 3.32 所示的广告价目表表格样张。

广告价目表（Advertising Rates）

价目 Rate / 种类 Category	人民币	美元
封面 Front Cover(4C)	40000	5000
跨页 Across Page(4C)	30000	3500
内页 Inside Page(4C)	10000	2000
封　底　Back	35000	4500
封二 Inside Front Cover(4C)	30000	3500
封三 Inside Back Cover(4C)	30000	3500

图 3.32　广告价目表表格样张

操作要点

1. 创建表格

① 选择“插入”|“表格”|“插入表格”命令，插入 7 行 3 列的表格，如图 3.33 所示。

图 3.33　插入表格对话框

② 按照样张输入表格相关内容，以便进行下一步操作。

2. 绘制斜线表头

斜线表头是指使用斜线将一个单元格分隔成多个区域，每一个区域中输入不同的内容。单击“表格工具-设计”|“表格样式”|“边框”|“斜上框线\斜下框线”，如图 3.34 所示。

① 将首个单元格绘制为斜线表头，表格中文字内容放置相应位置。

② 将最后一行移至第三行，使用行交换方法。

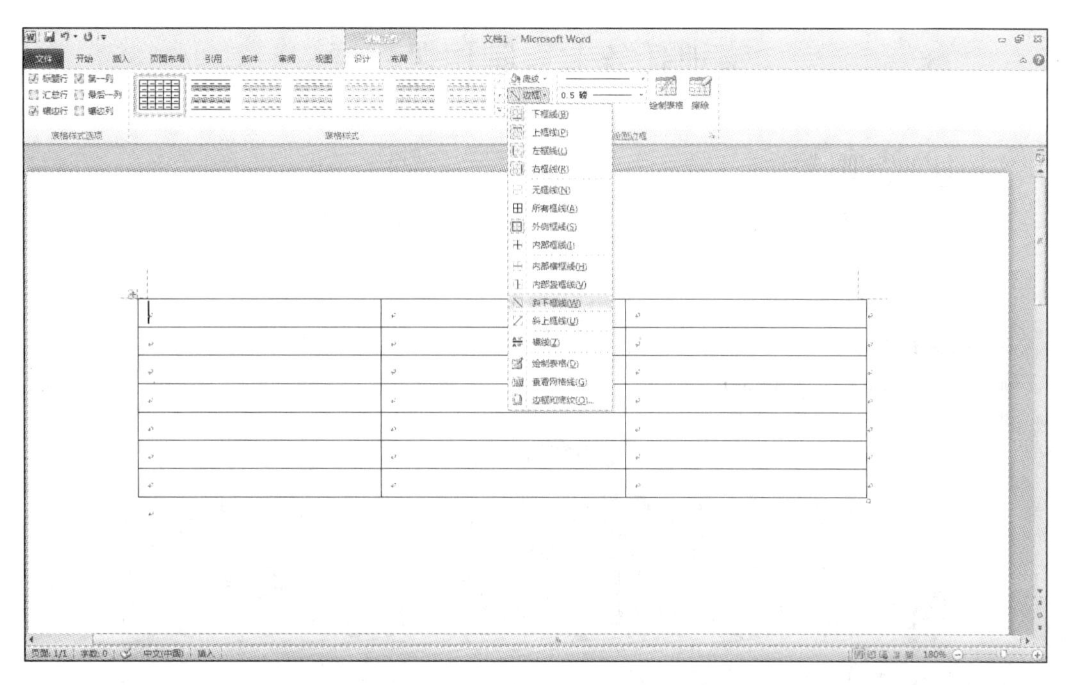

图 3.34　绘制斜线表头

③ 将表格中空白列进行删除操作。

④ 将表格从“封底”行处进行拆分。

3．设置表格属性

将表格行高设置为 1 cm，表格中文字内容设置为“居中”位置，如图 3.35、图 3.36 所示。

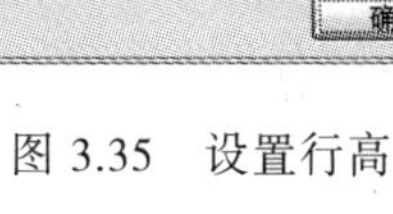

图 3.35　设置行高

图 3.36　设置居中

实训任务七　制作课程表

实训目的与要求

① 掌握绘制表头的方法。

② 学会设置表格属性。

实训内容

制作如图 3.37 所示课程表样张。

司法干警警衔培训课程表

星期 科目 课节	星期一	星期二	星期三	星期四	星期五	作息时间表	
	早晨读报时间					读报	
第一节	刑法	监狱管理	心理矫治	刑事诉讼	民法	第一节	8:00-8:30
第二节	警务技能	刑法	民法	罪犯心理	计算机	第二节	8:40-9:20
第三节	档案管理	计算机	监狱管理	警务技能	刑事诉讼	第三节	9:30-11:20
午休时间						午休	11:30-13:30
第四节	擒拿	散打	擒敌拳	监狱实务	擒拿	第四节	13:30-14:20
第五节	散打	擒敌拳	监狱实务	擒拿	擒拿	第五节	14:30-15:30
注：各位学员不准迟到、早退，无故旷课，否则严肃处理！						下班	16:00

图 3.37　课程表

操作要点

① 输入课程表名称“司法干警警衔培训课程表”，并设置字体为“宋体”，字号为“三号”，对齐方式为居中对齐。

② 插入 9 行 8 列的表格，同时按照图 3.37 所示的样式，将表格中的某些单元格进行合并，并输入内容和设置字体。

③ 将光标置于表格的第一个单元格中。单击“插入”选项卡“插图”功能区中的“形状”命令，选择“直线”，用鼠标拖动调整两条“直线”相应的位置。输入表头文字如“星期”“科目”“课节”等内容，调整位置。

④ 选中课程表课程部分的单元格，单击“表格工具-设计”|“边框”下拉按钮，选项“底纹和边框”命令，选择“底纹”选项卡，按照样张选择需要的颜色。

实训任务八　制作书法字帖

实训目的与要求

① 使用 Word 2010 制作书法字帖。

实训内容

制作出田字格、田回格、九宫格、米字格等格式的书法字帖。

操作要点

在 Word 2003 中制作书法字帖的方法比较复杂，需要涉及表格制作等方面的技术。而在 Word 2010 中配合 Word 2010 自带的汉仪繁体字或用户安装的第三方字体，可以非常方便地制作出田字格、田回格、九宫格、米字格等格式的书法字帖

1. 制作书法字帖

使用 Word 2010 制作书法字帖的步骤如下：

① 打开 Word 2010 窗口，依次选择“文件”|“新建”命令，在“可用模板”区域选中“书法字帖”选项，并单击“创建”按钮，如图 3.38 所示。

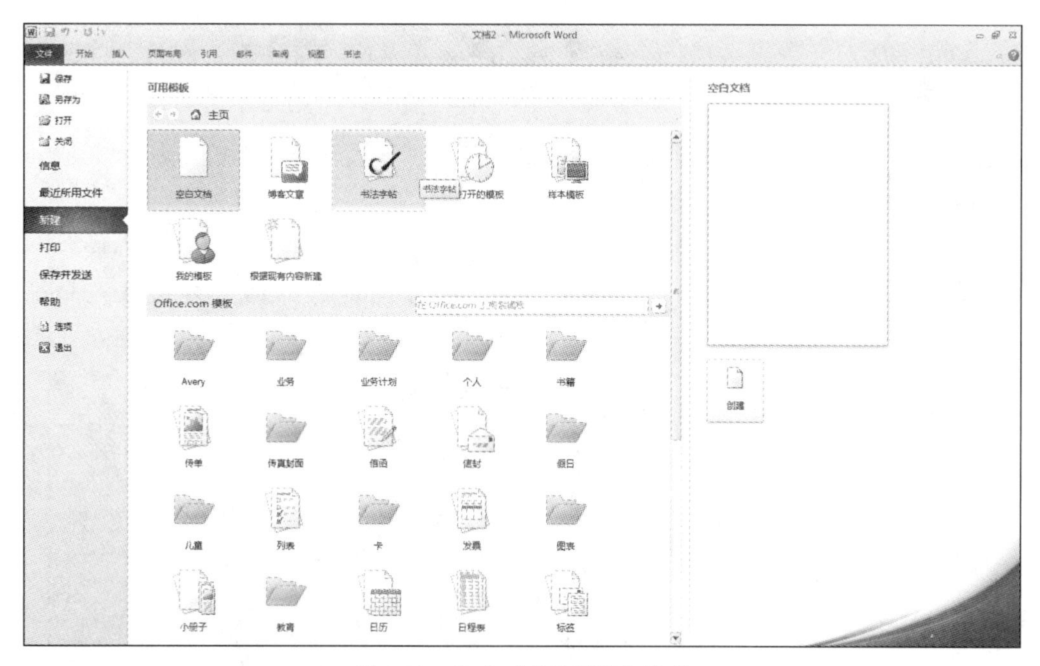

图 3.38　选中“书法字帖”选项

② 打开“增减字符”对话框，在“字符”区域的“可用字符”列表中拖动鼠标选中需要作为字帖的汉字。然后，在“字体”区域的“书法字体”列表中选中需要的字体（如“汉仪赵楷繁”）。单击“添加”按钮将选中的汉字添加到“已用字符”区域，单击“关闭”按钮，如图 3.39 所示。

2. 设置每个字帖最大汉字数量

默认情况下，每个字帖中最多只能允许添加 100 个汉字，用户可以根据实际情况调整汉字数量，操作步骤如下：

① 在书法字帖编辑状态下，单击“书法”选项卡中的“选项”按钮，如图 3.40 所示。

图 3.39 “增减字符”对话框

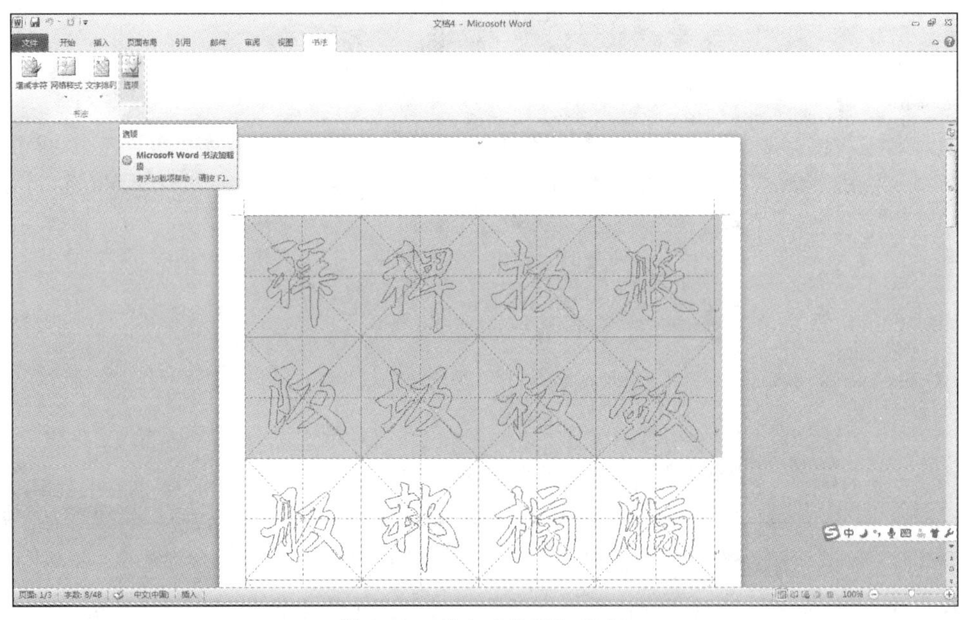

图 3.40 单击“选项”按钮

② 打开“选项”对话框，切换到“常规”选项卡。在“字符设置”区域调整“单个字帖内最多字符数”的数值，单击“确定”按钮，如图 3.41 所示。

3. 设置字帖字体大小

Word 2010 书法字帖中的汉字不能通过设置字号来改变字体大小，但是可以通过设置每页字帖的行列数来调整字体的大小。在“选项”对话框的“常规”选项卡中，改变“每页内行列数”的规格即可，如图 3.42 所示。

图 3.41　调整“单个字帖内最多字符数”的数值

图 3.42　改变“每页内行列数”

4. 设置字帖网格样式

Word 2010 书法字帖提供了田字格、田回格、九宫格、米字格、口字格等网格样式，用户可以根据自己的需要设置字帖的网格样式。在“书法”功能区中单击“网格样式”按钮，在打开的网格列表中单击需要的网格样式即可，如图 3.43 所示。

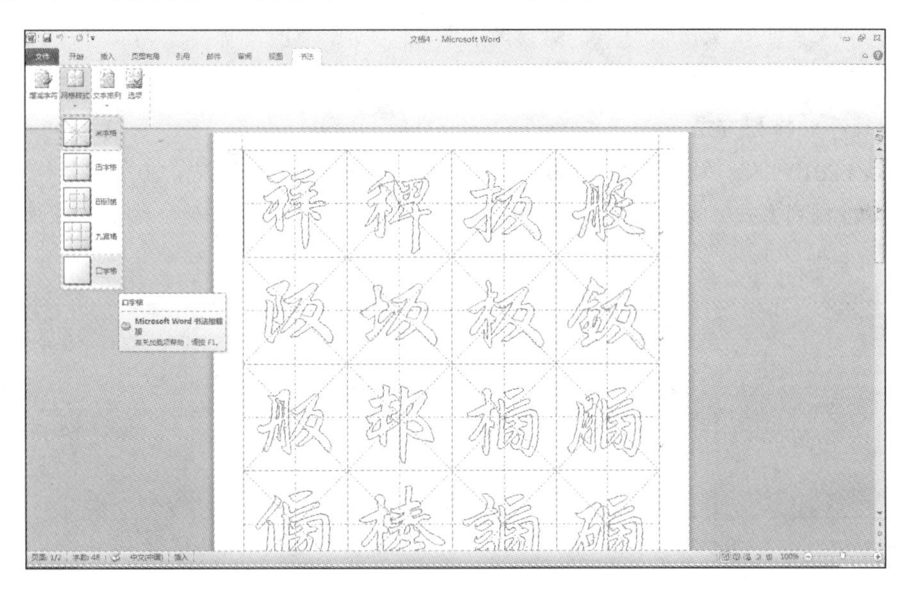

图 3.43　选择书法字帖网格样式

5. 使用第三方字体制作字帖

如果用户希望使用自己安装的第三方字体制作书法字帖，同样可以使用 Word 2010 的书法字帖功能轻松实现。操作步骤如下：

① 在 Word 2010 窗口中依次选择“文件”|“新建”命令，在“可用模板”区域选中“书法字帖”选项，单击“创建”按钮。

② 打开“增减字符”对话框，在“字体”区域选中“系统字体”单选按钮，并在系统字体下拉列表中选中需要的字体，如图 3.44 所示。

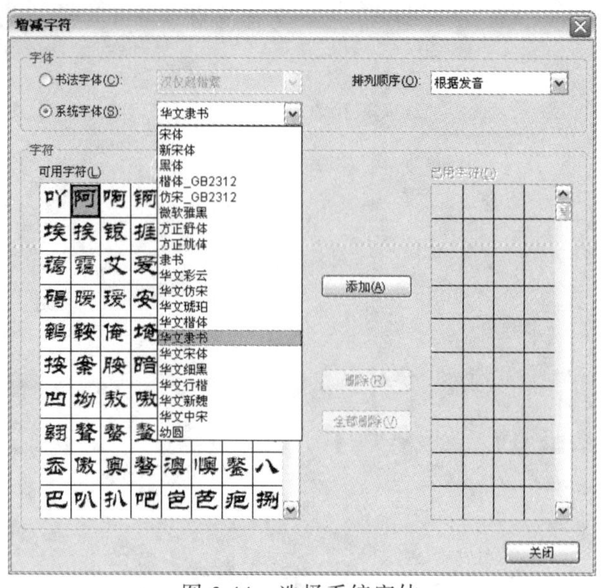

图 3.44　选择系统字体

③ 选择文字并单击“添加”按钮，最后单击“关闭”按钮即可。

注意：如果在打开 Word 2010 窗口的情况下安装新字体，需要重新打开 Word 2010 窗口，否则在“系统字体”列表中无法看到新安装的字体。

6. 设置字帖排列方式

在 Word 2010 中制作的字帖可以根据实际需要设置排列方式，Word 2010 书法字帖提供横排和竖排多种排列方式，用户可以单击“书法”功能区中的“文字排列”按钮选择排列方式，如图 3.45 所示。

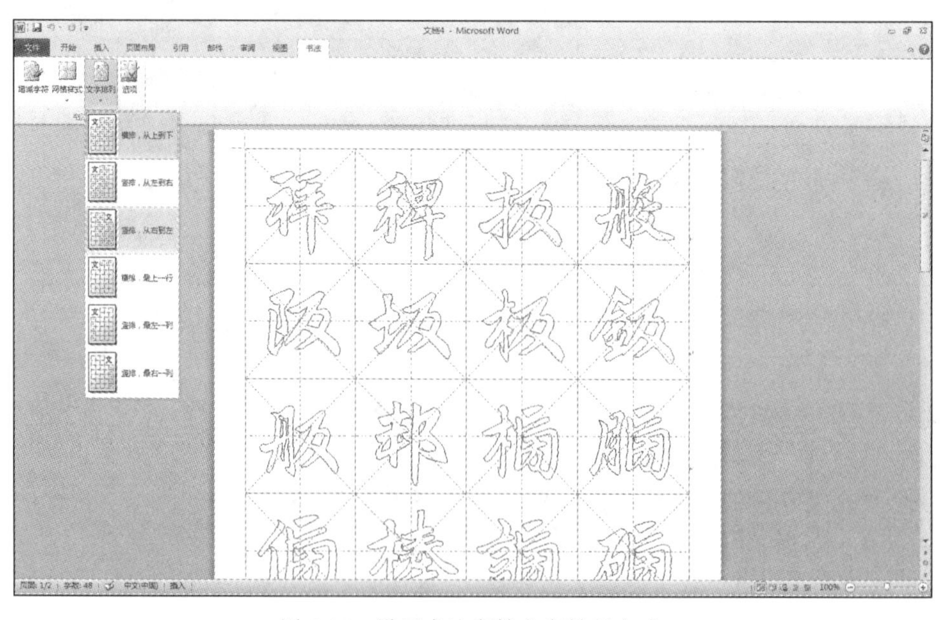

图 3.45　设置书法字帖文字排列方式

实训任务九　使用模板制作个人简历

实训目的与要求

掌握 Word 2010 模板的功能与应用。

实训内容

利用模板制作个人简历。

操作要点

除了通用型的空白文档模板之外，Word 2010 中还内置了多种文档模板，如博客文章模板、书法字帖模板等。另外，Office.com 网站还提供了证书、奖状、名片、简历等特定功能模板。借助这些模板，用户可以创建比较专业的 Word 2010 文档。

① 启动 Word 2010，选择“文件”|“新建”命令，在任务窗格中单击“样本模板”，选择“基本简历”选项卡。

在打开的“新建”面板中，用户还可以单击“博客文章”“书法字帖”等 Word 2010 自带的模板创建文档，如图 3.46 所示，还可以单击 Office.com 提供的“名片”“日历”等在线模板。例如，单击“基本简历”选项，结果如图 3.47 所示。

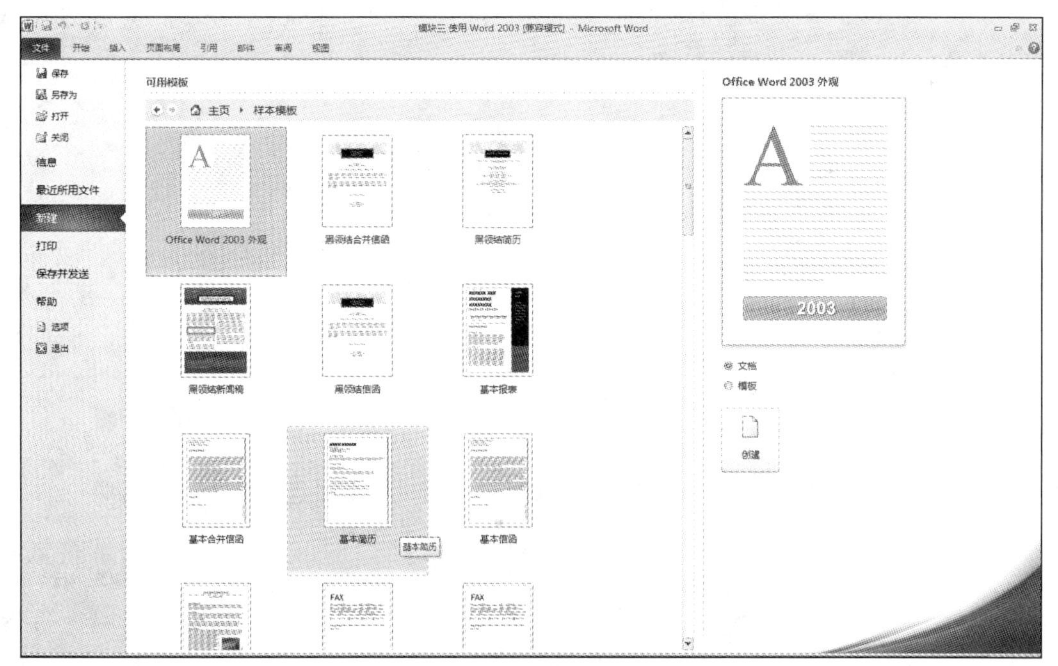

图 3.46　“样本模板”选项卡

② 打开样本模板列表页，单击合适的模板后，在“新建”面板右侧选中“文档”或“模板”单选框（本例选中“文档”选项），然后单击“创建”按钮。

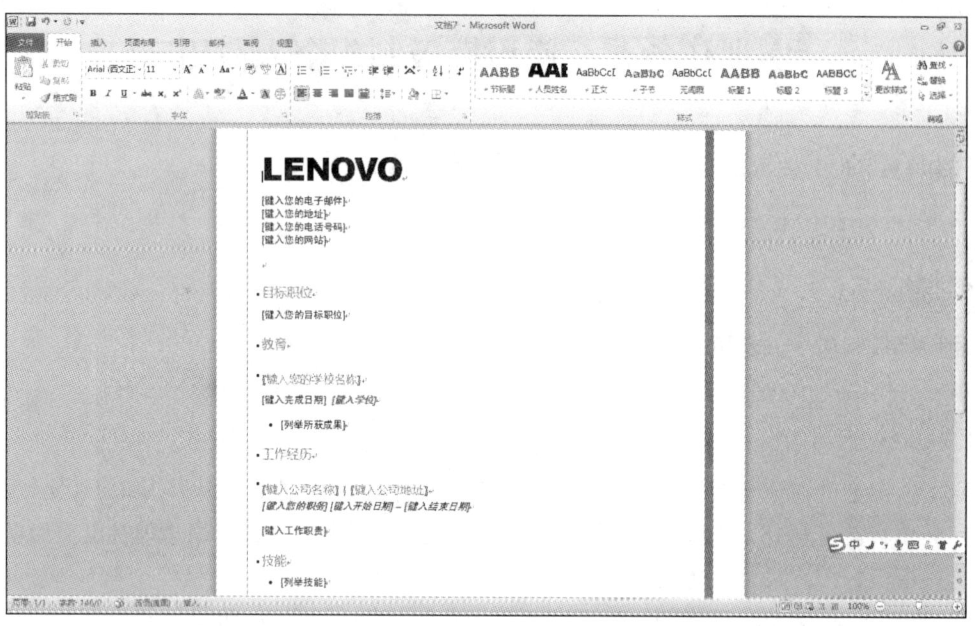

图 3.47　简历模板

③ 用户可以在该文档中进行编辑，比如完成简历制作，保存文档为“我的简历”，退出 Word 2010。

④ 除了使用 Word 2010 已安装的模板，用户还可以使用自己创建的模板和 Office.com 提供的模板。在下载 Office.com 提供的模板时，Word 2010 会进行正版验证，非正版的 Word 2010 版本无法下载 Office Online 提供的模板。

实训任务十　绘制组织结构图

实训目的与要求

① 掌握在文档中绘制组织结构图的方法。

② 掌握如何对组织结构图进行编辑修改。

实训内容

新建一个 Word 文档，在同一画布中绘制如图 3.48 所示的某师范大学组织结构图。

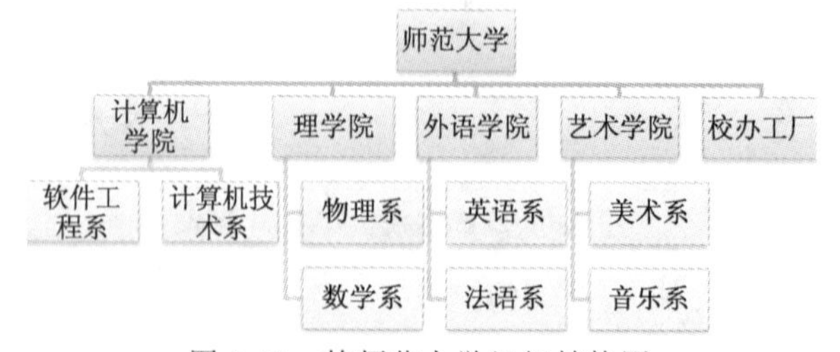

图 3.48　某师范大学组织结构图

操作要点

① 单击“插入”选项卡“插图”功能区中的“SmartArt”按钮，如图 3.49 所示。

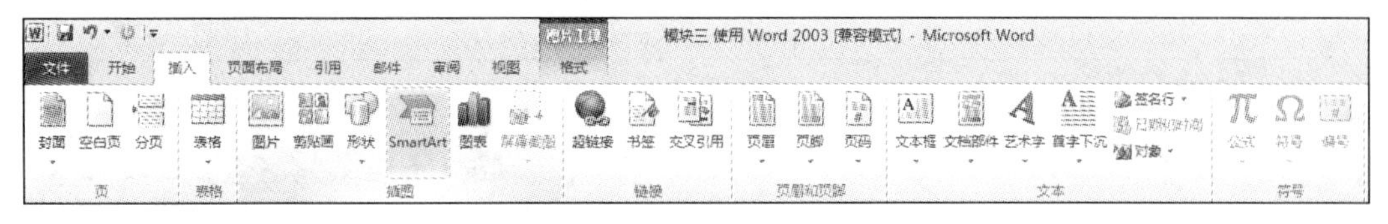

图 3.49 “SmartArt”工具

② 打开“选择 SmartArt 图形”对话框，如图 3.50 所示。

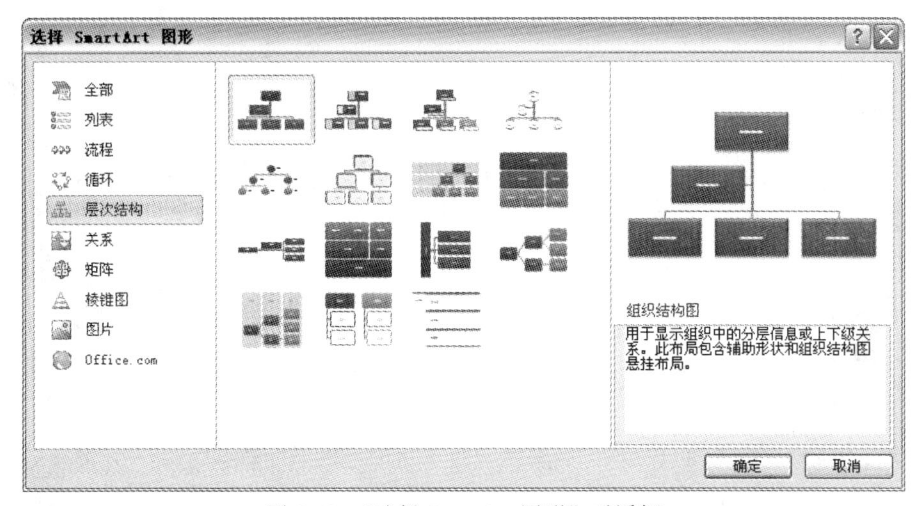

图 3.50 “选择 SmartArt 图形”对话框

③ 选择“层次结构”图的类型后，单击“确定”按钮，文档会自动绘制默认的两级结构的组织结构图，如图 3.51 所示。

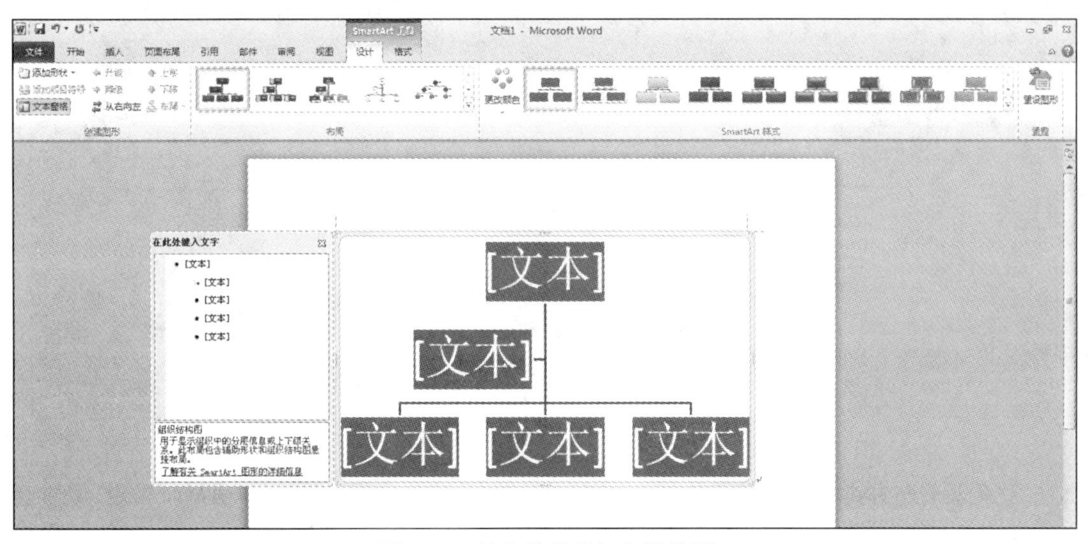

图 3.51 插入默认的组织结构图

④ 在图框中删除第二层“文本”，在最上层文本中输入第一级文本“师范大学”，在默认的 3 个二级图框中输入“计算机学院”“理学院”“外语学院”，然后选择“外语学院”，在右侧添加形状，继续录入文字“艺术学院”，如图 3.52 所示。

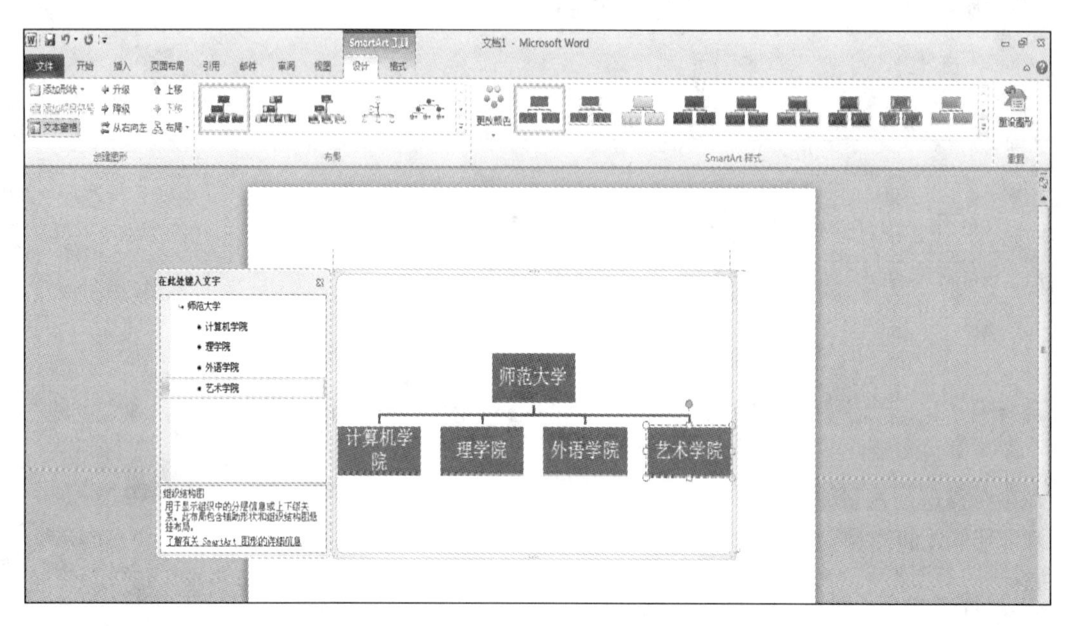

图 3.52 插入二级结构图

⑤ 在“SmartArt 工具设计”选项卡中单击左上角的“添加形状”按钮，可以继续添加二级或者三级目录，根据所设计的结构图层次，在“创建图形”功能区进行“升级”“降级”“上移”“下移”的相应调整，添加新的图框，并输入文本，如图 3.53 所示。

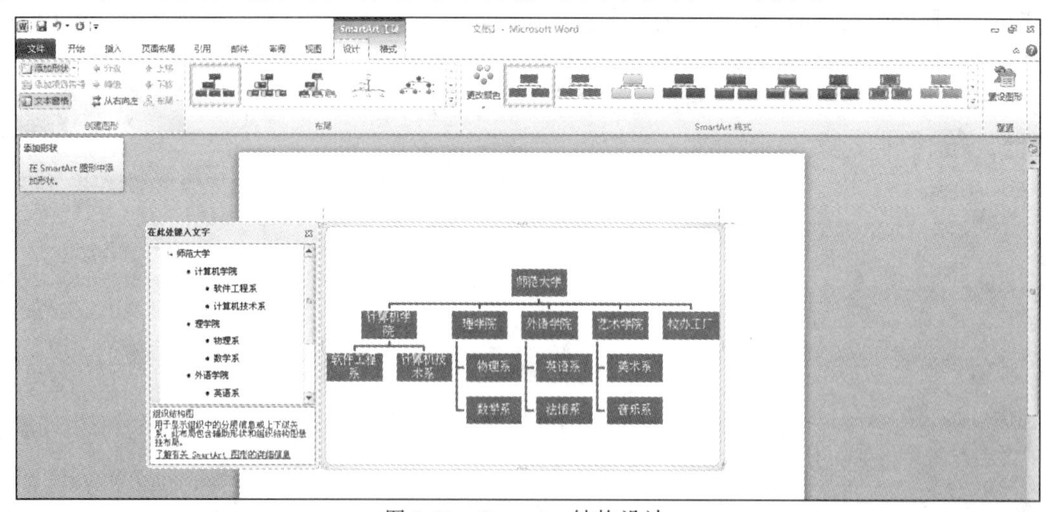

图 3.53 SmartArt 结构设计

⑥ 选择已经做好的结构图，在“SmartArt 工具-设计”选项卡的“SmartArt 样式”功能区更改结构图颜色、样式，以达到较好的视觉效果，如图 3.54 所示。

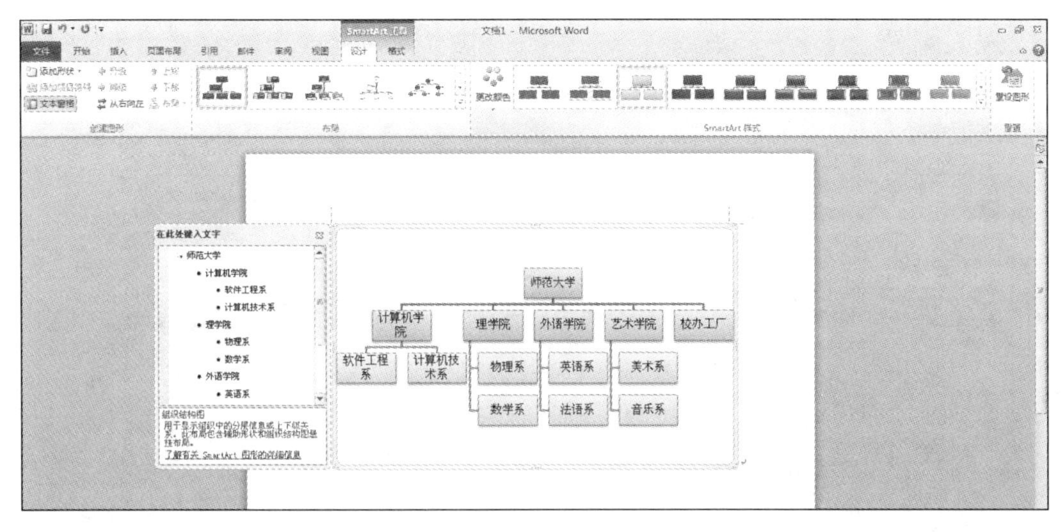

图 3.54　“SmartArt”样式设计

实训任务十一　绘 制 图 形

实训目的与要求

① 掌握在文档中使用自选图形绘制图形的方法。

② 掌握各图形的排列次序。

实训内容

新建一个 Word 文档，在同一画布中绘制如图 3.55 所示的图形样张。

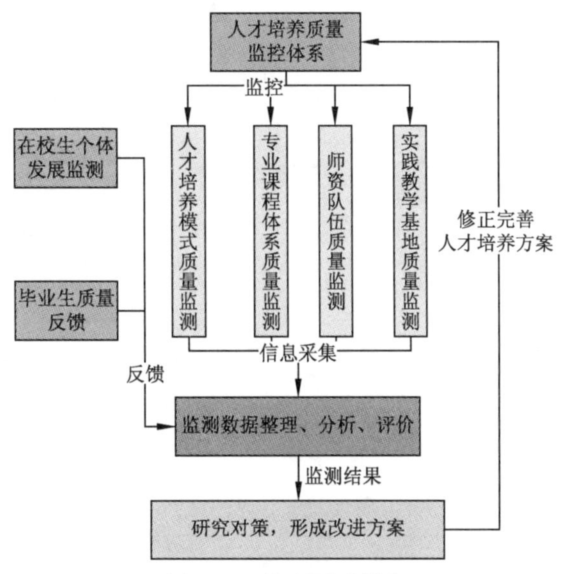

图 3.55　绘制图形样张

操作要点

① 单击“插入”|“形状”，选择“基本形状”或“线条”等命令绘制样图图案，如图 3.56 所示。

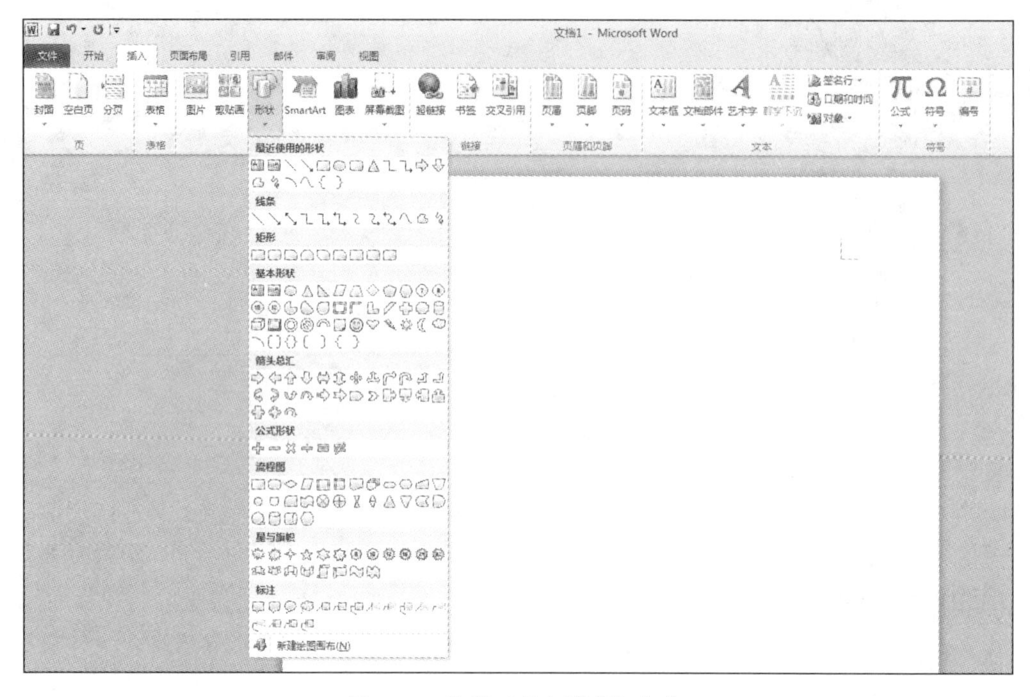

图 3.56　选择“基本形状”命令

② 右击上一步所创建的图形，从弹出的快捷菜单中选择“添加文字”命令，如图 3.57 所示。

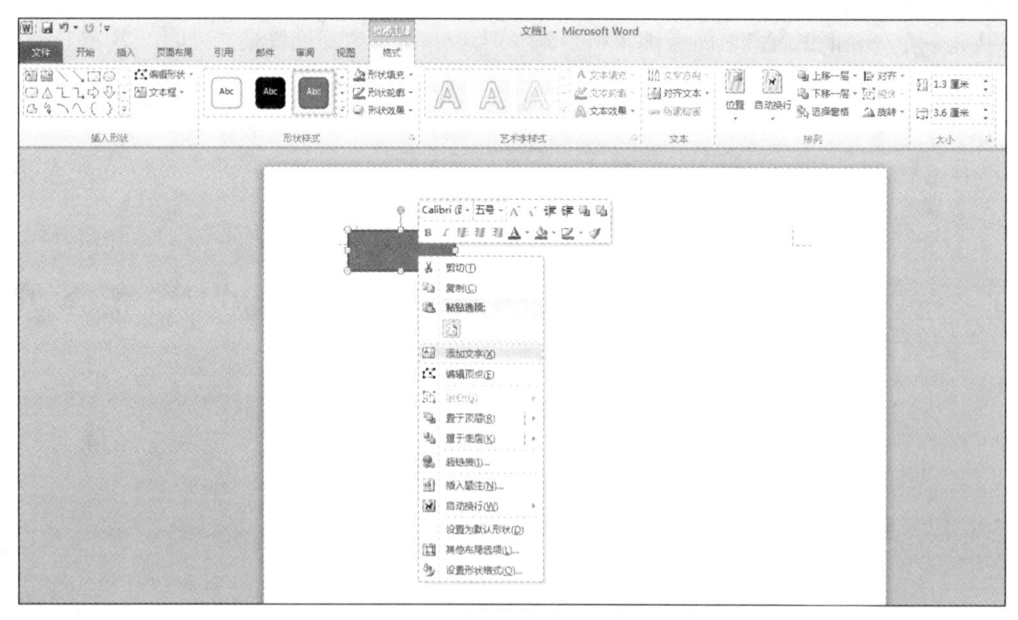

图 3.57　图形中添加文字

③ 选择上一步所创建的图形，按住 Shift 键选定所有图形，单击“绘图工具-格式”|“排列”|“对齐”下拉按钮，选择相应的对齐命令，将图形对齐，如图 3.58 所示。

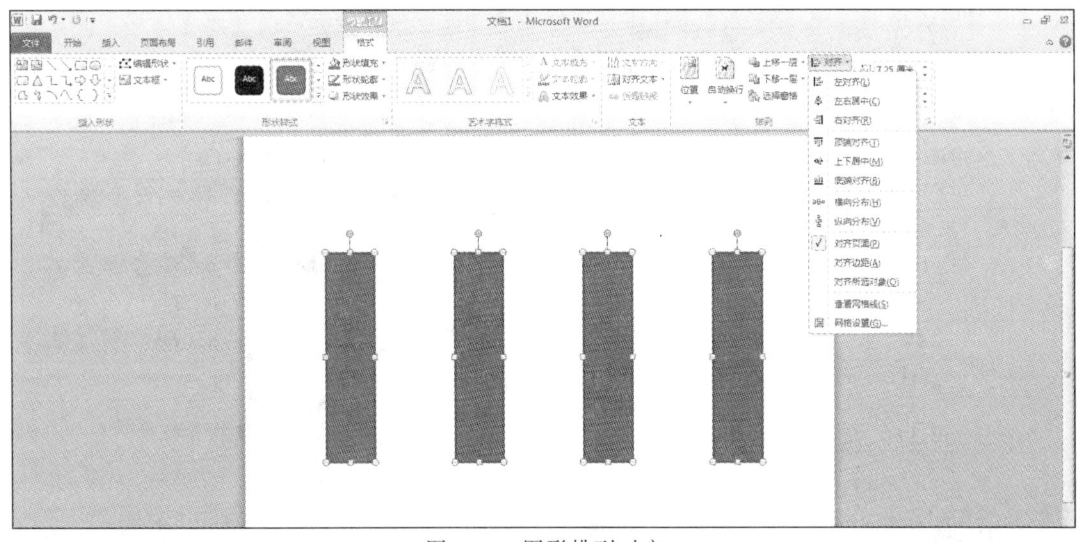

图 3.58　图形排列对齐

④ 继续选择“插入”|“形状”|“线条”，将形状和线条进行连接。如果需要绘制直线线条，需按住 Shift 按键，再用鼠标拖动线条。

⑤ 在形状样式中，在“形状样式”和“艺术样式”中设计所需颜色和形状的样式，如图 3.59 所示。

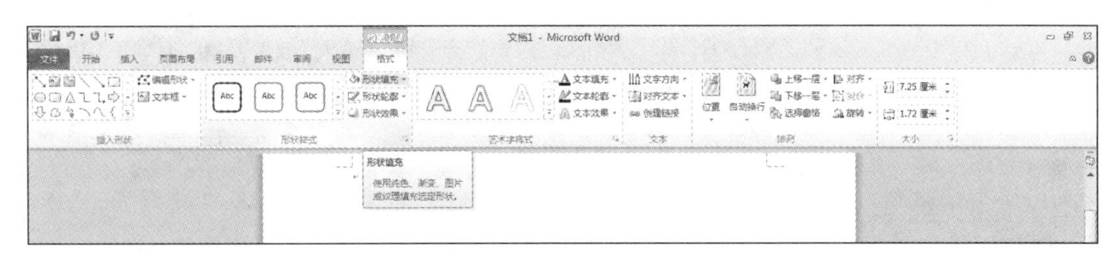

图 3.59　绘图格式样式

实训任务十二　制作年终结算表

实训目的与要求

① 掌握 Word 表格中函数的使用方法。

② 掌握 Word 表格排序的方法。

③ 熟悉 Word 表格的自动套用格式的用法。

实训内容

新建一个 Word 文档，创建如图 3.60 所示的表格，并保存为年终结算表.doc。

① 表格自动套用美观格式。

② 使用表格的公式功能计算“总计”费用。

③ 使用表格的排序功能按照“总计”数据从高到低进行排序。

④ 在最后添加一行，第 1 个单元格中输入“平均费用”，然后分别计算平均费用，效果如图 3.61 所示。

年终结算统计表

序号	电费（元）	水费（元）	网费（元）	总计（元）
1	100	23	189	
2	45	43	234	
3	67	78	423	
4	143	34	123	

图 3.60　年终结算表初表

年终结算统计表

序号	电费（元）	水费（元）	网费（元）	总计（元）
3	67	78	423	571
2	45	43	234	324
1	100	23	189	313
4	143	34	123	304
平均费用	88.75	44.5	242.25	378

图 3.61　年终结算表效果

操作要点

1. 建立文档

启动 Word 2010，新建一个空白文档，然后选择“文件”菜单中的“另存为”命令，在弹出对话框中选择保存位置为“桌面”，文件名中输入“年终结算表.doc”，然后单击“保存”按钮。

2. 创建表格

在第 1 行中输入“年终结算统计表”，在第 2 行位置选择“插入”|“表格”|“插入表格”命令，创建 5 行 5 列的表格，并输入相应的内容，如图 3.62 所示。

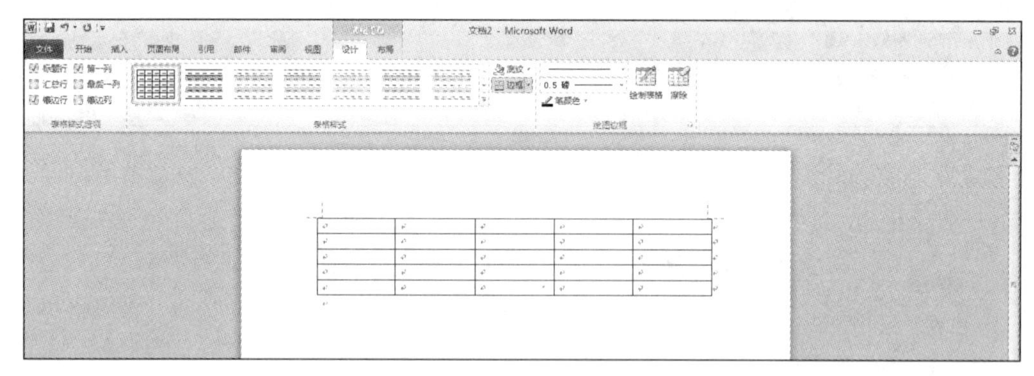

图 3.62　插入表格

3. 对表格进行编辑

① 拖动表格右下角的尺寸柄，使表格大小合适。

② 从“表格工具-设计”选项卡|“表格样式”功能区中选择合适的表格样式。

③ 单击“总计”下方的第一个单元格，然后单击“表格工具”|“布局”|“数据”|“公式”按钮，如图 3.63 所示。

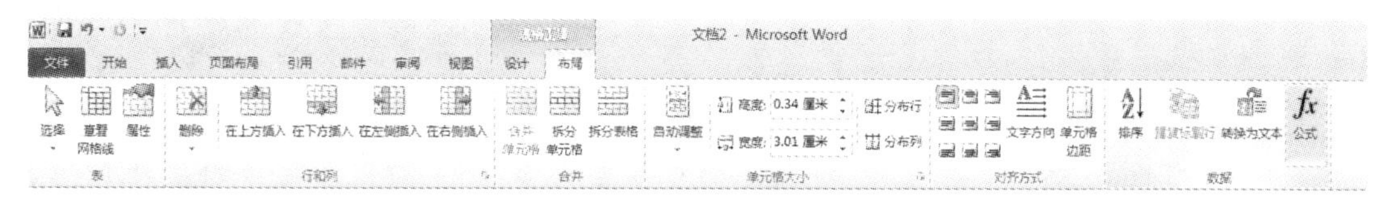

图 3.63　表格工具中插入公式

④ 从弹出的“公示”对话框中输入公式“=SUM（LEFT）”，如图 3.64 所示，然后单击“确定”按钮，计算出该行的总计费用。

⑤ 将该单元格中的内容分别复制到下方的 3 个单元格中，然后在这些单元格中右击，从弹出的快捷菜单中选择“更新域”命令（见图 3.65），则能得到正确的总计费用。

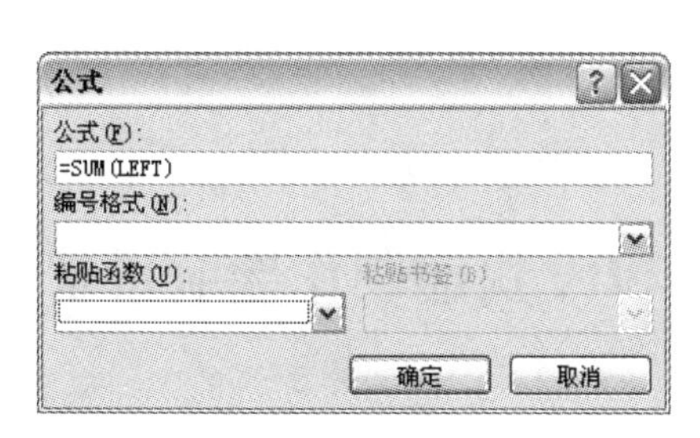

图 3.64　输入公式

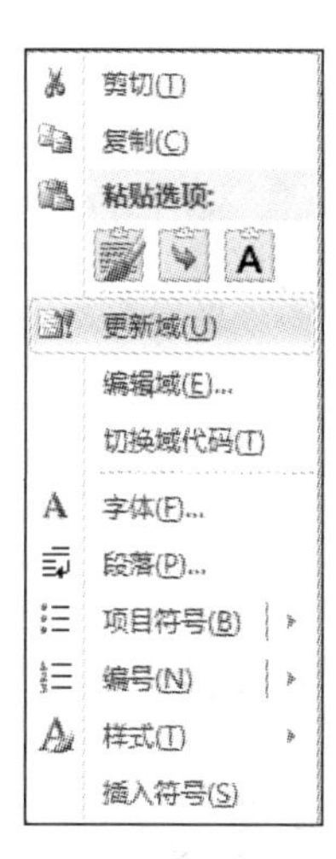

图 3.65　更新域

⑥ 选择“总计”列中的任意单元格，单击“数据”|“排序”按钮，在打开的“排序”对话框中选择“主要关键字”为“总计”，“类型”为“数字”，选中“降序”单选按钮，然后单击“确定”按钮，对表格中的数据进行排序，如图 3.66 所示。

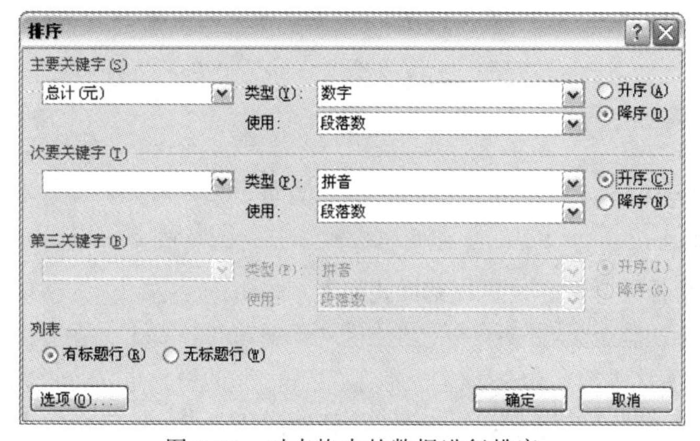

图 3.66　对表格中的数据进行排序

⑦ 选择表格中的最后一行，单击“表格工具”|“布局”|“行和列”|“在下方插入”按钮（见图 3.67），在表格的最后插入一行，在第一个单元格中输入“平均费用”。

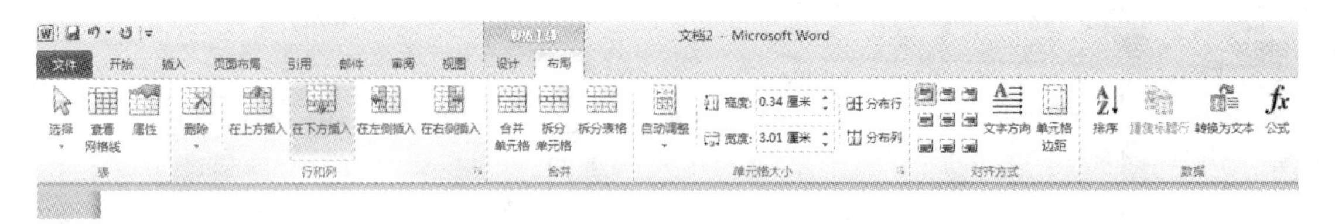

图 3.67　在表格下方插入

注意：也可直接把鼠标光标符放在最后一行表格外，直接按 Enter 键，自动增加下一行。

⑧ 选择最后一行的第 2 个单元格，单击“表格工具-布局”|“数据”|“公式”按钮，从弹出的“公式”对话框中，粘贴函数并输入公式“=average(above)”,单击“确定”按钮，计算出电费的平均值，如图 3.68 所示。

图 3.68　公式中插入平均值

⑨ 将该单元格中的内容分别复制到其他需要计算平均值的单元格中，然后在这些单元格中右击，从弹出的快捷菜单中选择“更新域”命令，得到正确的平均费用。

⑩ 按 Ctrl + S 组合键保存文件。

实训任务十三　Word 2010 快速制作导航目录

实训目的与要求

① 掌握 Word 中设置文档样式级别。

② 掌握 Word 中目录的制作和更新。

实训内容

制作文档的目录。

操作要点

1. 设置标准样式

① 针对文档中各级标题，从一级到多级标题，对每一级应该有不同的样式，如字体、字形、字号等。以一级标题为例，设置好其样式如下：

选中文档中的标题整行，在“样式”功能区“标题 1”处右击，在弹出的快捷菜单中选择“更新标题 1 以匹配所选内容”命令，这样就把“标题 1”的样式更新为设置好的样式。对文章后面的所有一级标题，都只需将光标点击在一级标题的所在行，然后在样式栏里单击“标题 1”即可，如图 3.69 所示。

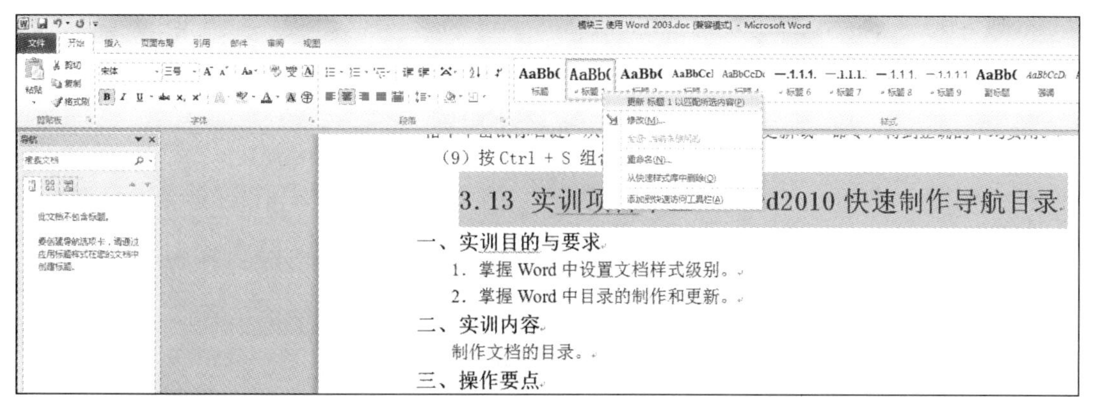

图 3.69　样式中“更新标题 1 以匹配所选内容”

② 同样，对于二级标题，按照一级标题的设置方法，更新“标题 2”的样式。

③ 同样的办法设置三级标题，如果“标题 3”的字体等不符合要求，可以右击“标题 3”，选择“修改”命令，如图 3.70 所示。

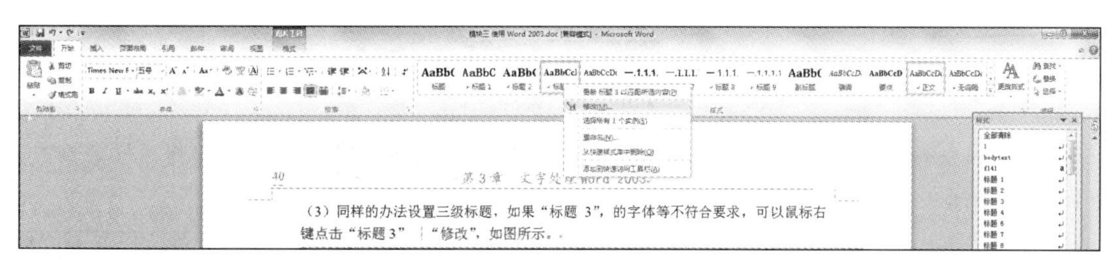

图 3.70　设置三级标题

④ 打开“修改样式”对话框，设置标题的属性、格式、字体等，如图 3.71 所示。

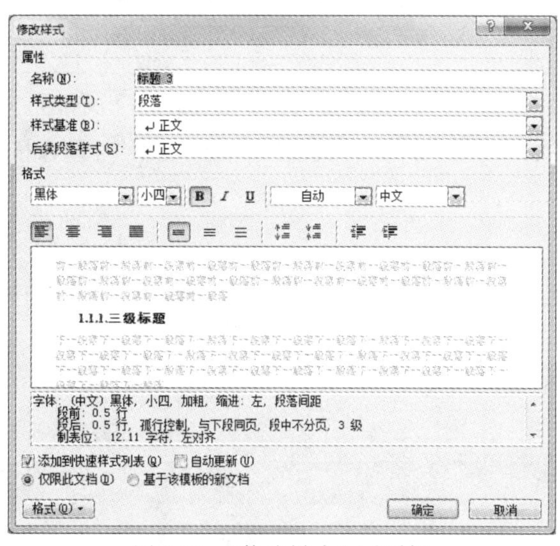

图 3.71　“修改样式”对话框

2. 更多级别标题

① 选中标题整行，右击，从弹出的快捷菜单中选择“段落”命令，打开“段落”对话框，

大纲级别选择“4 级”，如图 3.72 所示。

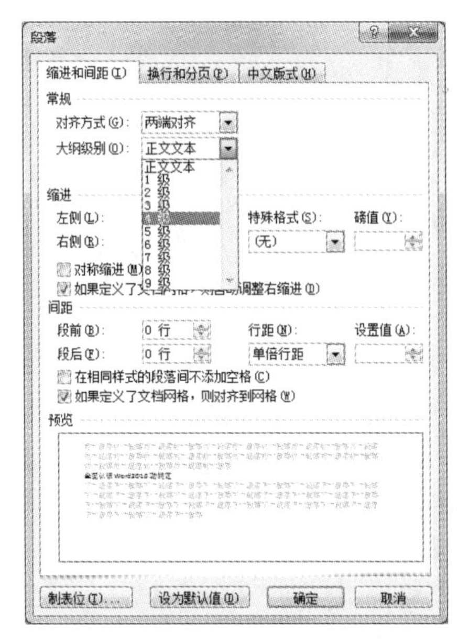

图 3.72 “段落”对话框中设置大纲级别

② 选中三级标题整行，左击“样式”功能区中的“更改样式”按钮，可以修改样式格式，如图 3.73 所示。

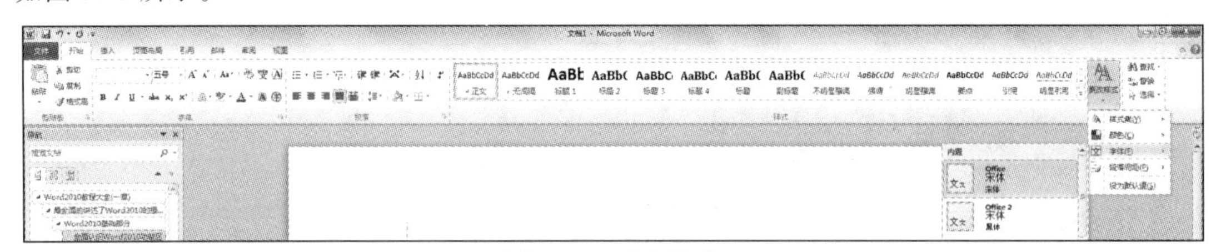

图 3.73 更改样式

③ 编辑好所有的各级标题，可单击“视图”|“显示”|“导航窗格”预览文档结构图，然后就可以引用自动目录。

3. 制作目录

在编辑长篇文档时，做一个导航目录，在视觉样式不但布局美观，层次分明，更便于阅读和查找。

① 制作目录都是基于“样式”操作的，单击“引用”|“目录”|“目录”按钮，如图 3.74 所示。

图 3.74 “目录”功能区

② 打开目录下拉列表，选择“插入目录”，如图 3.75 所示。

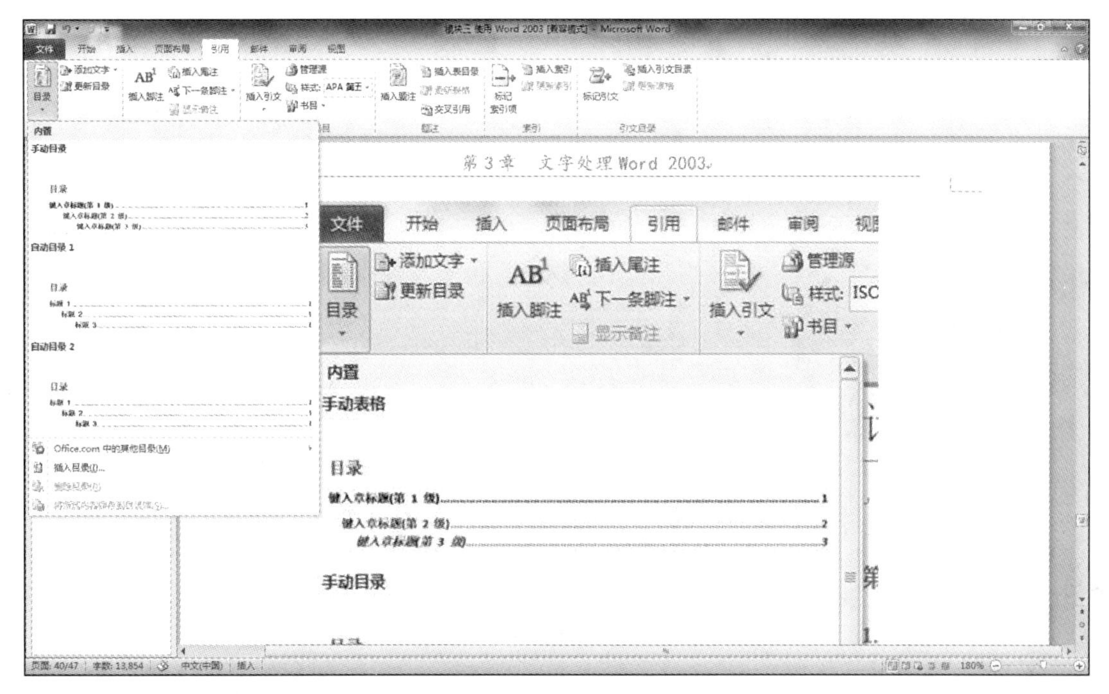

图 3.75　插入目录

③ 打开“目录”对话框，设置好目录级别，单击“确定”按钮。此时，就可以在文档开头插入目录，根据特殊需要，也可以在节的开头插入目录，如图 3.76 所示。

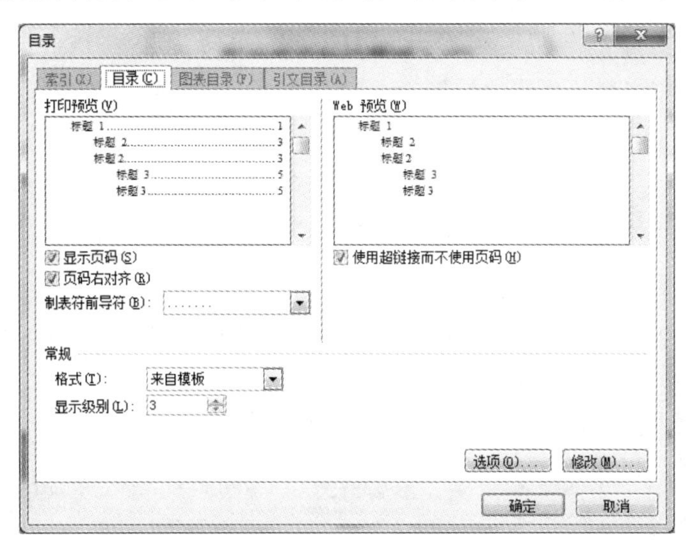

图 3.76　“目录”对话框

④ 插入的目录如图 3.77 所示。

⑤ 导航目录就制作完后，如果内容有修改需要更新目录，可单击“目录”功能区中的“更新目录”按钮，打开“更新目录”对话框（见图 3.78），根据具体需要选择就可完成。

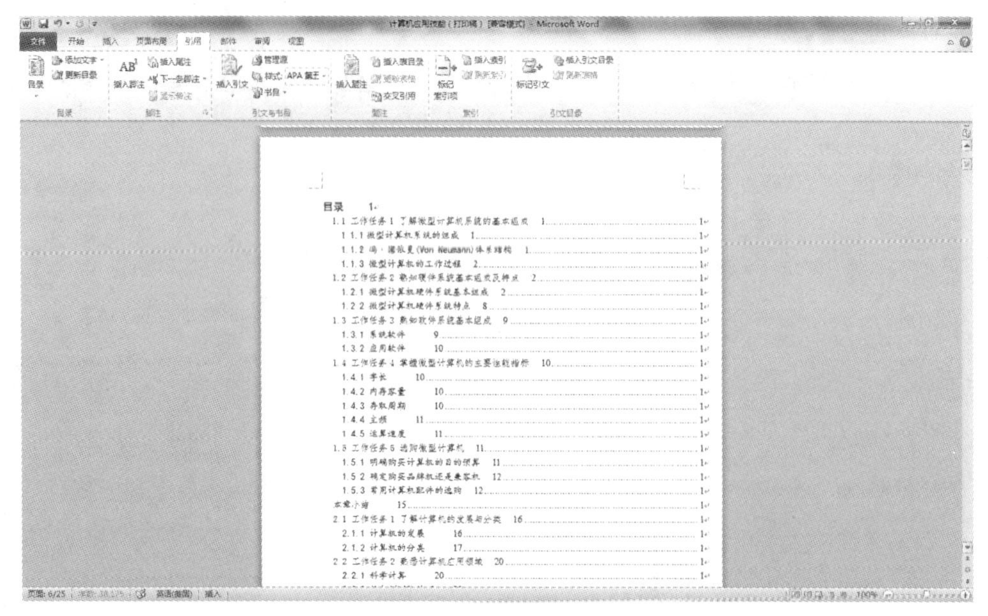

图 3.77　制作好的目录

注意：在制作目录前一定要使用标题样式，不然目录就无从制作。

⑥ 制作完目录后，单击“视图”|“显示”|“导航窗格”来显示“文档结构图”。Word 2010 还增加了搜索功能，在导航搜索条中输入要查找的词组后，正文就会将搜索到的该词组高亮显示，同时在导航目录中也会高亮显示，这样就会知道哪些段落中包含这个词组，比“查找和替换”功能更加便利，如图 3.79 所示。

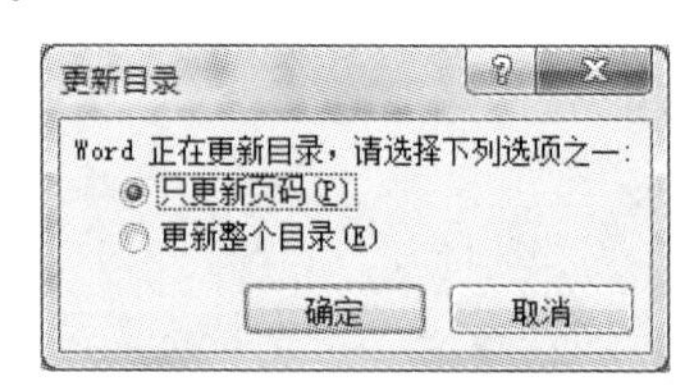

图 3.78　“目录”选项卡

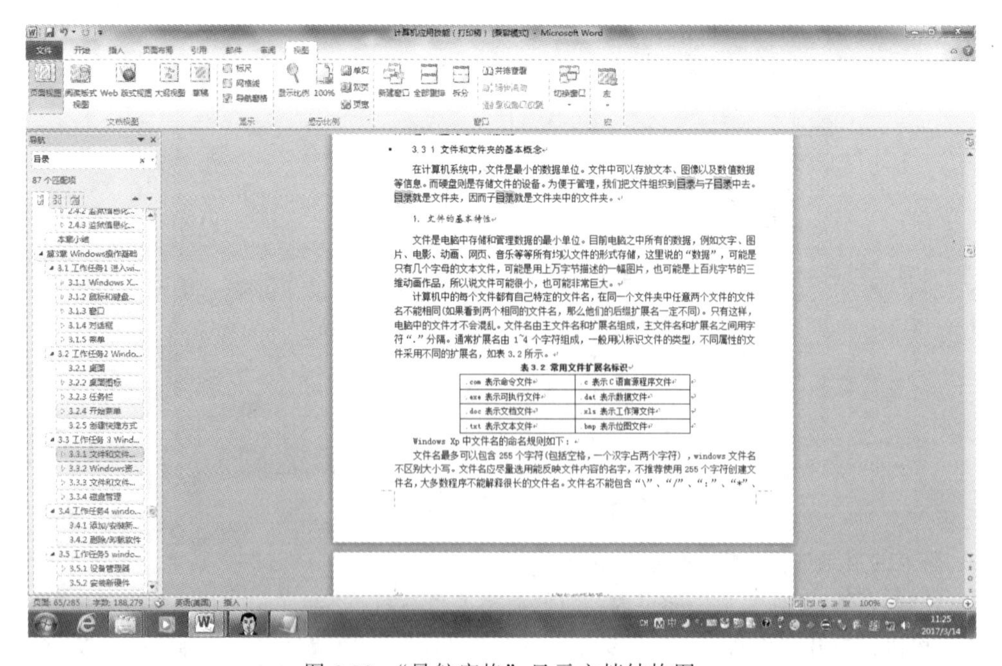

图 3.79　“导航窗格”显示文档结构图

实训任务十四　多级编号

实训目的与要求

掌握多级符号的使用方式。

实训内容

制作如图 3.80 所示的多级编号样张。

A软件	B硬件
A.1　系统软件	B.1　运算器
1　操作系统	B.2　控制器
2　语言处理系统	B.3　内存
3　数据库管理系统	1　内存储器
4　其他	2　外内存
A.2　应用软件	B.4　输入设备
1　应用程序	1　键盘
2　工具软件	2　鼠标
3　其他	B.5　输出设备
	1　显示器
	2　打印机

图 3.80　多级编号样张

操作要点

1. 输入文字

输入文字："软件"并以 Enter 键回车至下一行。

2. 设置编号样式，多级编号

① 在"开始"选项卡的"段落"功能区中单击"多级列表"按钮，如图 3.81 所示。

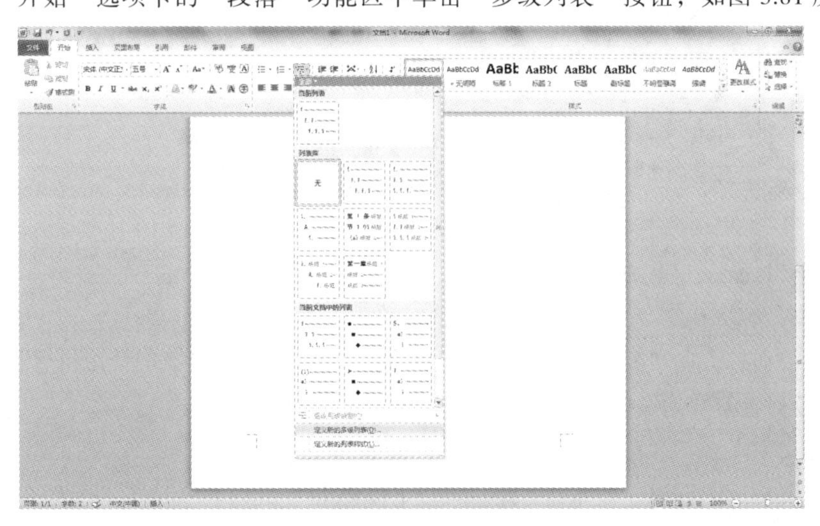

图 3.81　多级列表

② 选择“定义新的多级列表”命令，打开“定义新多级列表”对话框，单击“确定”按钮，如图 3.82 所示。

③ 选择级别 1，单击并设置编号样式为“A，B，C…”，设置位置数据，如图 3.83 所示。

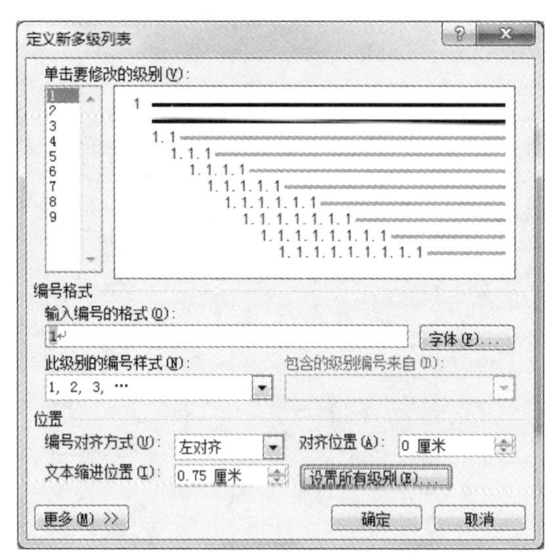

图 3.82 自定义多级符号列表

图 3.83 级别 1

④ 选择级别 2，此时默认的方式为.1，如图 3.84 所示。

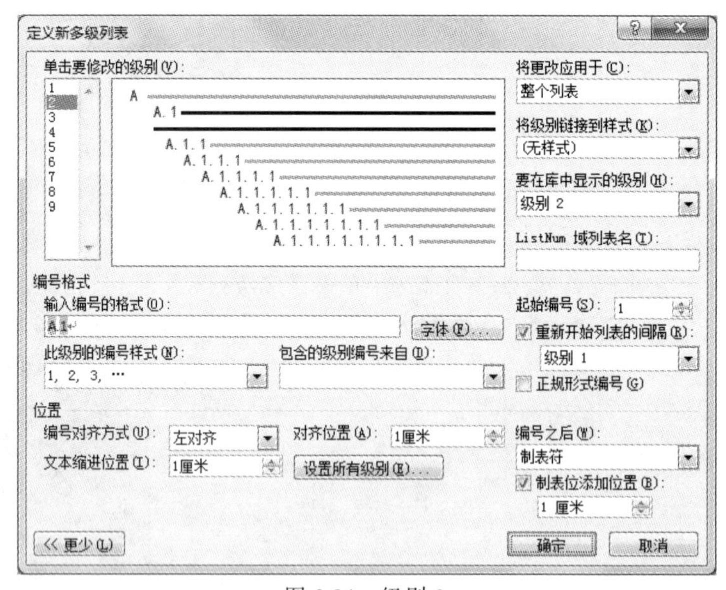

图 3.84 级别 2

⑤ 选择级别 3，在“编号格式”列表框中输入“1”，单击“确定”按钮后，两行文字具有了多级符号列表的样式，如图 3.85 所示。

3. 设置文字

① 单击第一行的行尾，按 Enter 键，再按下 Tab 键，此时将变成第二级编号“A.1”，并输入“系统软件”“应用软件”和“硬件”三行。

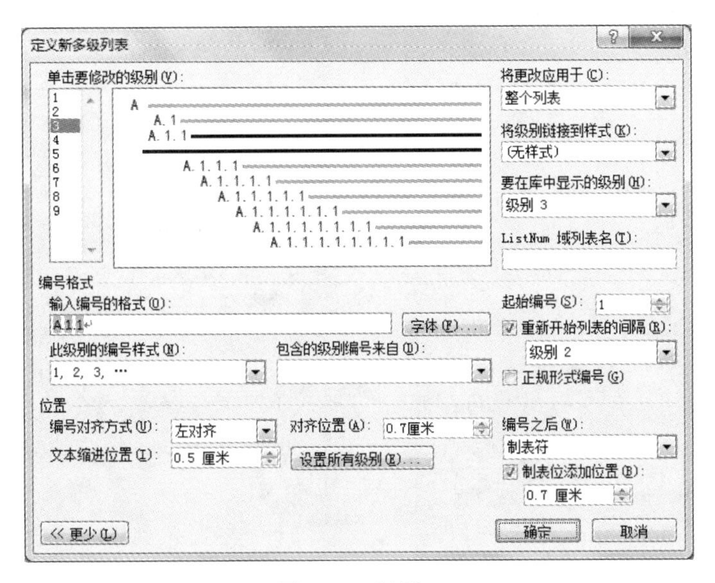

图 3.85　级别 3

② “硬件”行恢复为编号 B。变为二级编号后，若想将某行的级别提升，可按下 Shift+Tab 组合键，即可将二级编号恢复成一级编号。

③ 在第二级编号下，继续按 Tab 键，即变成第三级编号，输入第三级标题，如“操作系统”等。

4．绘制其他级别

使用同样的方法制作其他级别。

5．分栏

① 选中从“A 软件”到“1 打印机”间的所有文字，单击“页面布局”|“页面设置”|“分栏”|“更多分栏”，打开“分栏”对话框，勾选“分隔线”复选框，然后单击“确定”按钮，如图 3.86 所示。

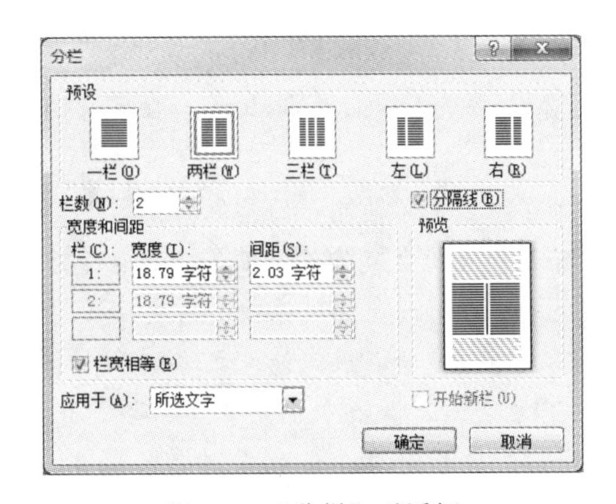

图 3.86　“分栏”对话框

② 将光标定位到“B 硬件”行的行首，单击“页面布局”|“页面设置”|“分隔符”|“分栏符”，如图 3.87 所示。

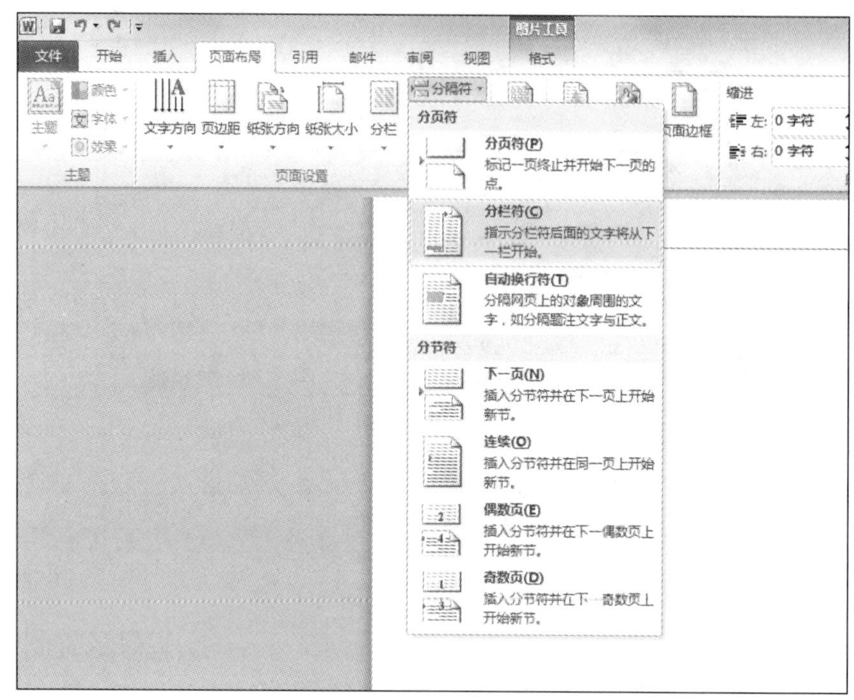

图 3.87　选择“分栏符”

实训任务十五　综合实训 1

实训目的与要求

① 系统复习 Word 的各种格式设置。

② 掌握背景、中文版式等功能的使用。

实训内容

在桌面新建一个 Word 文档，名为“综合实训.doc”，在该文档中插入“背影.doc”。

文档中的内容如下：

我与父亲不相见已二年余了，我最不能忘记的是他的背影 。

那年冬天，祖母死了，父亲的差使也交卸了，正是祸不单行的日子。我从北京到徐州打算跟着父亲奔丧回家。到徐州见着父亲，看见满院狼藉的东西，又想起祖母，不禁簌簌地流下眼泪。父亲说：“事已如此，不必难过，好在天无绝人之路！”

回家变卖典质，父亲还了亏空；又借钱办了丧事。这些日子，家中光景很是惨淡，一半因为丧事，一半因为父亲赋闲。丧事完毕，父亲要到南京谋事，我也要回北京念书，我们便同行。

到南京时，有朋友约去游逛，勾留了一日；第二日上午便须渡江到浦口，下午上车北去。父亲因为事忙，本已说定不送我，叫旅馆里一个熟识的茶房陪我同去。他再三嘱咐茶房，甚是仔细。但他终于不放心，怕茶房不妥帖；颇踌躇了一会。其实我那年已二十岁，北京已来往过两三次，是没有什么要紧的了。他踌躇了一会，终于决定还是自己送我去。我再三劝他不必去；他只说："不要紧，他们去不好！

我们过了江，进了车站。我买票，他忙着照看行李。行李太多了，得向脚夫行些小费才可过去。他便又忙着和他们讲价钱。我那时真是聪明过分，总觉他说话不大漂亮，非自己插嘴不可，但他终于讲定了价钱；就送我上车。他给我拣定了靠车门的一张椅子；我将他给我做的紫毛大衣铺好座位。他嘱我路上小心，夜里要警醒些，不要受凉。又嘱托茶房好好照应我。我心里暗笑他的迂；他们只认得钱，托他们只是白托！而且我这样大年纪的人，难道还不能料理自己么？唉，我现在想想，那时真是太聪明了！

我说道："爸爸，你走吧。"他往车外看了看说："我买几个橘子去。你就在此地，不要走动。"我看那边月台的栅栏外有几个卖东西的等着顾客。走到那边月台，须穿过铁道，须跳下去又爬上去。父亲是一个胖子，走过去自然要费事些。我本来要去的，他不肯，只好让他去。我看见他戴着黑布小帽，穿着黑布大马褂，深青布棉袍，蹒跚地走到铁道边，慢慢探身下去，尚不大难。可是他穿过铁道，要爬上那边月台，就不容易了。他用两手攀着上面，两脚再向上缩；他肥胖的身子向左微倾，显出努力的样子，这时我看见他的背影，我的泪很快地流下来了。我赶紧拭干了泪。怕他看见，也怕别人看见。我再向外看时，他已抱了朱红的橘子往回走了。过铁道时，他先将橘子散放在地上，自己慢慢爬下，再抱起橘子走。到这边时，我赶紧去搀他。他和我走到车上，将橘子一股脑儿放在我的皮大衣上。于是扑扑衣上的泥土，心里很轻松似的。过一会儿说："我走了，到那边来信！"我望着他走出去。他走了几步，回过头看见我，说："进去吧，里边没人。"等他的背影混入来来往往的人里，再找不着了，我便进来坐下，我的眼泪又来了。

近几年来，父亲和我都是东奔西走，家中光景是一日不如一日。他少年出外谋生，独立支持，做了许多大事。哪知老境却如此颓唐！他触目伤怀，自然情不能自已。情郁于中，自然要发之于外；家庭琐屑便往往触他之怒。他待我渐渐不同往日。但最近两年不见，他终于忘却我的不好，只是惦记着我，惦记着我的儿子。我北来后，他写了一信给我，信中说道："我身体平安，惟膀子疼痛厉害，举箸提笔，诸多不便，大约大去之期不远矣。"我读到此处，在晶莹的泪光中，又看见那肥胖的、青布棉袍黑布马褂的背影。唉！我不知何时再能与他相见！

操作要点

在"综合实训.doc"文档中进行以下系统操作，并保存。

① 将全文设置为首行缩进 2 字符，段前间距 0.5 行。

② 在文档最前面插入 1 行，输入"背影"，并设置为标题 3 样式，居中，字体为楷体，阴影效果，字符间距加宽 3 磅，浅蓝色底纹。

③ 为正文第 1 段设置首字下沉效果，下沉行数为 2 行。

④ 将以第 3 段和第 4 段设置成横排文本框，嵌入式环绕方式，填充效果为"水滴"，字体设置为"楷体"，并为每段设置项目符号"★"。

⑤ 使用替换功能，将全文所有的"父亲"设置成蓝色，阴影效果。

⑥ 将第 5 段分成 3 栏，加分隔线，第 1、2 栏宽 10 字符。

⑦ 为文档设置一种艺术型阴影效果的页面边框。

⑧ 在页眉处居中显示“背影—纪念我的父亲”。

⑨ 将整个文档的页面设置为上、下、左、右边距均为 1.2 厘米，纸张为 A4，横向。

⑩ 插入与亲情相关的图片一张，四周环绕方式，置于文档的右上角位置。

⑪ 为第 1 段的“背影”加上拼音，拼音位于文字右侧。

⑫ 将标题中的“背影”设置为和合并字符方式。

⑬ 将第 1 段中的“父亲”设置为带圈字符形式。效果如图 3.88 所示。

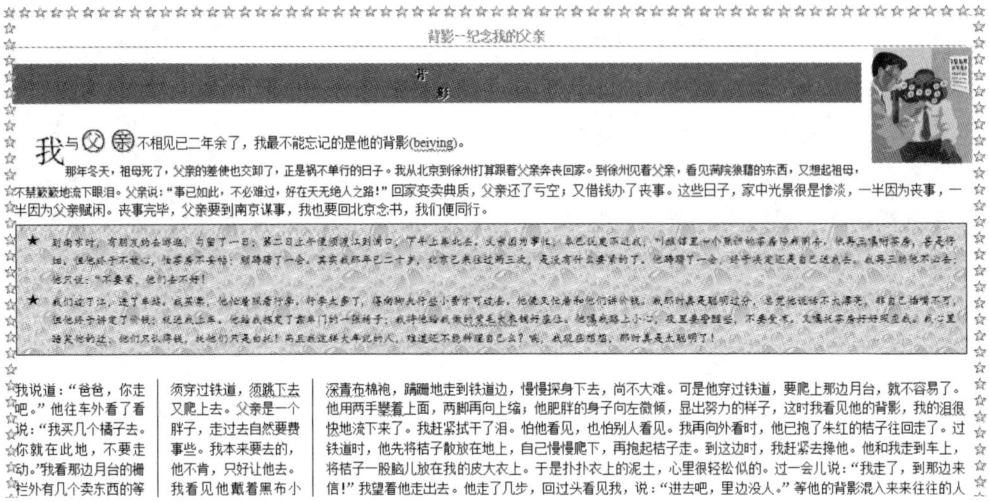

背影—纪念我的父亲

背影

我与父亲不相见已二年余了，我最不能忘记的是他的背影(beiying)。

那年冬天，祖母死了，父亲的差使也交卸了，正是祸不单行的日子。我从北京到徐州打算跟着父亲奔丧回家。到徐州见着父亲，看见满院狼藉的东西，又想起祖母，不禁簌簌地流下眼泪。父亲说：“事已如此，不必难过，好在天无绝人之路！”回家变卖典质，父亲还了亏空；又借钱办了丧事。这些日子，家中光景很是惨淡，一半因为丧事，一半因为父亲赋闲。丧事完毕，父亲要到南京谋事，我也要回北京念书，我们便同行。

★ 到南京时，有朋友约去游逛，勾留了一日；第二日上午便须渡江到浦口，下午上车北去。父亲因为事忙，本已说定不送我，叫旅馆里一个熟识的茶房陪我同去。他再三嘱咐茶房，甚是仔细。但他终于不放心，怕茶房不妥帖；颇踌躇了一会。其实我那年已二十岁，北京已来往过两三次，是没有什么要紧的了。他踌躇了一会，终于决定还是自己送我去。我再三劝他不必去；他只说：“不要紧，他们去不好！

★ 我们过了江，进了车站。我买票，他忙着照看行李。行李太多了，得向脚夫行些小费才可过去。他便又忙着和他们讲价钱。我那时真是聪明过分，总觉他说话不大漂亮，非自己插嘴不可。但他终于讲定了价钱；就送我上车。他给我拣定了靠车门的一张椅子；我将他给我做的紫毛大衣铺好座位。他嘱我路上小心，夜里要警醒些，不要受凉。又嘱托茶房好好照应我。我心里暗笑他的迂；他们只认得钱，托他们只是白托！而且我这样大年纪的人，难道还不能料理自己么？唉，我现在想想，那时真是太聪明了！

我说道：“爸爸，你走吧。”他往车外看了看说：“我买几个橘子去。你就在此地，不要走动。”我看那边月台的栅栏外有几个卖东西的等须穿过铁道，须跳下去又爬上去。父亲是一个胖子，走过去自然要费事些。我本来要去的，他不肯，只好让他去。我看见他戴着黑布小深青布棉袍，蹒跚地走到铁道边，慢慢探身下去，尚不大难。可是他穿过铁道，要爬上那边月台，就不容易了。他用两手攀着上面，两脚再向上缩；他肥胖的身子向左微倾，显出努力的样子，这时我看见他的背影，我的泪很快地流下来了。我赶紧拭干了泪。怕他看见，也怕别人看见。我再向外看时，他已抱了朱红的桔子往回走了。过铁道时，他先将桔子散放在地上，自己慢慢爬下，再抱起桔子走。到这边时，我赶紧去搀他。他和我走到车上，将桔子一股脑儿放在我的皮大衣上。于是扑扑衣上的泥土，心里很轻松似的。过一会儿说：“我走了，到那边来信！”我望着他走出去。他走了几步，回过头看见我，说：“进去吧，里边没人。”等他的背影混入来来往往的人

图 3.88 综合实训效果图

实训任务十六 综合实训 2

实训目的与要求

① 通过实训复习 Word 中的各种格式设置。

② 学会使用插入图片，设置图片位置。

③ 在 Word 中制作表格，并用函数统计计算。

实训内容

在桌面新建一个 Word 文档，名为“鹰.doc”内容如下，效果如图 3.89 所示。

鹰的简介

鹰是隼形目猛禽的典型代表，种数很多，全世界计有 190 多种，有的叫鹰、鹫、鸢、�、枭、雕、隼等，都是些吃小动物的大鸟，它们飞行速度快，眼睛能看清楚十几公里外一只小鸡的一举一动。它们狡诈而凶残异常，猎人们也很难将它们用枪打下来。但是，有的猎人却用另一种鸟做诱饵，用网将它活捉，用熬鹰的方法，把它训练成为人类卖命的抓兔能手。

绝大多数鹰对人类利多害少，但人们仍普遍对之抱有偏见。虽然鹰偶然捕食家禽和小型鸟类，但它们常以小型哺乳类、爬虫类和昆虫为食。它们拥有多种觅食技能，但主要追捕猎物方法是掠过或敏捷地追逐拼命逃跑的动物。一旦用它强有力的爪抓住猎物，就以其尖锐而强健的喙肢解猎物。

雕鹰的生存之道

在辽阔的亚马孙平原上，生活着一种叫雕鹰的雄鹰，有“飞行之王”的称号。它的飞行时间之长、速度之快、动作之敏捷，堪称鹰中之王，被它发现的小动物，一般都很难逃脱它的捕捉。

雕鹰的这一本领是如何练就的？

当一只幼鹰出生后，没享受几天舒服的日子，就要经受母鹰近似残酷的训练。在母鹰的帮助下，幼鹰没多久就能独自飞翔，但这只是第一步，因为这种飞翔只比爬行好一点，幼鹰需要成百上千次的训练，否则，就不能获得母鹰口中的食物。第二步，母鹰把幼鹰带到高处，或树梢或悬崖上，然后把它们摔下去，有的幼鹰因胆怯而被母鹰活活摔死。第三步，则充满着残酷和恐怖，那些被母鹰推下悬崖而能胜利飞翔的幼鹰将面临着最后的，也是最关键、最艰难的考验，因为它们那在成长的翅膀中大部分的骨骼会被母鹰折断，然后再次从高处推下，有很多幼鹰就是在这时成为悲壮的祭品，但母鹰同样不会停止这“血淋淋”的训练。

原来，母鹰“残忍”地折断幼鹰翅膀中的大部分骨骼，是决定幼鹰未来能否在广袤天空自由翱翔的关键所在。雕鹰翅膀骨骼的再生能力很强，只要在被折断后仍能忍着剧痛不停振翅飞翔，使翅膀不断充血，不久便能痊愈，而痊愈后翅膀则似神话中的凤凰一样死后重生，将能长得更加强健有力。如果不这样，雕鹰也就失去了仅有的一个机会，它也就将永远与蓝天无缘。

鹰如何获得新生？

鹰是世界上寿命最长的鸟类，它一生的年龄可达 70 岁。要活那么长的寿命，它在 40 岁时必须做出困难却重要的决定。当老鹰活到 40 岁时，它的爪子开始老化，无法有效地抓住猎物。它的喙变得又长又弯，几乎碰到胸膛，严重的阻碍它的进食。它的翅膀变得十分沉重，因为它的羽毛长得又浓又厚，使得飞翔十分吃力。它只有两种选择：等死，或经过一个十分痛苦的更新过程。它必须努力飞到一处陡峭的悬崖，任何鸟兽都上不去的地方，在那里要待上 150 天左右。首先它要把弯如镰刀的喙向岩石摔去，直到老化的嘴巴连皮带肉从头上掉下来，然后静静地等候新的喙长出来。然后它以新喙当钳子，一个一个把趾甲从脚趾上拔下来。等新的趾甲长出来后，它把旧的羽毛都薅下来，5 个月后新的羽毛长出来了，老鹰开始飞翔，得以再过 30 年的岁月。它冒着疼死、饿死的危险，自己改造自己，重塑自己，与自己的过去诀别，这一过程就是一个死而复生的过程。

我国最常见的鹰

	华北	西北	总计
苍鹰	2356	6768	
雀鹰	67687	343	
赤腹鹰	3454	4567	

参考样文

你的姓名，你的班级

鹰的简介

鹰是隼形目猛禽的典型代表，种数很多，全世界计有 190 多种。有的叫鹰、鸶、鹞、鹫、枭、雕、隼等，都是些吃小动物的大鸟。它以飞行速度快，眼睛能看清楚十几公里外一只小鸡的一举一动。它们狡诈而凶残异常，猎人们也很难将它们用枪打下来。但是，有的猎人却用另一种鸟做诱饵，用网将它活捉，用熬鹰的方法，把它驯练成为人类卖命的抓兔能手。

绝大多数鹰对人类利多害少，但人们仍普遍对之抱有偏见。虽然鹰偶然掠食家禽和小型鸟类，但它们常以小型哺乳类、爬虫类和昆虫为食。它们拥有多种觅食技能，但主要追捕猎物方法是掠过或敏捷地追逐拼命逃跑的动物。一旦用它强有力的爪抓住猎物，就以其尖锐而强健的喙肢解猎物。

雕鹰的生存之道

在辽阔的亚马孙平原上，生活着一种叫雕鹰的雄鹰，有“飞行之王”的称号。它的飞行时间之长、速度之快、动作之敏捷，堪称鹰中之王。被它发现的小动物，一般都很难逃脱它的捕捉。

雕鹰的这一本领是如何练就的？

当一只幼鹰出生后，没享受几天舒服的日子，就要经受母鹰近似残酷的训练。在母鹰的帮助下，幼鹰没多久就能独自飞翔，但这只是第一步。因为这种飞翔只比爬行好一点，幼鹰需要成百上千次的训练，否则，就不能获得母鹰口中的食物。第二步，母鹰把幼鹰带到高处，或树梢或悬崖上，然后把它们摔下去，有的幼鹰因胆怯而被母鹰活活摔死。第三步，则充满着残酷和恐怖，那些被母鹰推下悬崖而能胜利飞翔的幼鹰将面临着最后的，也是最关键、最艰难的考验，因为它们那在成长的翅膀中大部分的骨骼会被母鹰折断，然后再次从高处推下，有很多幼鹰就是在这时成为悲壮的祭品，但母鹰同样不会停止这“血淋淋”的训练。

原来，母鹰“残忍”地折断幼鹰翅膀中的大部分骨骼，是决定幼鹰未来能否在广袤天空自由翱翔的关键所在。雕鹰翅膀骨骼的再生能力很强，只要在被折断后仍能忍着剧痛不停振翅飞翔，使翅膀不断充血，不久便能痊愈，而痊愈后翅膀则似神话中的凤凰一样死后重生，将能长得更加强健有力。如果不这样，雕鹰也就失去了仅有的一个机会，它也就将永远与蓝天无缘。

鹰如何获得新生？

鹰是世界上寿命最长的鸟类，它一生的年龄可达 70 岁。要活那么长的寿命，它在 40 岁时必须做出困难却重要的决定。当老鹰活到 40 岁时，它的爪子开始老化，无法有效地抓住猎物。它的喙变得又长又弯，几乎碰到胸脯，严重的阻碍它的进食。它的翅膀变得十分沉重，因为它的羽毛长得又浓又厚，使得飞翔十分吃力。它只有两种选择：等死，或经过一个十分痛苦的更新过程。它必须努力飞到一处陡峭的悬崖，任何鸟兽都上不去的地方，在那里要呆上 150 天左右。首先它要把弯如镰刀的喙向岩石摔去，直到老化的嘴巴连皮带肉从头上掉下来，然后静静地等候新的喙长出来。然后它以新喙当钳子，一个一个把趾甲从脚趾上拔下来。等新的趾甲长出来后，它把旧的羽毛都薅下来，5 个月后新的羽毛长出来了，老鹰开始飞翔，得以再过 30 年的岁月。它冒着痒死、饿死的危险，自己改造自己，重塑自己，与自己的过去诀别，这一过程就是一个死而复生的过程。

页码，日期

图 3.89 “鹰”效果图

操作要点

略。

实训单元 四

电子表格处理软件 Excel 2010

实训任务一　制作人民警察基本信息情况表

实训目的与要求

① 掌握 Excel 工作表的创建、删除、重命名和保存操作。

② 掌握不同类型数据的录入、编辑和修改方法。

③ 掌握自动填充序列和自定义序列的操作方法。

④ 掌握行高和列宽的调整。

⑤ 掌握移动和复制工作表的操作。

⑥ 掌握对工作表进行格式化的方法。

⑦ 掌握表格行和列的插入、删除与隐藏操作。

实训内容

制作人民警察基本信息情况表。

操作要点

① 新建工作表并命名为“人民警察基本信息情况表”。单击工作表标签右侧的“插入工作表”图标，如图 4.1 所示创建新的工作表。

② 双击“Sheet4”的工作表标签，输入新的工作表标签名“监狱人民警察基本信息情况表”。如图 4.2 所示。

③ 设置工作表标签颜色为橙色。在工作表标签“人民警察基本信息情况表”上右击，在弹出的快捷菜单中选择“工作表标签颜色”命令，再选择橙色，如图 4.3 所示。

④ 删除 Sheet1、Sheet2、Sheet3 三张工作表。在工作表标签 Sheet1 上右击，弹出如图 4.3 所示的快捷菜单，然后选择“删除”命令。使用相同操作删除 Sheet2、Sheet3 工作表。

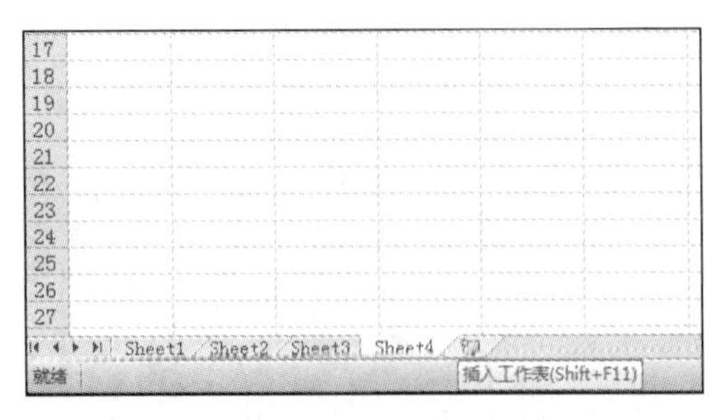

图 4.1 创建新的工作表

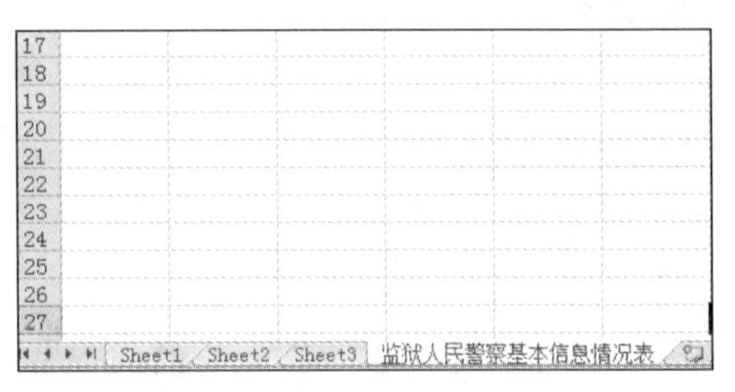

图 4.2 重命名工作表标签名

⑤ 保护工作表，为“人民警察基本信息情况表”工作表设置安全密码。要保护工作表，单击“审阅”选项卡下的“更改”功能区中的“保护工作表”按钮，打开“保护工作表”对话框，在“允许此工作表的所有用户进行”列表框中勾选需要保护的选项，在“取消工作表保护时使用的密码”文本框中设置密码，单击“确定”按钮完成对工作表的保护，如图 4.4 所示。

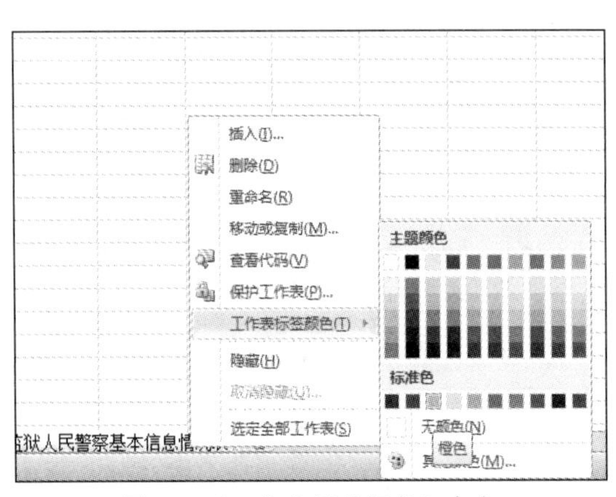

图 4.3 “工作表标签颜色”命令

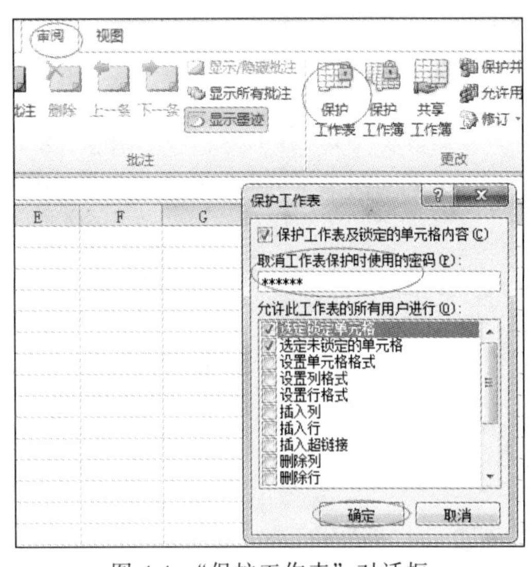

图 4.4 “保护工作表”对话框

⑥ 在“人民警察基本信息情况表”中输入非自动填充数据，如图 4.5 所示。

	A	B	C	D	E	F	G	H
1	人民警察基本信息情况表							
2	序号	姓名	性别	学历	出生年月	工龄	警衔	工资
3	1	秦邦胜	男	大学	1975/11/1	26	一级警督	3300
4	2	任仕琦			1970/3/1	31		3400
5		王伟		大专	1978/1/1	29		2890
6		温琦	女	高中	1975/10/18	26		3700
7		徐强		大学	1974/5/8	25	二级警督	3200
8		杨昊轩	男		1958/4/4	36	一级警督	5560
9		杨健			1972/12/23	23		2300
10		杨庆祥			1977/3/11	28		2730
11		杨欣桐		大学	1960/3/16	34		2560
12		张雷			1971/7/23	22		2890
13		郑璐	女		1970/8/24	31		3700
14		周宏绅		大专	1975/2/20	26	三级警督	3200
15		庄佳航	男		1965/9/21	29		5560
16		曹玉帆			1963/11/4	32	一级警督	3400

图 4.5 输入非自动填充的数据

⑦ 选定 A1 和 A2 单元格，向下拖动填充柄至 A16 单元格，填充序列数据。选中 C3 单元格，向下拖动填充柄至 C5 单元格，填充相同数据。使用类似操作快速填充所有数据。检查确认数据无误后，完成表格中所有数据的输入，如图 4.6 所示。

	A	B	C	D	E	F	G	H
1	人民警察基本信息情况表							
2	序号	姓名	性别	学历	出生年月	工龄	警衔	工资
3	1	秦邦胜	男	大学	1975/11/1	26	一级警督	3300
4	2	任仕琦	男		1970/3/1	31		3400
5	3	王伟	男	大专	1978/1/1	29		2890
6	4	温琦	女		1975/10/18	26		3700
7	5	徐强		大学	1974/5/8	25	二级警督	3200
8	6	杨昊轩	男	自动填充选项	4/4	36	一级警督	5560
9	7	杨健			1972/12/23	23		2300
10	8	杨庆祥			1977/3/11	28		2730
11	9	杨欣桐		大学	1960/3/16	34		2560
12	10	张雷			1971/7/23	22		2890
13	11	郑璐	女		1970/8/24	31		3700
14	12	周宏绅		大专	1975/2/20	26	三级警督	3200
15	13	庄佳航	男		1965/9/21	29		5560
16	14	曹玉帆			1963/11/4	32	一级警督	3400

图 4.6　自动填充表格数据

⑧ 设置表标题。选取 A1:H1 单元格，右击，在弹出的快捷菜单中选择“设置单元格格式”命令，打开“设置单元格格式”对话框；单击“对齐”选项卡，在“文本控制”区域勾选“合并单元格”复选框，并将“文本对齐方式”设置为水平居中和垂直居中，如图 4.7 所示。

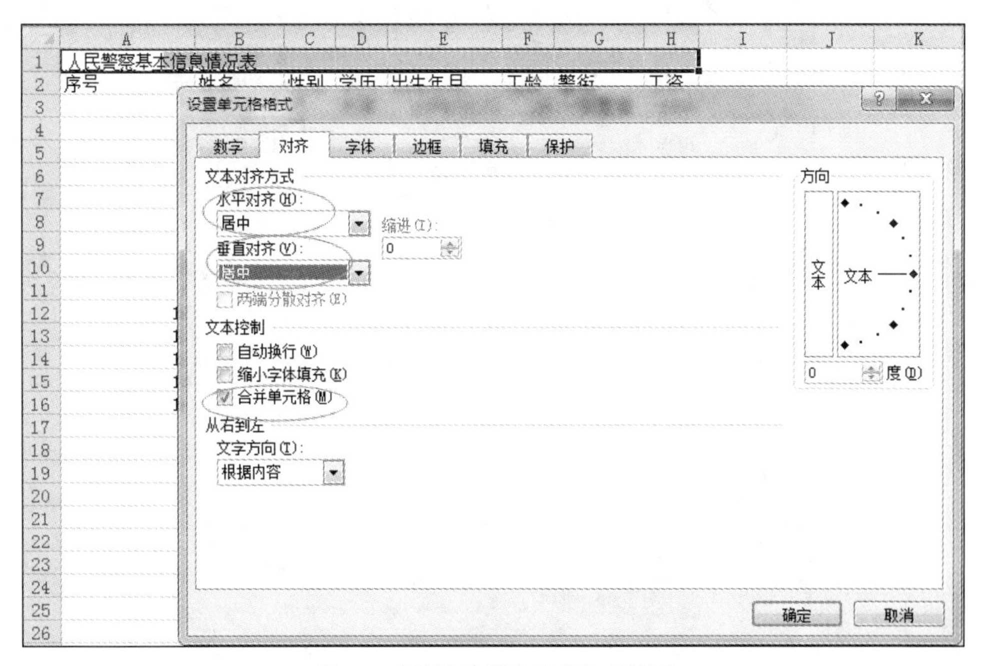

图 4.7　“设置单元格格式”对话框

⑨ 设置表格字体、颜色、对齐方式。表标题字体设置为隶书、20 号，颜色为蓝色；表行标题字体设置为仿宋、16 号、加粗，颜色为默认设置；表数据字体设置为黑体、12 号、加粗，颜色为默认设置，所有单元格设置为水平对齐、垂直对齐。效果如图 4.8 所示。

人民警察基本信息情况表							
序号	姓名	性别	学历	出生年月	工龄	警衔	工资
1	秦邦胜	男	大学	1975/11/1	26	一级警督	3300
2	任仕琦	男	大学	1970/3/1	31	一级警督	3400
3	王伟	男	大专	1978/1/1	29	一级警督	2890
4	温琦	女	高中	1975/10/18	26	一级警督	3700
5	徐强	女	大学	1974/5/8	25	二级警督	3200
6	杨昊轩	男	大学	1958/4/4	36	一级警督	5560
7	杨健	男	大学	1972/12/23	23	一级警督	2300
8	杨庆祥	男	大学	1977/3/11	28	一级警督	2730
9	杨欣桐	男	大学	1960/3/16	34	一级警督	2560
10	张雷	男	大学	1971/7/23	22	三级警督	2890
11	郑璐	女	大学	1970/8/24	31	三级警督	3700
12	周宏绅	女	大专	1975/2/20	26	三级警督	3200
13	庄佳航	男	大专	1965/9/21	29	三级警督	5560
14	曹玉帆	男	大专	1963/11/4	32	一级警督	3400

图 4.8　设置字体、颜色

⑩ 设置单元格填充颜色。设置表行标题底纹为淡紫，单击“开始”选项卡“字体”功能区中的“填充颜色”下拉按钮，在如图 4.9 所示的下拉列表中选择紫色。

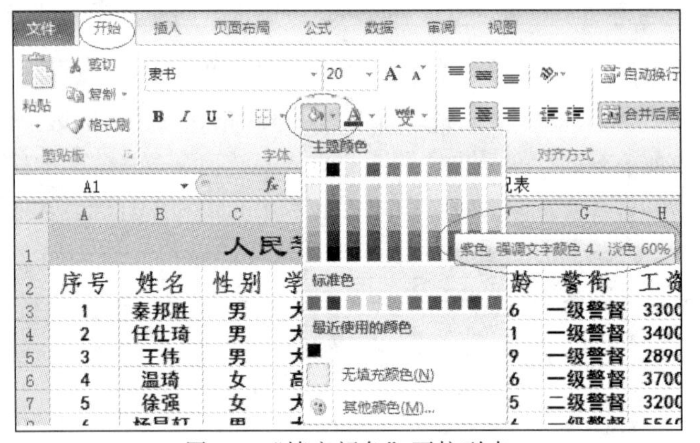

图 4.9　“填充颜色”下拉列表

⑪ 设置日期格式、货币格式。选定 E3:E16 单元格，设置日期格式如图 4.10 所示；选定 H3：H16 单元格，设置货币格式，如图 4.11 所示。

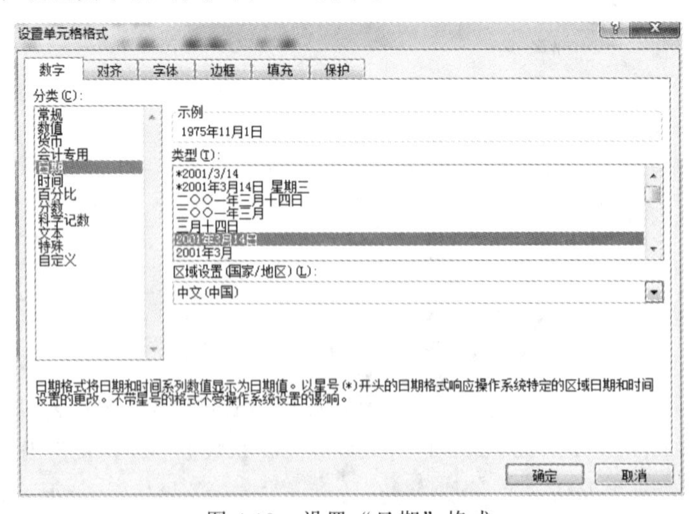

图 4.10　设置“日期”格式

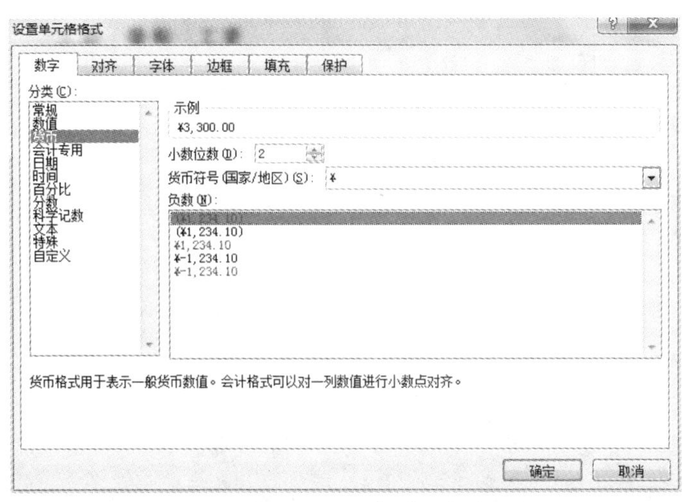

图 4.11　设置“货币”格式

⑫ 调整单元格的行高和列宽。在行号 1 上右击，在弹出的快捷菜单中选择“行高”命令[见图 4.12（b）]，在打开的“行高”对话框中设置行高为 25.5[见图 4.13（a）]；在列号 A 上右击，在弹出的快捷菜单中选择“列宽”命令[见图 4.13（b）]，在打开的“列宽”对话框中设置列宽为 6.88。使用相同操作继续设置其他行列的行高和列宽。

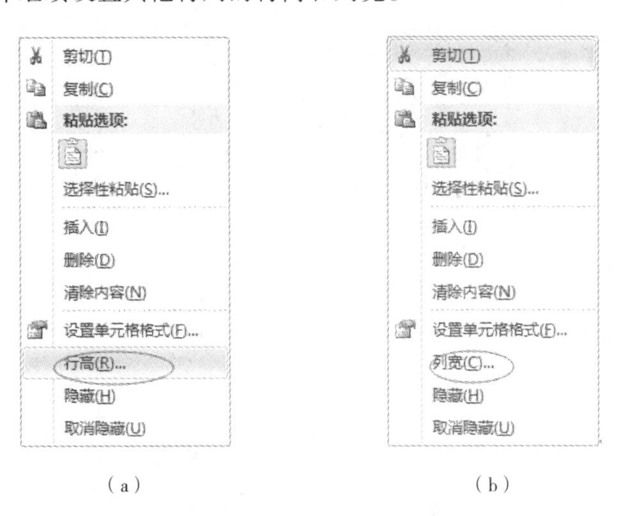

图 4.12 设置“行高”“列宽”

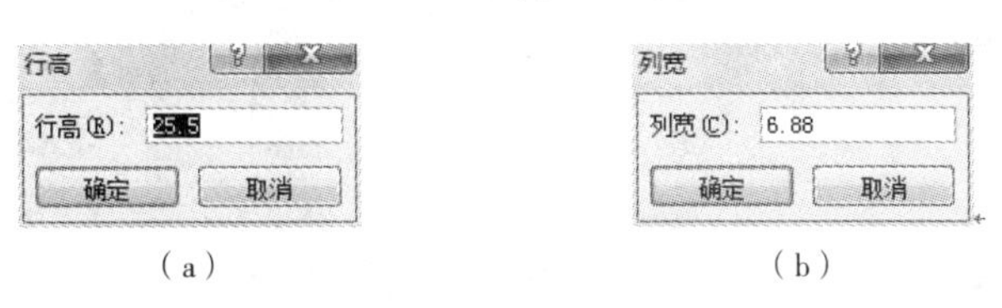

图 4.13　“行高”和“列宽”对话框

⑬ 设置工作表的背景。单击“页面布局”选项卡“页面设置”功能区中的“背景”按钮，如图 4.14 所示。在打开的“工作表背景”对话框中选择图片后，单击“打开”按钮，将图片设置为工作背景，如图 4.15 所示。

图 4.14 “页面设置”组

人民警察基本信息情况表							
序号	姓名	性别	学历	出生年月	工龄	警衔	工资
1	秦邦胜	男	大学	1975年11月1日	26	一级警督	¥3,300.00
2	任仕琦	男	大学	1970年3月1日	31	一级警督	¥3,400.00
3	王伟	男	大专	1978年1月1日	29	一级警督	¥2,890.00
4	温琦	女	高中	1975年10月18日	26	一级警督	¥3,700.00
5	徐强	女	大学	1974年5月8日	25	二级警督	¥3,200.00
6	杨昊轩	男	大学	1958年4月4日	36	一级警督	¥5,560.00
7	杨健	男	大学	1972年12月23日	23	一级警督	¥2,300.00
8	杨庆祥	男	大学	1977年3月11日	28	一级警督	¥2,730.00
9	杨欣桐	男	大学	1960年3月16日	34	一级警督	¥2,560.00
10	张雷	男	大学	1971年7月23日	22	三级警督	¥2,890.00
11	郑璐	女	大学	1970年8月24日	31	三级警督	¥3,700.00
12	周红绅	女	大专	1975年2月20日	26	三级警督	¥3,200.00
13	庄佳航	男	大专	1965年9月21日	29	三级警督	¥5,560.00
14	曹玉帆	男	大专	1963年11月4日	32	一级警督	¥3,400.00

图 4.15 为工作表添加背景

⑭ 隐藏“出生年月”列和“工资”列。选中 E 列，右击，在弹出的快捷菜单中选择“隐藏”命令（见图 4.16），可隐藏该列。使用类似操作可以隐藏其他列或行，隐藏效果如图 4.17 所示。

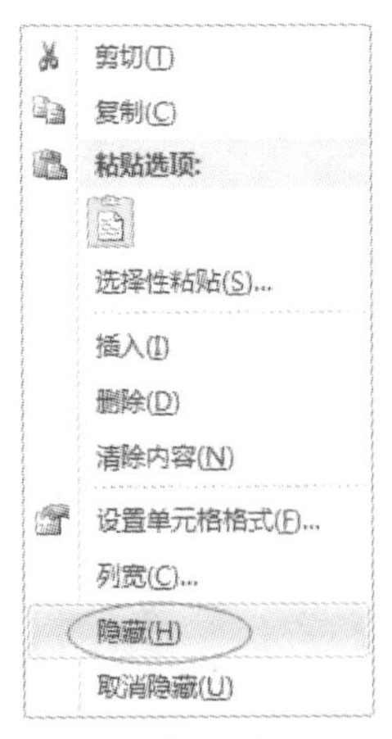

图 4.16 选择“隐藏”命令

人民警察基本信息情况表					
序号	姓名	性别	学历	工龄	警衔
1	秦邦胜	男	大学	26	一级警督
2	任仕琦	男	大学	31	一级警督
3	王伟	男	大专	29	一级警督
4	温琦	女	高中	26	一级警督
5	徐强	女	大学	25	二级警督
6	杨昊轩	男	大学	36	一级警督
7	杨健	男	大学	23	一级警督
8	杨庆祥	男	大学	28	一级警督
9	杨欣桐	男	大学	34	一级警督
10	张雷	男	大学	22	三级警督
11	郑璐	女	大学	31	三级警督
12	周宏绅	女	大专	26	三级警督
13	庄佳航	男	大专	29	三级警督
14	曹玉帆	男	大专	32	一级警督

图 4.17 隐藏“列”效果

实训任务二　制作学员成绩单

实训目的与要求

① 掌握 Excel 的基本操作。

② 掌握在 Excel 表格中输入数据的方法。

③ 掌握 Excel 中填充功能的使用。

④ 掌握 Excel 中边框底纹的设置。

⑤ 掌握 Excel 中公式和函数的正确使用。

实训内容

制作学员成绩单。

操作要点

① 打开 Excel，在 Sheet1 中输入如图 4.18 所示的数据。

	A	B	C	D	E	F	G	H	I	J
1										
2		2016级刑事执行1班		成绩单						
3		第一学期								
4										
5		学号	姓名	性别	物联网技术	信息技术应用	计算机应用技能	总分	平均分	等级
6		2016001	桑立鹏		79	89	45			
7			史鸿伯		84	98	67			
8			杨天		67	87	89			
9			杨佳堃		92	88	76			
10			杜忠雨		80	76	87			
11			王伟达		85	78	50			
12			师兆伟		60	65	67			
13			赵冬全		76	68	78			
14			阎家博		84	79	88			
15			彭伟胜		65	87	91			
16			于佳滔		73	82	78			
17			谢志岐		67	93	69			
18										
19				各科平均分：						
20				各科最高分：						
21				各科最低分：						
22				各科不及格人数：						

图 4.18　输入数据

② 单击选择 B6 单元格，将鼠标光标移动到 B6 单元格的右下角，直至其变为粗黑的“十”字形。按住 Ctrl 键，当“十”字形变为两个“十”字形时，同时按住鼠标左键从 B6 单元格拖动到 B17 单元格，利用填充功能在 B7:B17 单元格中填入正确的学号，效果如图 4.19 所示。

	A	B	C	D	E	F	G	H	I	J
1										
2		2016级刑事执行1班		成绩单						
3		第一学期								
4										
5		学号	姓名	性别	物联网技术	信息技术应用	计算机应用技能	总分	平均分	等级
6		2016001	桑立鹏		79	89	45			
7		2016002	史鸿伯		84	98	67			
8		2016003	杨天		67	87	89			
9		2016004	杨佳堃		92	88	76			
10		2016005	杜忠雨		80	76	87			
11		2016006	王伟达		85	78	50			
12		2016007	师兆伟		60	65	67			
13		2016008	赵冬全		76	68	78			
14		2016009	阎家博		84	79	88			
15		2016010	彭伟胜		65	87	91			
16		2016011	于佳滔		73	82	78			
17		2016012	谢志岐		67	93	69			
18										
19				各科平均分：						
20				各科最高分：						
21				各科最低分：						
22				各科不及格人数：						

图 4.19　使用填充功能填充学号

③ 使用求和函数（SUM）求出“总分”：在单元格 H6 中输入公式=SUM（E6:G6），利用填充功能实现 H7:H17 单元格的公式输入，如图 4.20 所示。

H6　f_x　=SUM(E6:G6)

	A	B	C	D	E	F	G	H
1								
2		2016级刑事执行1班		成绩单				
3		第一学期						
4								
5		学号	姓名	性别	物联网技术	信息技术应用	计算机应用技能	总分
6		2016001	桑立鹏		79	89	45	213
7		2016002	史鸿伯		84	98	67	249
8		2016003	杨天		67	87	89	243
9		2016004	杨佳堃		92	88	76	256
10		2016005	杜忠雨		80	76	87	243
11		2016006	王伟达		85	78	50	213
12		2016007	师兆伟		60	65	67	192
13		2016008	赵冬全		76	68	78	222
14		2016009	阎家博		84	79	88	251
15		2016010	彭伟胜		65	87	91	243
16		2016011	于佳滔		73	82	78	233
17		2016012	谢志岐		67	93	69	229
18								
19				各科平均分：				
20				各科最高分：				
21				各科最低分：				
22				各科不及格人数：				

图 4.20　使用求和函数并快捷填充

④ 运用平均值函数（AVERAGE）求出“平均分”：在单元格 I6 中输入公式=AVERAGE（E6:G6），利用填充功能实现 I7:I17 单元格的公式输入，并保留一位小数，如图 4.21 所示。

⑤ 使用平均值函数求出“各科平均分”：在单元格 E19 中输入=AVERAGE(E6:E17)，利用填充功能实现 E19:G19 单元格的公式输入，并保留一位小数，如图 4.22 所示。

⑥ 使用最大值函数（MAX）求出“各科最高分”：在单元格 E20 中输入=MAX（E6:E17），利用填充功能实现 E20:G20 单元格的公式输入，如图 4.23 所示。

⑦ 使用最小值函数（MIN）求出“各科最低分”：在单元格 E21 中输入=MIN（E6:E17），利用填充功能实现 E21:G21 单元格的公式输入，如图 4.24 所示。

I6　=AVERAGE(E6:G6)

	A	B	C	D	E	F	G	H	I	J
1										
2		2016级刑事执行1班		成绩单						
3		第一学期								
4										
5		学号	姓名	性别	物联网技术	信息技术应用	计算机应用技能	总分	平均分	等级
6		2016001	桑立鹏		79	89	45	213	71.0	
7		2016002	史鸿伯		84	98	67	249	83.0	
8		2016003	杨天		67	87	89	243	81.0	
9		2016004	杨佳堃		92	88	76	256	85.3	
10		2016005	杜忠雨		80	76	87	243	81.0	
11		2016006	王伟达		85	78	50	213	71.0	
12		2016007	师兆伟		60	65	67	192	64.0	
13		2016008	赵冬全		76	68	78	222	74.0	
14		2016009	阎家博		84	79	88	251	83.7	
15		2016010	彭伟胜		65	87	91	243	81.0	
16		2016011	于佳滔		73	82	78	233	77.7	
17		2016012	谢志岐		67	93	69	229	76.3	
18										
19				各科平均分：						
20				各科最高分：						
21				各科最低分：						
22				各科不及格人数：						

图 4.21　使用平均值函数并快捷填充

E19　=AVERAGE(E6:E17)

	A	B	C	D	E	F	G	H	I
1									
2		2016级刑事执行1班		成绩单					
3		第一学期							
4									
5		学号	姓名	性别	物联网技术	信息技术应用	计算机应用技能	总分	平均分
6		2016001	桑立鹏		79	89	45	213	71.0
7		2016002	史鸿伯		84	98	67	249	83.0
8		2016003	杨天		67	87	89	243	81.0
9		2016004	杨佳堃		92	88	76	256	85.3
10		2016005	杜忠雨		80	76	87	243	81.0
11		2016006	王伟达		85	78	50	213	71.0
12		2016007	师兆伟		60	65	67	192	64.0
13		2016008	赵冬全		76	68	78	222	74.0
14		2016009	阎家博		84	79	88	251	83.7
15		2016010	彭伟胜		65	87	91	243	81.0
16		2016011	于佳滔		73	82	78	233	77.7
17		2016012	谢志岐		67	93	69	229	76.3
18									
19				各科平均分：	76.0	82.5	73.8		
20				各科最高分：					
21				各科最低分：					
22				各科不及格人数：					

图 4.22　各科平均分

E20　=MAX(E6:E17)

	A	B	C	D	E	F	G	H	I
1									
2		2016级刑事执行1班		成绩单					
3		第一学期							
4									
5		学号	姓名	性别	物联网技术	信息技术应用	计算机应用技能	总分	平均分
6		2016001	桑立鹏		79	89	45	213	71.0
7		2016002	史鸿伯		84	98	67	249	83.0
8		2016003	杨天		67	87	89	243	81.0
9		2016004	杨佳堃		92	88	76	256	85.3
10		2016005	杜忠雨		80	76	87	243	81.0
11		2016006	王伟达		85	78	50	213	71.0
12		2016007	师兆伟		60	65	67	192	64.0
13		2016008	赵冬全		76	68	78	222	74.0
14		2016009	阎家博		84	79	88	251	83.7
15		2016010	彭伟胜		65	87	91	243	81.0
16		2016011	于佳滔		73	82	78	233	77.7
17		2016012	谢志岐		67	93	69	229	76.3
18									
19				各科平均分：	76.0	82.5	73.8		
20				各科最高分：	92	98	91		
21				各科最低分：					
22				各科不及格人数：					

图 4.23　各科最高分

E21 =MIN(E6:E17)

	A	B	C	D	E	F	G	H	I
1									
2		2016级刑事执行1班		成绩单					
3		第一学期							
4									
5		学号	姓名	性别	物联网技术	信息技术应用	计算机应用技能	总分	平均分
6		2016001	桑立鹏		79	89	45	213	71.0
7		2016002	史鸿伯		84	98	67	249	83.0
8		2016003	杨天		67	87	89	243	81.0
9		2016004	杨佳堃		92	88	76	256	85.3
10		2016005	杜忠雨		80	76	87	243	81.0
11		2016006	王伟达		85	78	50	213	71.0
12		2016007	师兆伟		60	65	67	192	64.0
13		2016008	赵冬全		76	68	78	222	74.0
14		2016009	阎家博		84	79	88	251	83.7
15		2016010	彭伟胜		65	87	91	243	81.0
16		2016011	于佳滔		73	82	78	233	77.7
17		2016012	谢志岐		67	93	69	229	76.3
18									
19				各科平均分：	76.0	82.5	73.8		
20				各科最高分：	92	98	91		
21				各科最低分：	60	65	45		
22				各科不及格人数：					

图 4.24　各科最低分

⑧ 使用条件统计函数（COUNTIF）求出“各科不及格人数”：在单元格 E22 中输入=COUNTIF(E6：E17, " <60 ")，利用填充功能实现 E22：G22 单元格的公式输入，如图 4.25 所示。

E22 =COUNTIF(E6:E17,"<60")

	A	B	C	D	E	F	G	H	I
1									
2		2016级刑事执行1班		成绩单					
3		第一学期							
4									
5		学号	姓名	性别	物联网技术	信息技术应用	计算机应用技能	总分	平均分
6		2016001	桑立鹏		79	89	45	213	71.0
7		2016002	史鸿伯		84	98	67	249	83.0
8		2016003	杨天		67	87	89	243	81.0
9		2016004	杨佳堃		92	88	76	256	85.3
10		2016005	杜忠雨		80	76	87	243	81.0
11		2016006	王伟达		85	78	50	213	71.0
12		2016007	师兆伟		60	65	67	192	64.0
13		2016008	赵冬全		76	68	78	222	74.0
14		2016009	阎家博		84	79	88	251	83.7
15		2016010	彭伟胜		65	87	91	243	81.0
16		2016011	于佳滔		73	82	78	233	77.7
17		2016012	谢志岐		67	93	69	229	76.3
18									
19				各科平均分：	76.0	82.5	73.8		
20				各科最高分：	92	98	91		
21				各科最低分：	60	65	45		
22				各科不及格人数：	0	0	2		

图 4.25　使用条件统计函数

⑨ 使用条件函数（IF）求出“等级”：在单元格 J6 中输入=IF(I6>=90，" 优 "，IF(I6>=80，" 良 "，IF(I6>=70，" 中 "，IF(I6>=60，" 及格 "，" 不及格 "))))，利用填充功能实现 J6:J17 单元格的公式输入，如图 4.26 所示。

⑩ 右击第 4 行的行号，在弹出的快捷菜单中选择“删除”命令删除第 4 行，如图 4.27 所示。

⑪ 将标题合并居中，将字体设置为隶书，字号设置为 20 磅，字体颜色设置为红色，并设置为粗体。标题行及其下一行底纹为浅黄色，如图 4.28 所示。

J6　=IF(I6>=90,"优",IF(I6>=80,"良",IF(I6>=70,"中",IF(I6>=60,"及格","不及格"))))

	A	B	C	D	E	F	G	H	I	J
1										
2		2016级刑事执行1班		成绩单						
3		第一学期								
4										
5		学号	姓名	性别	物联网技术	信息技术应用	计算机应用技能	总分	平均分	等级
6		2016001	桑立鹏		79	89	45	213	71.0	中
7		2016002	史鸿伯		84	98	67	249	83.0	良
8		2016003	杨天		67	87	89	243	81.0	良
9		2016004	杨佳堃		92	88	76	256	85.3	良
10		2016005	杜忠雨		80	76	87	243	81.0	良
11		2016006	王伟达		85	78	50	213	71.0	中
12		2016007	师兆伟		60	65	67	192	64.0	及格
13		2016008	赵冬全		76	68	78	222	74.0	中
14		2016009	阎家博		84	79	88	251	83.7	良
15		2016010	彭伟胜		65	87	91	243	81.0	良
16		2016011	于佳滔		73	82	78	233	77.7	中
17		2016012	谢志岐		67	93	69	229	76.3	中
18										
19				各科平均分：	76.0	82.5	73.8			
20				各科最高分：	92	98	91			
21				各科最低分：	60	65	45			
22				各科不及格人数：	0	0	2			

图 4.26　使用条件函数求等级

宋体　11　剪切(T)　复制(C)　粘贴选项:　选择性粘贴(S)...　插入(I)　删除(D)　清除内容(N)　设置单元格格式(F)...　行高(R)...　隐藏(H)　取消隐藏(U)

	B	C	D	E	F	G	H	I	J
2			成绩单						
5		姓名	性别	物联网技术	信息技术应用	计算机应用技能	总分	平均分	等级
6	2016001	桑立鹏		79	89	45	213	71.0	中
7	2016002	史鸿伯		84	98	67	249	83.0	良
8	2016003	杨天		67	87	89	243	81.0	良
9	2016004	杨佳堃		92	88	76	256	85.3	良
10	2016005	杜忠雨		80	76	87	243	81.0	良
11	2016006	王伟达		85	78	50	213	71.0	中
12	2016007	师兆伟		60	65	67	192	64.0	及格
13	2016008	赵冬全		76	68	78	222	74.0	中
14	2016009	阎家博		84	79	88	251	83.7	良
15	2016010	彭伟胜		65	87	91	243	81.0	良
16	2016011	于佳滔		73	82	78	233	77.7	中
17	2016012	谢志岐		67	93	69	229	76.3	中
19			各科平均分：	76.0	82.5	73.8			
20			各科最高分：	92	98	91			
21			各科最低分：	60	65	45			
22			各科不及格人数：	0	0	2			

图 4.27　删除行

	A	B	C	D	E	F	G	H	I	J
1										
2		2016级刑事执行1班		成绩单						
3		第一学期								
4										
5		学号	姓名	性别	物联网技术	信息技术应用	计算机应用技能	总分	平均分	等级
6		2016001	桑立鹏		79	89	45	213	71.0	中
7		2016002	史鸿伯		84	98	67	249	83.0	良
8		2016003	杨天		67	87	89	243	81.0	良
9		2016004	杨佳堃		92	88	76	256	85.3	良
10		2016005	杜忠雨		80	76	87	243	81.0	良
11		2016006	王伟达		85	78	50	213	71.0	中
12		2016007	师兆伟		60	65	67	192	64.0	及格
13		2016008	赵冬全		76	68	78	222	74.0	中
14		2016009	阎家博		84	79	88	251	83.7	良
15		2016010	彭伟胜		65	87	91	243	81.0	良
16		2016011	于佳滔		73	82	78	233	77.7	中
17		2016012	谢志岐		67	93	69	229	76.3	中
18										
19				各科平均分：	76.0	82.5	73.8			
20				各科最高分：	92	98	91			
21				各科最低分：	60	65	45			
22				各科不及格人数：	0	0	2			

图 4.28　标题格式设置

⑫ 将所有的单元格设置为水平居中，如图 4.29 所示。

2016级刑事执行1班
第一学期

成绩单

学号	姓名	性别	物联网技术	信息技术应用	计算机应用技能	总分	平均分	等级
2016001	桑立鹏		79	89	45	213	71.0	中
2016002	史鸿伯		84	98	67	249	83.0	良
2016003	杨天		67	87	89	243	81.0	良
2016004	杨佳堃		92	88	76	256	85.3	良
2016005	杜忠雨		80	76	87	243	81.0	良
2016006	王伟达		85	78	50	213	71.0	中
2016007	师兆伟		60	65	67	192	64.0	及格
2016008	赵冬全		76	68	78	222	74.0	中
2016009	阎家博		84	79	88	251	83.7	良
2016010	彭伟胜		65	87	91	243	81.0	良
2016011	于佳滔		73	82	78	233	77.7	中
2016012	谢志岐		67	93	69	229	76.3	中
		各科平均分：	76.0	82.5	73.8			
		各科最高分：	92	98	91			
		各科最低分：	60	65	45			
		各科不及格人数：	0	0	2			

图 4.29　所有的单元格设置为水平居中

⑬ 将分数数值格式设置为保留 1 位小数，如图 4.30 所示。

2016级刑事执行1班
第一学期

成绩单

学号	姓名	性别	物联网技术	信息技术应用	计算机应用技能	总分	平均分	等级
2016001	桑立鹏		79.0	89.0	45.0	213.0	71.0	中
2016002	史鸿伯		84.0	98.0	67.0	249.0	83.0	良
2016003	杨天		67.0	87.0	89.0	243.0	81.0	良
2016004	杨佳堃		92.0	88.0	76.0	256.0	85.3	良
2016005	杜忠雨		80.0	76.0	87.0	243.0	81.0	良
2016006	王伟达		85.0	78.0	50.0	213.0	71.0	中
2016007	师兆伟		60.0	65.0	67.0	192.0	64.0	及格
2016008	赵冬全		76.0	68.0	78.0	222.0	74.0	中
2016009	阎家博		84.0	79.0	88.0	251.0	83.7	良
2016010	彭伟胜		65.0	87.0	91.0	243.0	81.0	良
2016011	于佳滔		73.0	82.0	78.0	233.0	77.7	中
2016012	谢志岐		67.0	93.0	69.0	229.0	76.3	中
		各科平均分：	76.0	82.5	73.8			
		各科最高分：	92.0	98.0	91.0			
		各科最低分：	60.0	65.0	45.0			
		各科不及格人数：	0	0	2			

图 4.30　数值保留 1 位小数

⑭ 自动调整单元格行高和列宽，如图 4.31 所示。

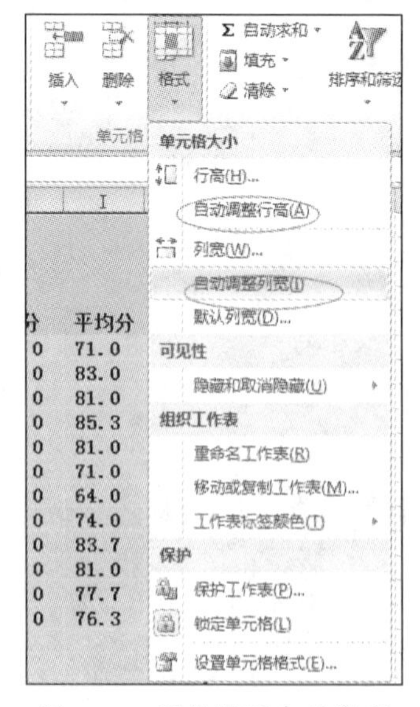

图 4.31　调整最适合的宽度

⑮ 右击第一列的标号 A，在弹出的快捷菜单中选择“删除”命令，删除第 1 列，如图 4.32 所示。

剪切(T)
复制(C)
粘贴选项:
选择性粘贴(S)...
插入(I)
删除(D)
清除内容(N)
设置单元格格式(F)...
列宽(C)...
隐藏(H)
取消隐藏(U)

1班

成绩单

姓名	性别	物联网技术	信息技术应用
桑立鹏		79.0	89.0
史鸿伯		84.0	98.0
杨天		67.0	87.0
杨佳堃		92.0	88.0
杜忠雨		80.0	76.0
王伟达		85.0	78.0
师兆伟		60.0	65.0
赵冬全		76.0	68.0
阎家博		84.0	79.0
彭伟胜		65.0	87.0
于佳滔		73.0	82.0
谢志岐		67.0	93.0
	各科平均分：	76.0	82.5
	各科最高分：	92.0	98.0
	各科最低分：	60.0	65.0
	各科不及格人数：	0	0

图 4.32　删除列

⑯ 将第 4 行的底纹设置为橙色，其他行为浅绿色，如图 4.33 所示。

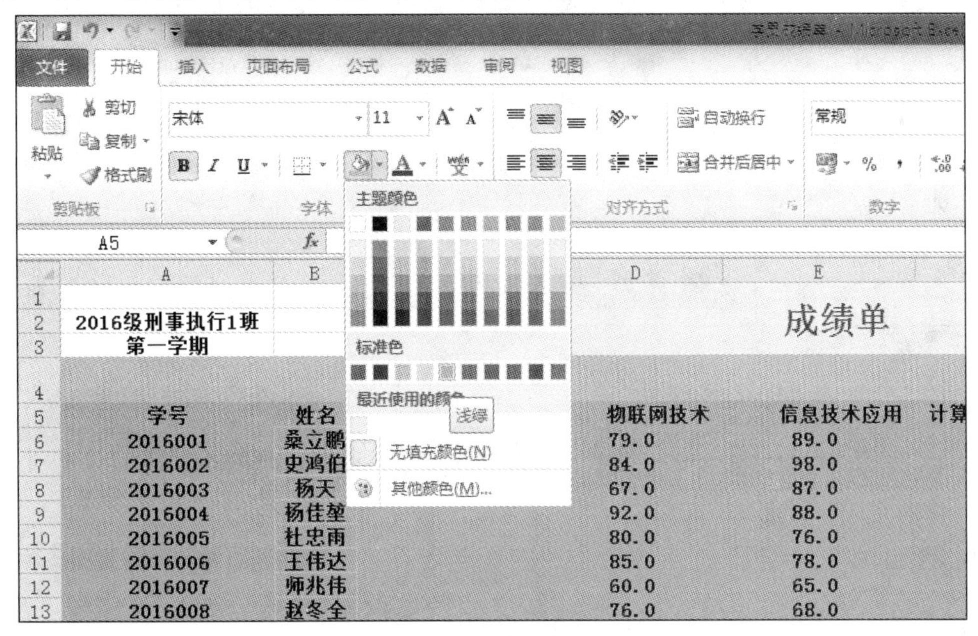

图 4.33　修改底纹

⑰ 将所有的单元格的边框设置为单线边框，颜色为红色，如图 4.34 所示。

⑱ 利用“单元格格式”对话框，将外边框设置为双实线，最终效果如图 4.35 所示。

	A	B	C	D	E	F	G	H	I
1			成绩单						
2	2016级刑事执行1班								
3	第一学期								
4									
5	学号	姓名	性别	物联网技术	信息技术应用	计算机应用技能	总分	平均分	等级
6	2016001	桑立鹏		79.0	89.0	45.0	213.0	71.0	中
7	2016002	史鸿伯		84.0	98.0	67.0	249.0	83.0	良
8	2016003	杨天		67.0	87.0	89.0	243.0	81.0	良
9	2016004	杨佳堃		92.0	88.0	76.0	256.0	85.3	良
10	2016005	杜忠雨		80.0	76.0	87.0	243.0	81.0	良
11	2016006	王伟达		85.0	78.0	50.0	213.0	71.0	中
12	2016007	师兆伟		60.0	65.0	67.0	192.0	64.0	及格
13	2016008	赵冬全		76.0	68.0	78.0	222.0	74.0	中
14	2016009	阎家博		84.0	79.0	88.0	251.0	83.7	良
15	2016010	彭伟胜		65.0	87.0	91.0	243.0	81.0	良
16	2016011	于佳涓		73.0	82.0	78.0	233.0	77.7	中
17	2016012	谢志岐		67.0	93.0	69.0	229.0	76.3	中
18									
19			各科平均分：	76.0	82.5	73.8			
20			各科最高分：	92.0	98.0	91.0			
21			各科最低分：	60.0	65.0	45.0			
22			各科不及格人数：	0	0	2			
23									

图 4.34　边框设置为单线边框

	A	B	C	D	E	F	G	H	I
1			成绩单						
2	2016级刑事执行1班								
3	第一学期								
4									
5	学号	姓名	性别	物联网技术	信息技术应用	计算机应用技能	总分	平均分	等级
6	2016001	桑立鹏		79.0	89.0	45.0	213.0	71.0	中
7	2016002	史鸿伯		84.0	98.0	67.0	249.0	83.0	良
8	2016003	杨天		67.0	87.0	89.0	243.0	81.0	良
9	2016004	杨佳堃		92.0	88.0	76.0	256.0	85.3	良
10	2016005	杜忠雨		80.0	76.0	87.0	243.0	81.0	良
11	2016006	王伟达		85.0	78.0	50.0	213.0	71.0	中
12	2016007	师兆伟		60.0	65.0	67.0	192.0	64.0	及格
13	2016008	赵冬全		76.0	68.0	78.0	222.0	74.0	中
14	2016009	阎家博		84.0	79.0	88.0	251.0	83.7	良
15	2016010	彭伟胜		65.0	87.0	91.0	243.0	81.0	良
16	2016011	于佳涓		73.0	82.0	78.0	233.0	77.7	中
17	2016012	谢志岐		67.0	93.0	69.0	229.0	76.3	中
18									
19			各科平均分：	76.0	82.5	73.8			
20			各科最高分：	92.0	98.0	91.0			
21			各科最低分：	60.0	65.0	45.0			
22			各科不及格人数：	0	0	2			
23									

图 4.35　外边框设置为双实线

实训任务三　制作学院超市商品清单及收银单

实训目的与要求

① 初步掌握企业实用管理表格的制作。

② 掌握 Excel 常用函数的使用方法。

③ 掌握 Excel 公式的基本使用方法。

实训内容

① 制作学院超市商品清单。

② 制作学院超市收银单。

操作要点

1. 制作学院超市商品清单

① 创建空白工作簿并命名为“学院超市收银系统”保存到合适的位置。将 Sheet1 重命名为“商品清单”，Sheet2 重命名为“收银单”，删除 Sheet3，如图 4.36 所示。

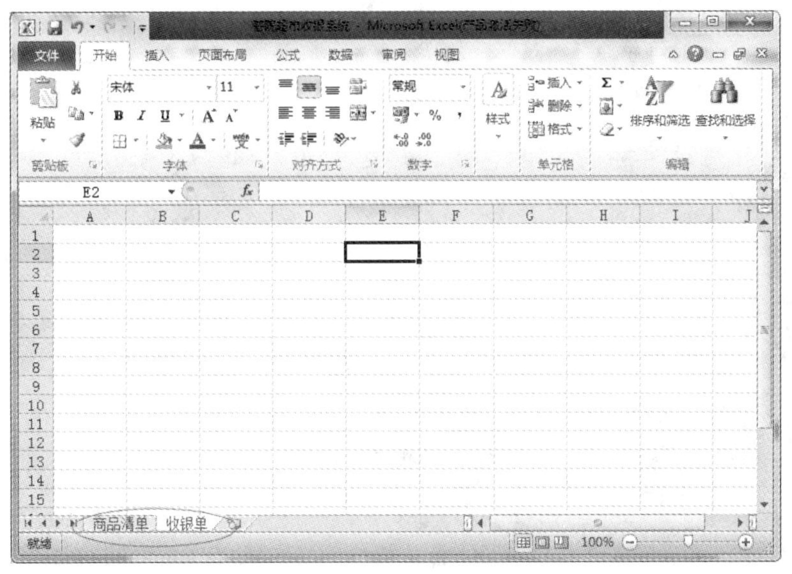

图 4.36　新建工作簿

② 输入商品清单数据，并对单元格格式进行适当设置，效果如图 4.37 所示。

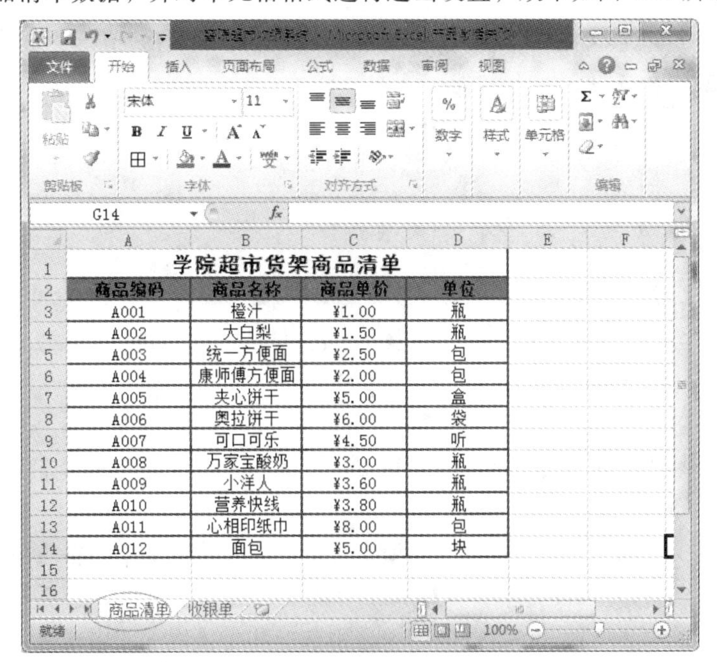

学院超市货架商品清单

商品编码	商品名称	商品单价	单位
A001	橙汁	¥1.00	瓶
A002	大白梨	¥1.50	瓶
A003	统一方便面	¥2.50	包
A004	康师傅方便面	¥2.00	包
A005	夹心饼干	¥5.00	盒
A006	奥拉饼干	¥6.00	袋
A007	可口可乐	¥4.50	听
A008	万家宝酸奶	¥3.00	瓶
A009	小洋人	¥3.60	瓶
A010	营养快线	¥3.80	瓶
A011	心相印纸巾	¥8.00	包
A012	面包	¥5.00	块

图 4.37　商品清单

2. 制作学院超市“收银单”

① 单击“收银单”工作表标签，输入如图 4.38 所示文字信息。

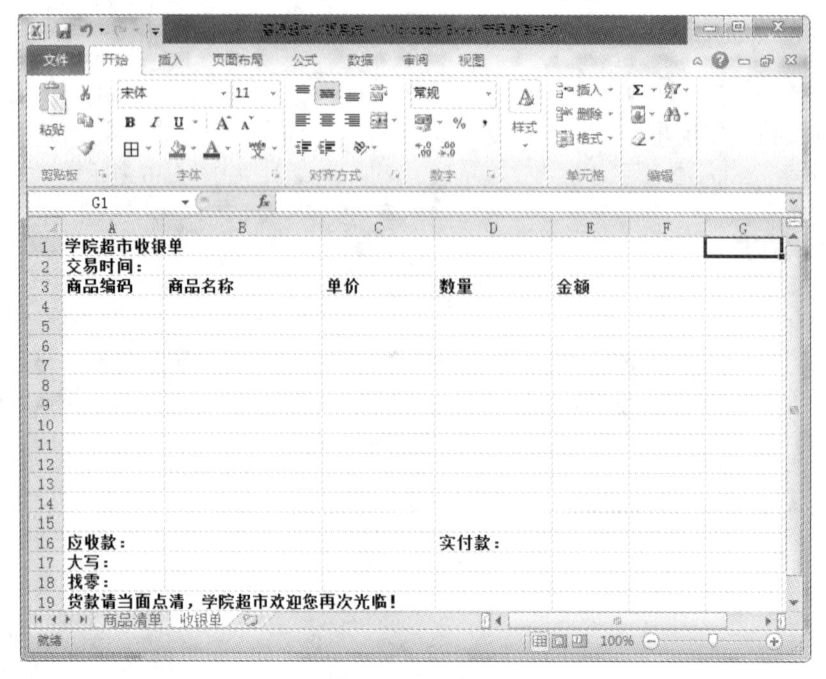

图 4.38　收银单雏形

② 选中标题行“学院超市收银单”要合并的单元格区域 A1:E1，单击工具栏上的“合并及居中”按钮，将标题行合并及居中显示，同时将标题行文字设置为“黑体”“14 号”“加粗”，如图 4.39 所示。

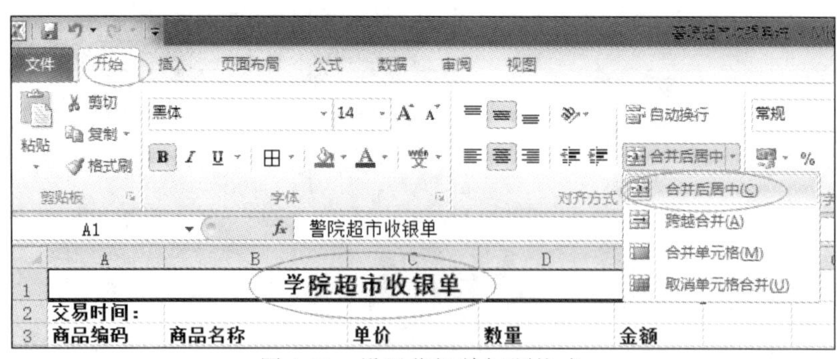

图 4.39　设置收银单标题格式

③ 选中 A19:E19，单击“开始”选项卡“对齐方式”功能区中的“合并后居中”按钮，按 Alt+Enter 组合键，将“货款请当面点清警院超市欢迎您再次光临！”设置为两行显示，如图 4.40 所示。

④ 选中 A2:E3 区域，单击“开始”选项卡“单元格”功能区中的格式按钮，选择“设置单元格格式”命令，打开“设置单元格格式”对话框，选择“边框”选项卡，“预置”设为“内部”，样式选择“虚线”，在“边框”中分别选择“上横线”“中横线”“下横线”，如图 4.41 所示。

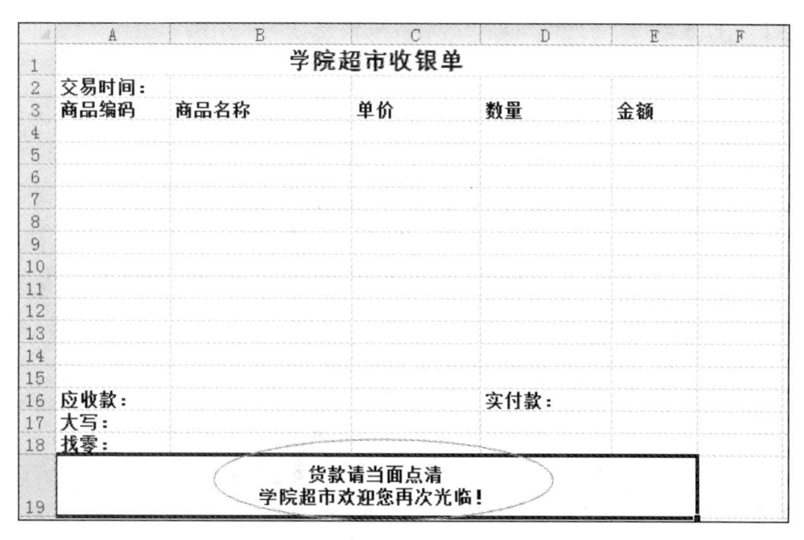

图 4.40　单元格效果设置

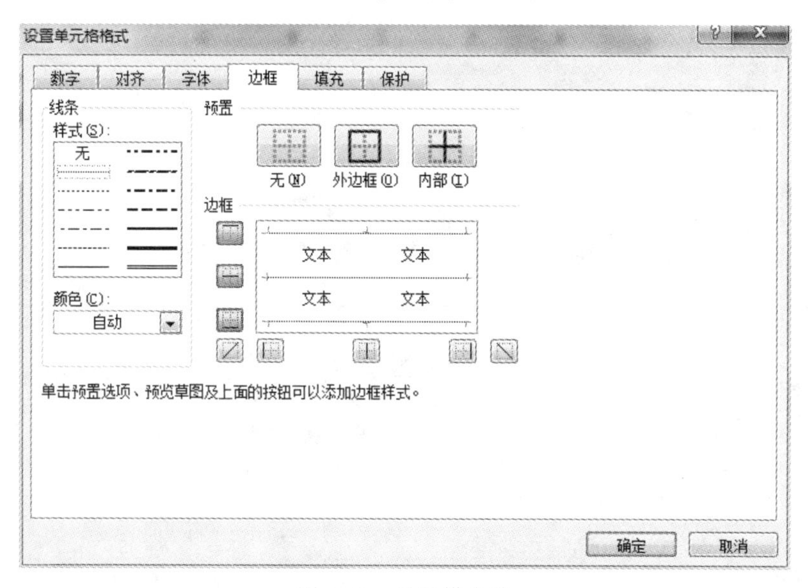

图 4.41　设置横虚线

⑤ 选中 B2：E2 区域，单击“开始”选项卡“对齐方式”功能区中的“合并后居中”按钮，将交易发生的时间值居中显示。

⑥ 选中字段名称行 A2：E3 区域，单击“开始”选项卡“字体”功能区中的“加粗”按钮；接着单击“填充颜色”按钮，将底纹填充为“灰色”。

⑦ 选中 A3：E15 区域，打开“设置单元格格式”对话框中的“边框”选项卡，选项“中竖线”选项，单击“确定”按钮。

⑧ 选中 A15：E15 区域，打开“设置单元格格式”对话框中的“边框”选项卡，选项“下横线”选项，单击“确定”按钮。

⑨ 选中 A16：C17 区域，打开“设置单元格格式”对话框中的“边框”选项卡，选项“中横线”选项，单击“确定”按钮。

⑩ 选中 A17：E18 区域，打开“设置单元格格式”对话框中的“边框”选项卡；在“边框”中分别选择“中横线”“下横线”选项，单击“确定”按钮。

⑪ 选中 B16:C16 区域、B17：C17 区域、D16：D17 区域、E16：E17 区域、B18：E18 区域，单击“开始”选项卡“对齐方式”功能区中的“合并后居中”按钮。

⑫ 选中 B16 单元格，打开“设置单元格格式”对话框中的“数字”选项卡，“分类”设置为“货币”，在“小数位数”文本框中输入“2”，在“货币符号”组合框的下拉列表中选择人民币符号“¥”选项，单击“确定”按钮；选中 E16 单元格，用同样的方法设置其货币格式。

⑬ 选中 B17 单元格，应用公式“=B16”，并在“分类”选项中选择“特殊”类型，在“类型”中选择“中文大写数字”选项，最后单击“确定”按钮，如图 4.42 所示。

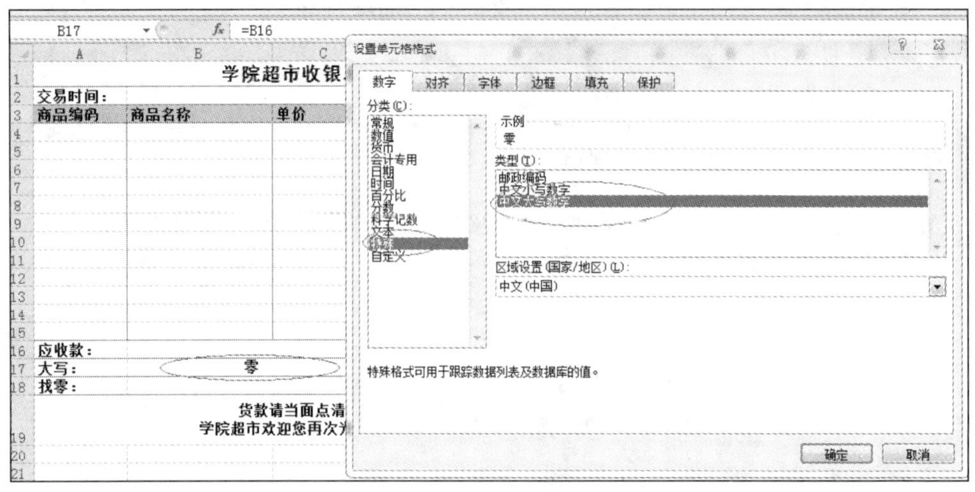

图 4.42　设置“中文大写数字”

⑭ 自动生成商品名称、单价。在 A4：A15 区域内任一单元格输入商品编码，相对应商品清单表中的商品名称、单价自动显示在收银单中。选中 B4 单元格，单击“插入函数”按钮，打开“插入函数”对话框，如图 4.43 所示；在“选择函数”区中选择 VLOOKUP 函数。

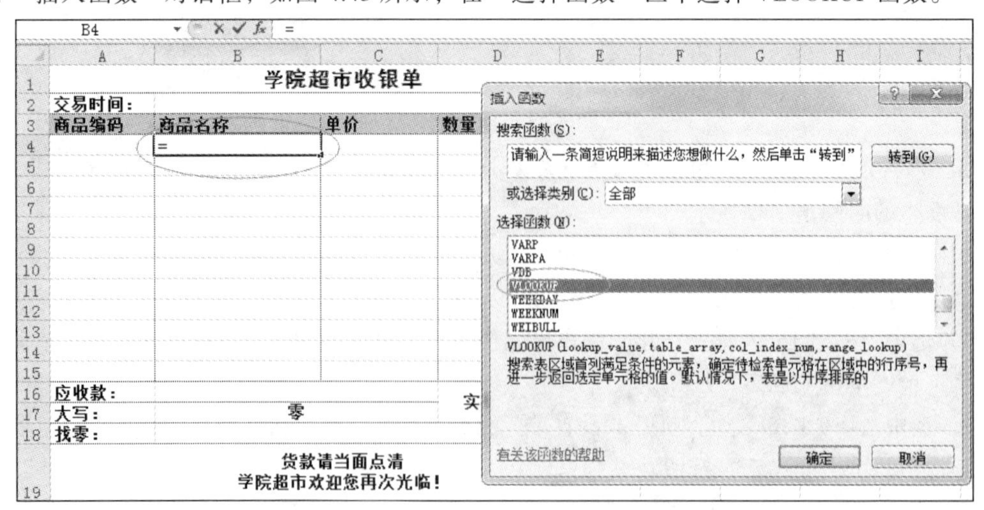

图 4.43　插入函数

⑮ 单击“确定”按钮，打开“函数参数”对话框；继续单击“确定”按钮，打开“函数参数”对话框，如图 4.44 所示。

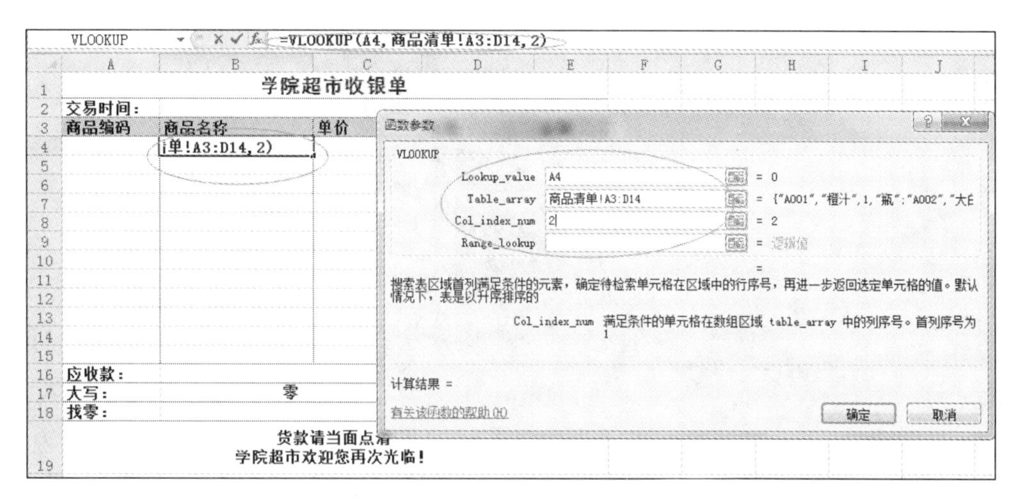

图 4.44　“函数参数”对话框

⑯ 在第 1 个参数 Lookup_value 的文本框中输入 A4；在第 2 个参数 Table_array 的文本框中输入“商品清单！A3：D14”；在第 3 个参数 Col_index_num 的文本框中输入“2”；单击“确定”按钮；将鼠标移至当前的 B4 单元格的右下角，当鼠标呈现十字架实心的形状时，按住鼠标左键并拖动至 B15 单元格，松开鼠标，出现如图 4.45 所示的情况。

B4　=VLOOKUP(A4,商品清单!A3:D14,2)

	A	B	C	D	E
1	学院超市收银单				
2	交易时间：				
3	商品编码	商品名称	单价	数量	金额
4		#N/A			
5		#N/A			
6		#N/A			
7		#N/A			
8		#N/A			
9		#N/A			
10		#N/A			
11		#N/A			
12		#N/A			
13		#N/A			
14		#N/A			
15		#N/A			
16	应收款：			实付款：	
17	大写：	零			
18	找零：				
19	货款请当面点清 学院超市欢迎您再次光临！				
20					

图 4.45　函数使用报错

说明：原因是此时由于没有在 A 列输入商品编码，所以会出现图中所示的提示符号，表示此时函数不可用。可以在 A4:A15 区域的任意单元格内输入一个商品编码，商品名称即可显示。同理，在单价列应用此函数，即可返回商品编码对应的单价，如图 4.46 所示。

C4 =VLOOKUP(A4,商品清单!A3:D14,3)

	A	B	C	D	E
1	学院超市收银单				
2	交易时间:				
3	商品编码	商品名称	单价	数量	金额
4	A002	大白梨	1.5		
5	A003	统一方便面	2.5		
6		#N/A	#N/A		
7		#N/A	#N/A		
8		#N/A	#N/A		
9		#N/A	#N/A		
10		#N/A	#N/A		
11		#N/A	#N/A		
12		#N/A	#N/A		
13		#N/A	#N/A		
14		#N/A	#N/A		
15		#N/A	#N/A		
16	应收款:			实付款:	
17	大写:	零			
18	找零:				
19	货款请当面点清 学院超市欢迎您再次光临!				

图 4.46 函数使用正确情况

⑰ 自动生成购买时间。选中 B2 单元格，在单元格内输入“=NOW()”，按 Enter 键，即可返回当前的系统时间，如图 4.47 所示。

B2 =NOW()

	A	B	C	D	E
1	学院超市收银单				
2	交易时间:	2017/8/1 21:20			
3	商品编码	商品名称	单价	数量	金额
4	A002	大白梨	1.5		
5	A003	统一方便面	2.5		
6		#N/A	#N/A		
7		#N/A	#N/A		
8		#N/A	#N/A		
9		#N/A	#N/A		

图 4.47 自动生成购买时间

⑱ 自动计算应收款。选中 E4 单元格，在单元格内输入“=C4*D4”，完成后按 Enter 键。将函数从 E4 单元格拖动到 E15，函数将自动填充。输入顾客购买的商品编码和数量，既可计算出应收款，如图 4.48 所示。

E4 =C4*D4

	A	B	C	D	E
1	学院超市收银单				
2	交易时间:	2017/8/1 21:27			
3	商品编码	商品名称	单价	数量	金额
4	A002	大白梨	1.5	5	7.5
5	A003	统一方便面	2.5	4	10
6		#N/A	#N/A		#N/A
7		#N/A	#N/A		#N/A

图 4.48 自动计算购买一种商品的金额

⑲ 选中 B16 单元格，插入 SUM 函数，“函数参数”设置为 E4:E15，即可自动计算出应收

款，如图 4.49 所示。

B16　=SUM(E4:E15)

	A	B	C	D	E
1	学院超市收银单				
2	交易时间：	2017/8/1 21:32			
3	商品编码	商品名称	单价	数量	金额
4	A002	大白梨	1.5	5	7.5
5	A003	统一方便面	2.5	4	10
6	A004	康师傅方便面	2	2	4
7	A005	夹心饼干	5	1	5
8	A006	奥拉饼干	6	2	12
9	A007	可口可乐	4.5	1	4.5
10	A008	万家宝酸奶	3	1	3
11	A009	小洋人	3.6	1	3.6
12	A010	营养快线	3.8	2	7.6
13	A011	心相印纸巾	8	3	24
14	A012	面包	5	4	20
15	A013	面包	5	1	5
16	应收款：	¥106.20		实付款：	
17	大写：	壹佰零陆.贰			
18	找零：				
19	货款请当面点清 学院超市欢迎您再次光临！				

图 4.49　自动计算应付款

⑳ 自动计算找零。根据输入的实付款，自动计算找零。选中 B18 单元格，在单元格内输入“=E13-B16”如图 4.50 所示。

B18　=E16-B16

	A	B	C	D	E
1	学院超市收银单				
2	交易时间：	2017/8/1 21:37			
3	商品编码	商品名称	单价	数量	金额
4	A002	大白梨	1.5	5	7.5
5	A003	统一方便面	2.5	4	10
6	A004	康师傅方便面	2	2	4
7	A005	夹心饼干	5	1	5
8	A006	奥拉饼干	6	2	12
9	A007	可口可乐	4.5	1	4.5
10	A008	万家宝酸奶	3	1	3
11	A009	小洋人	3.6	1	3.6
12	A010	营养快线	3.8	2	7.6
13	A011	心相印纸巾	8	3	24
14	A012	面包	5	4	20
15	A013	面包	5	1	5
16	应收款：	¥106.20		实付款：	¥200.00
17	大写：	壹佰零陆.贰			
18	找零：	¥93.80			
19	货款请当面点清 学院超市欢迎您再次光临！				

图 4.50　自动计算找零

㉑ 为了提醒收银员，可以使用条件格式设置找零。找零为负数时，以红色底纹显示，提示顾客实付款不足。找零为正数时，以绿色底纹显示，提示收银员付款成功，按数找零。选中 B18 单元格后，单击“开始”|“样式”|“条件格式”按钮，在弹出的下拉列表中选择“突出显示单元格规则”|“其他规则”命令（见图 4.51），打开“新建格式规则”对话框。

㉒ 默认规则类型为“只为包含以下内容的单元格设置格式”，在“编辑规则说明”中设置条件 1，“单元格值”“小于”“0”；单击“格式”按钮，在打开的“设置单元格格式”对话框中单击“填充”选项卡，设置红色底纹，如图 4.52 所示。

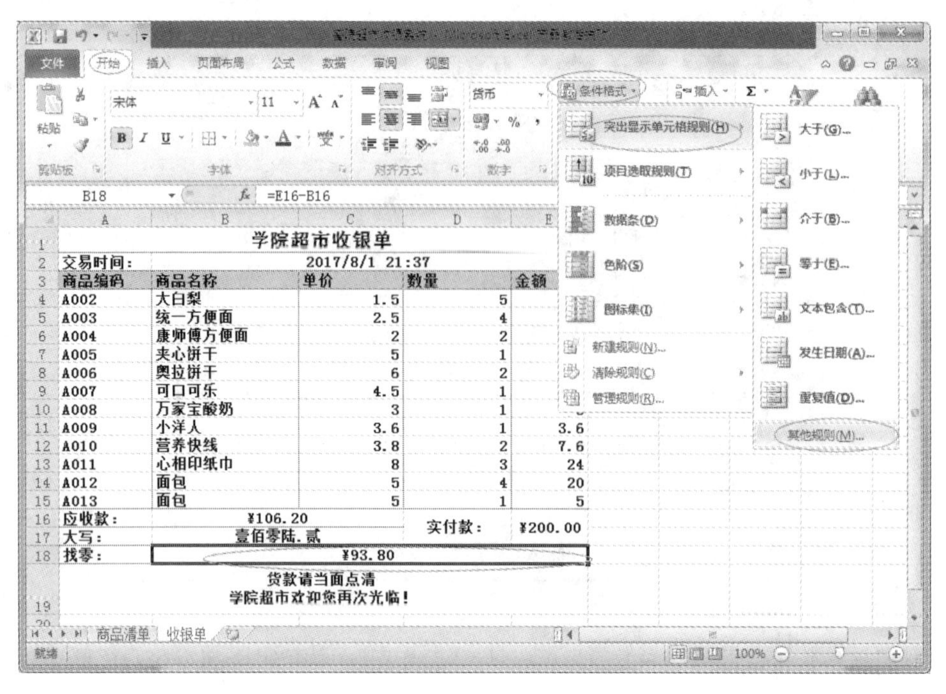

图 4.51 “条件格式”下拉列表

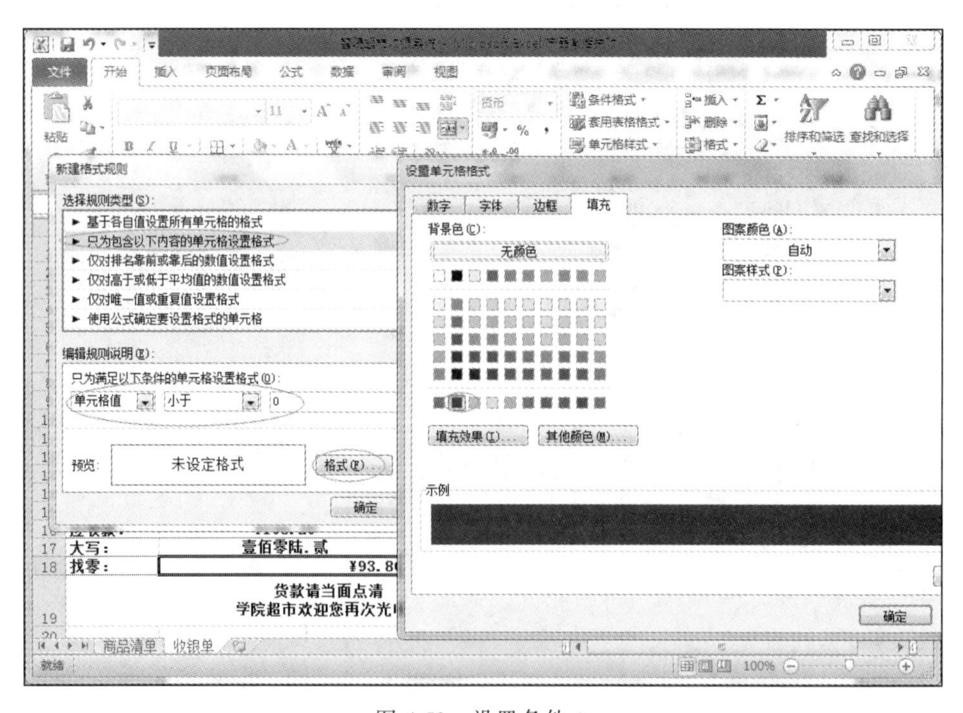

图 4.52 设置条件 1

㉓ 用相同的方法设置条件 2，“单元格值”“大于”“0”；单击“格式”按钮，在打开的“设置单元格格式”对话框中单击“填充”选项卡，设置绿色底纹，如图 4.53 所示。

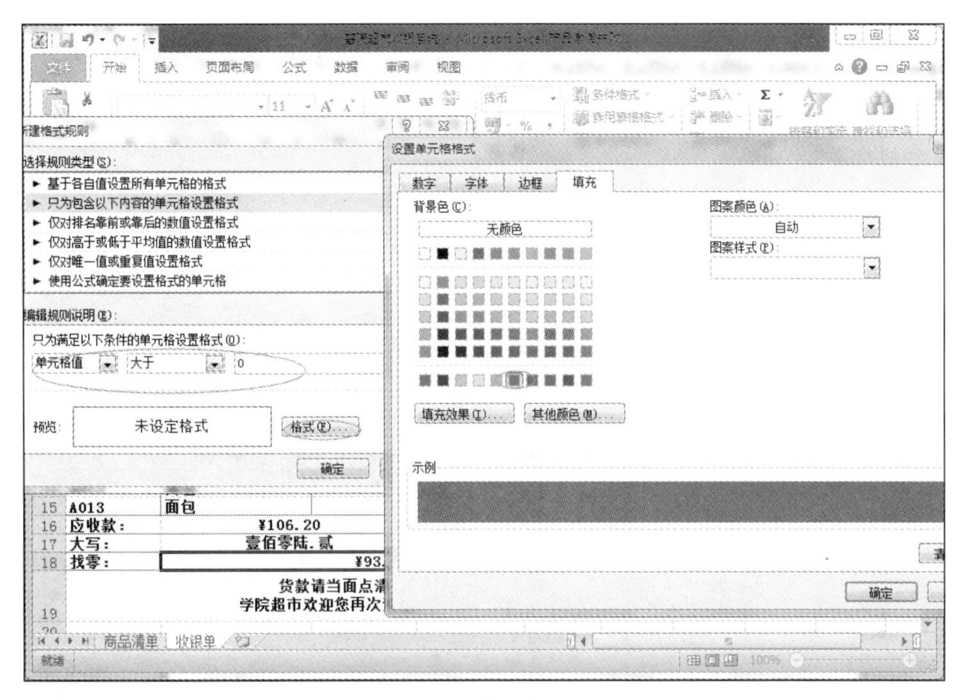

图 4.53　设置条件 2

㉔ 完成设置，此时，某顾客实付款 100 元后，收银单提示顾客实付款不足，找零处红色显示，效果如图 4.54 所示。

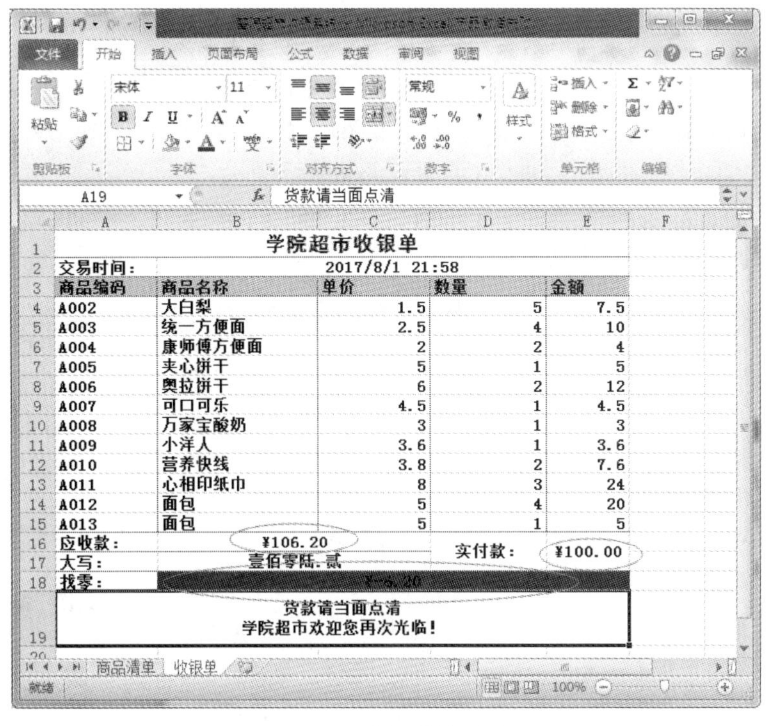

图 4.54　收银单效果图

实训任务四　制作企业销售情况统计表

实训目的与要求

① 熟练掌握图表的创建方法。

② 熟练掌握图表的编辑和格式化。

③ 熟练掌握使用图表分析数据的方法。

实训内容

① 创建某企业销售情况统计表，如图 4.55 所示。

	A	B	C	D	E
1	某企业销售情况统计表				
2	车间	销售量（套）	所占比例		
3	第一车间	21345			
4	第二车间	24563			
5	第三车间	34523			
6	第四车间	16567			
7	第五车间	32123			
8	第六车间	17654			
9	总计：				
10					
11					

图 4.55　销售情况统计表

② 计算机销售量总计。

③ 计算所占比例（百分比型，保留小数点后 2 位）。

④ 将表标题合并居中，所有数据水平对齐方式为“居中”。

⑤ 选取“车间”列和“所占比例”列，创建“分离型三维饼图”，图表标题为“销售情况统计表”，并设置为宋体、18 号、加粗、红色。图例位置在左侧，并在图表中显示数据的“百分比”，将图表插入到工作表的 A12：C25 单元格区域。

⑥ 设置图表区格式，填充效果为“水滴”。

⑦ 将工作表命名为“销售情况统计图表”。

⑧ 保存工作簿，将其命名为“某企业销售情况统计表”。

操作要点

1. 创建“销售情况统计表”

① 新建工作簿并保存。

② 选定 Sheet1 工作表，根据图 4.55 所示输入数据。

2. 计算销售量的总和

选定 B9 单元格，输入公式“=SUM（B3：B8）”，按 Enter 键。

3. 计算“所占比例”

① 选定 C3 单元格，输入公式“=B3\$B$9”，按 Enter 键。

② 选定 C3 单元格，向下拖动填充柄至 C8 单元格，完成“所占比例”的计算。

③ 选定 C3：C8 单元格区域，单击“开始”选项卡“数字”功能区右下侧的按钮，打开“设置单元格格式”对话框，单击“数字”选项卡，在“分类”列表中选择“百分比”，在“小数位数”文本框中输入“2”，单击“确定”按钮。

4．设置对齐方式

① 选定 A1:C1 单元格区域，单击“开始”|“对齐方式”|“合并后居中”按钮。

② 选定 A2:C9 单元格区域，单击“开始|“对齐方式”|“居中”按钮。

5．创建“分离型三维饼图”

① 选定“车间”列（不包括“总计”）和“所占比例”列，在“插入”|“图表”功能区中，单击右下侧的按钮，打开“插入图表”对话框，如图 4.56 所示。在“饼图”类中选择“分离型三维饼图”，单击“确定”按钮，即插入图表。

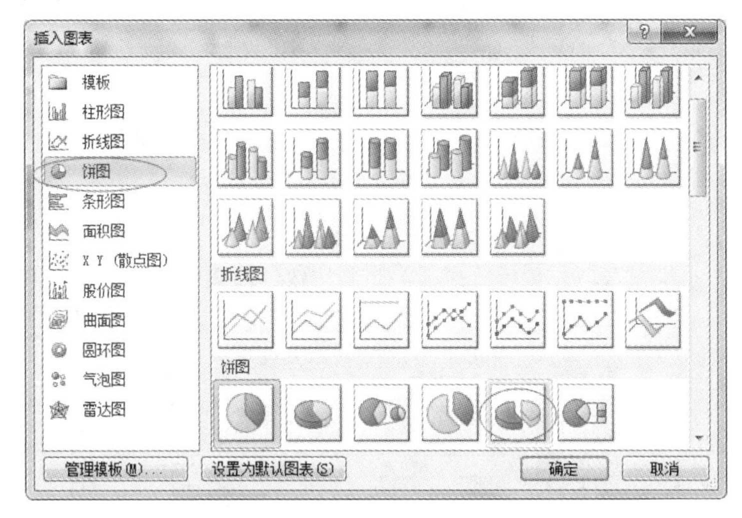

图 4.56 “插入图表”对话框

② 设置图表标题：单击图表标题，删除原标题文字，输入“销售情况统计表”；选定文本，在“开始”选项卡的“字体”功能区中，选择宋体、18 号、加粗、红色。

③ 设置图例：单击图表，在“图表工具-布局”选项卡“标签”功能区中，单击“图例”下拉列表按钮，选择“在左侧显示图例”选项。

④ 设置数据标志：在“图表工具-布局”选项卡的“标签”功能区中，单击“数据标签”下拉列表按钮，选择“其他数据标签选项”，打开“设置数据标签格式”对话框，如图 4.57 所示。在左边列表中单击“标签选项”，在右边“标签包括”选项组中只勾选“百分比”复选框，单击“关闭”按钮。

⑤ 调整图的大小并移动到指定位置：选中图表，鼠标指向图表边框调整其大小，并拖动到 A12：C25 单元格区域。

6．设置图表区格式

① 右击图表区空白处，在弹出的快捷菜单中选择“设置图表区格式”命令，打开“设置图表区格式”对话框。

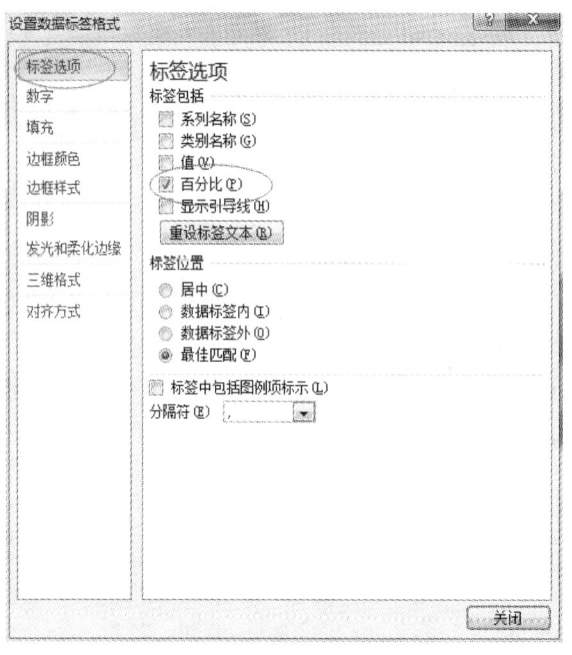

图 4.57 “设置数据标签格式”对话框

② 在左边列表中选择“填充”，右边选中“图片或纹理填充”单选按钮，单击“纹理”下拉按钮，选择“水滴”选项，最后单击“关闭”按钮。图表效果如图 4.58 所示。

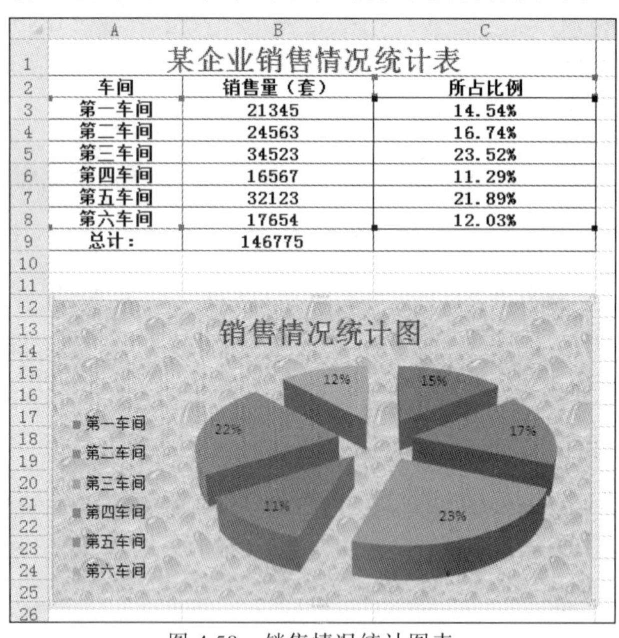

某企业销售情况统计表

车间	销售量（套）	所占比例
第一车间	21345	14.54%
第二车间	24563	16.74%
第三车间	34523	23.52%
第四车间	16567	11.29%
第五车间	32123	21.89%
第六车间	17654	12.03%
总计：	146775	

图 4.58 销售情况统计图表

7. 工作表命名

双击工作表标签，命名为“某企业销售情况统计表”。

8. 保存工作簿

选择“文件”选项卡中的“保存”命令，在弹出的对话框中输入文件名“某企业销售情况统计表”，单击“确定”按钮。

实训任务五　数 据 管 理

实训目的与要求

① 熟练掌握数据筛选的使用方法。

② 熟练掌握数据清单的使用方法。

③ 熟练掌握数据排序方法。

④ 熟练掌握数据汇总的方法。

⑤ 熟练掌握数据透视表的创建方法。

实训内容

① 新建一个工作簿，在工作表 Sheet1 中输入如图 4.59 所示的数据清单并保存。

	A	B	C	D	E	F	G
1	警官学院选修课学生成绩表						
2	科目	学号	姓名	班级	平时成绩	期末成绩	学期成绩
3	信息化技术	2016001	刘文燕	刑事执行	73	87	
4	信息化技术	2016002	张志超	刑事侦查	72	69	
5	人文社科	2016003	刘 洋	司法行政	74	56	
6	人文社科	2016004	徐 畅	司法信息	86	90	
7	应用文写作	2016005	孙 婷	司法会计	66	74	
8	艺术鉴赏	2016006	赵 旭	刑事执行	92	83	
9	会计学	2016007	及 庆	刑事侦查	75	80	
10	人文社科	2016008	孙文盛	司法行政	86	90	
11	会计学	2016009	石嘉兴	司法信息	85	83	
12	艺术鉴赏	2016010	冯海军	司法会计	80	72	
13	应用文写作	2016011	张 炎	刑事侦查	69	54	
14	信息化技术	2016012	付 强	司法行政	81	78	
15	电子商务	2016013	盛宇光	司法信息	80	76	
16	档案管理	2016014	张赵博	司法会计	87	78	
17							
18							
19							

图 4.59　数据清单

② 使用记录单，在数据清单中增加一条新记录，数据为“档案管理、2016015、刘得化、司法审计、58、80”。

③ 将表标题合并单元格，且居中。

④ 计算“学期成绩”，计算公式为“学期成绩=平时成绩*50%+期末成绩*50%”，并填入对应单元格中。

⑤ 将工作表重命名为“选修课成绩”。

⑥ 复制 4 张“选修课成绩”工作表，得到复制的工作表“选修课成绩（2）～选修课成绩（5）”。

⑦ 在“选修课成绩（2）”工作表中以“科目”为主要关键字递增排列，“学期成绩”为次要关键字递减排列，工作表命名为“排序”。

⑧ 在“选修课成绩（3）”工作表中进行自动筛选，筛选出“学期成绩”为 80～90 的学生记录，工作表命名为“自动筛选”。

⑨ 在“选修课成绩（4）”工作表中进行高级筛选，筛选出选修科目为“人文社科”，并

且班级为“司法行政”的“学期成绩”小于60的学生记录，筛选出的结果放在数据区下方，工作表命名为“高级筛选”。

⑩ 在“选修课成绩（5）”工作表中，进行分类汇总，分类字段为“科目”，汇总方式为“平均值”，汇总项为“学期成绩”，工作表命名为“分类汇总”。

⑪ 为“选修课成绩”工作表数据清单创建数据透视表，并将数据透视表显示在新工作表中，显示各科目各班级期末成绩和学期成绩平均值汇总信息。

⑫ 保存工作簿，文件名为“警院学生选修课成绩表”。

操作要点

1. 创建数据清单

新建一个工作簿，并在Sheet1工作表输入如图4.59所示数据，创建数据清单。

2. 使用记录单，增加新记录

① 单击数据清单中的任一单元格。

② 单击“快速访问工具栏”中的“记录单”按钮，打开“记录单”对话框。

③ 单击“新建”按钮，向记录单输入数据，如图4.60所示。单击“关闭”按钮，即添加一条新记录。

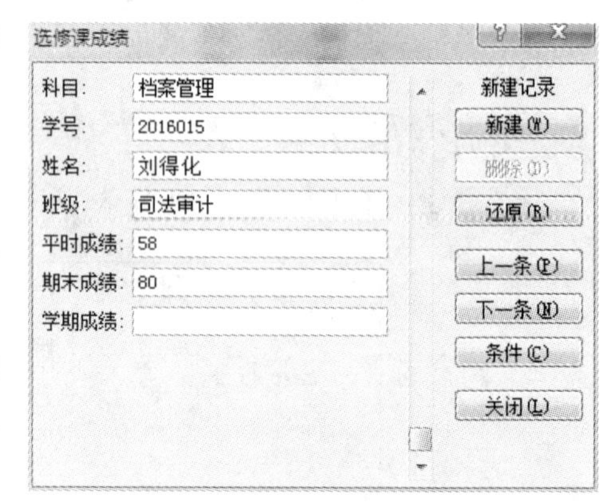

图4.60　记录单添加新记录

3. 表标题合并单元格，居中

① 选定A1：G1单元格区域。

② 单击“开始”选项卡“对齐方式”功能区中的“合并后居中”按钮。

4. 计算“学期成绩”

① 单击G3单元格，输入公式“=E3*50%+F3*50%”，按Enter键。

② 选定G3单元格，向下拖动填充柄至G17单元格，完成“学期成绩”计算，如图4.61所示。

	A	B	C	D	E	F	G
1	警官学院选修课学生成绩表						
2	科目	学号	姓名	班级	平时成绩	期末成绩	学期成绩
3	信息化技术	2016001	刘文燕	刑事执行	73	87	80
4	信息化技术	2016002	张志超	刑事侦查	72	69	71
5	人文社科	2016003	刘 洋	司法行政	74	56	65
6	人文社科	2016004	徐 畅	司法信息	86	90	88
7	应用文写作	2016005	孙 婷	司法会计	66	74	70
8	艺术鉴赏	2016006	赵 旭	刑事执行	92	83	88
9	会计学	2016007	及 庆	刑事侦查	75	80	78
10	人文社科	2016008	孙文盛	司法行政	86	90	88
11	会计学	2016009	石嘉兴	司法信息	85	83	84
12	艺术鉴赏	2016010	冯海军	司法会计	80	72	76
13	应用文写作	2016011	张 炎	刑事侦查	69	54	62
14	信息化技术	2016012	付 强	司法行政	81	78	80
15	电子商务	2016013	盛宇光	司法信息	80	76	78
16	档案管理	2016014	张赵博	司法会计	87	78	83
17	档案管理	2016015	刘得化	司法审计	58	80	69

图4.61　选修课成绩表

5．将工作表命名为“选修课成绩”

双击 Sheet1 工作表标签，将其命名为“选修课成绩”。

6．复制 4 张“选修课成绩”工作表

① 单击“选修课成绩”工作表标签，按住 Ctrl 键，拖动标签复制得到工作表“选修课成绩（2）”。

② 用同样的方法，一次复制得到工作表“选修课成绩（3）”～“选修课成绩（5）”。

7．排序

① 选定“选修课成绩（2）”工作表，单击数据清单中的任意单元格。

② 单击“数据”选项卡“排序和筛选”功能区中的“排序”按钮，打开“排序”对话框，如图 4.62 所示。

图 4.62　“排序”对话框

③ 在“列”中的“主要关键字”下拉列表框中，选择“科目”，在“次序”中选择“升序”。

④ 单击“添加条件”按钮，在“次要关键字”下拉列表框中，选择“学期成绩”，在“次序”中选择“降序”，单击“确定”按钮，结果如图 4.63 所示。

	A	B	C	D	E	F	G
1	警官学院选修课学生成绩表						
2	科目	学号	姓名	班级	平时成绩	期末成绩	学期成绩
3	电子商务	2016013	盛宇光	司法信息	80	76	78
4	会计学	2016009	石嘉兴	司法信息	85	83	84
5	会计学	2016007	及　庆	刑事侦查	75	80	78
6	档案管理	2016014	张赵博	司法会计	87	78	83
7	档案管理	2016015	刘得化	司法审计	58	80	69
8	信息化技术	2016001	刘文燕	刑事执行	73	87	80
9	信息化技术	2016012	付　强	司法行政	81	78	80
10	信息化技术	2016002	张志超	刑事侦查	72	69	71
11	人文社科	2016004	徐　畅	司法信息	86	90	88
12	人文社科	2016008	孙文盛	司法行政	86	90	88
13	人文社科	2016003	刘　洋	司法行政	74	56	65
14	艺术鉴赏	2016006	赵　旭	刑事执行	92	83	88
15	艺术鉴赏	2016010	冯海军	司法会计	80	72	76
16	应用文写作	2016005	孙　婷	司法会计	66	74	70
17	应用文写作	2016011	张　炎	刑事侦查	69	54	62

图 4.63　排序结果

⑤ 双击“选修课成绩（2）”工作表标签，将其命名为“排序”。

8. 自动筛选

① 选定“选修课成绩（3）”工作表，单击数据清单中的任意单元格。

② 选择“数据”选项卡“排序和筛选”功能区中的“自动筛选”命令，工作表中的数据清单的列标题全部变成下拉列表。

③ 单击“学期成绩”列标题的下拉列表按钮，在下拉列表中选择“数字筛选”，单击“自定义筛选”命令，打开“自定义自动筛选方式”对话框，如图 4.64 所示。

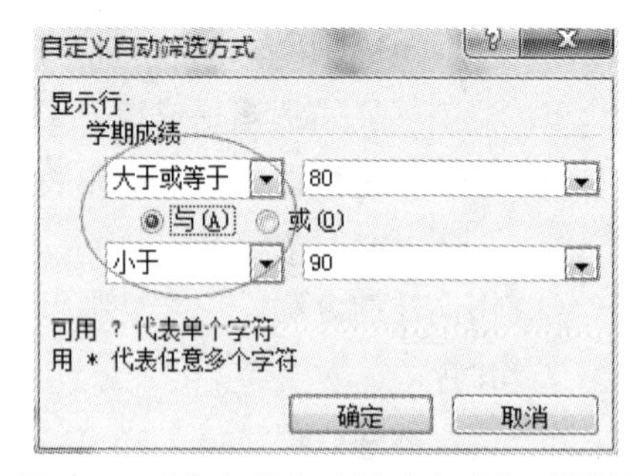

图 4.64 “自定义自动筛选方式”对话框

④ 在对话框第一行下拉列表框中选择“大于或等于”，输入 80，选中“与”单选按钮，在第二行下拉列表框中选择“小于”，输入 90，单击“确定”按钮，完成自动筛选，如图 4.65 所示。

⑤ 双击“选修课成绩（3）”工作表标签，将其命名为“自动筛选”。

	A	B	C	D	E	F	G
1	警官学院选修课学生成绩表						
2	科目	学号	姓名	班级	平时成绩	期末成绩	学期成绩
3	信息化技术	2016001	刘文燕	刑事执行	73	87	80
6	人文社科	2016004	徐 畅	司法信息	86	90	88
8	艺术鉴赏	2016006	赵 旭	刑事执行	92	83	88
10	人文社科	2016008	孙文盛	司法行政	86	90	88
11	会计学	2016009	石嘉兴	司法信息	85	83	84
16	档案管理	2016014	张赵博	司法会计	87	78	83
18							
19							
20							
21							

图 4.65 “自动筛选”结果

9. 高级筛选

① 选定“选修课成绩（4）”工作表，在 C20：E21 单元格区域创建条件区域，输入条件式，如图 4.66 所示。

	A	B	C	D	E	F	G
6	人文社科	2016004	徐 畅	司法信息	86	90	88
7	应用文写作	2016005	孙 婷	司法会计	66	74	70
8	艺术鉴赏	2016006	赵 旭	刑事执行	92	83	88
9	会计学	2016007	及 庆	刑事侦查	75	80	78
10	人文社科	2016008	孙文盛	司法行政	86	90	88
11	会计学	2016009	石嘉兴	司法信息	85	83	84
12	艺术鉴赏	2016010	冯海军	司法会计	80	72	76
13	应用文写作	2016011	张 炎	刑事侦查	69	54	62
14	信息化技术	2016012	付 强	司法行政	81	78	80
15	电子商务	2016013	盛宇光	司法信息	80	76	78
16	档案管理	2016014	张赵博	司法会计	87	78	83
17	档案管理	2016015	刘德华	司法审计	58	80	69
18							
19							
20			科目	班级	学期成绩		
21			人文社科	司法行政	<60		
22							
23							
24	科目	学号	姓名	班级	平时成绩	期末成绩	学期成绩
25	人文社科	2016003	刘 洋	司法行政	74	56	50
26							
27							

图 4.66 “高级筛选”结果

② 单击数据清单中任意单元格。

③ 单击“数据”选项卡“排序和筛选”功能区中的“高级”按钮，打开“高级筛选”对话框。

④ 在“高级筛选”对话框中，选中“将筛选结果复制到其他位置”单选按钮。

⑤ 依次单击各按钮，确定“列表区域”的数据清单区域和“条件区域”的筛选条件区域以及“复制到”的存放筛选结果的区域。

⑥ 单击“确定”按钮，即筛选出符合条件的记录，如图 4.64 所示。

⑦ 双击“选修成绩单（4）”工作表标签，将其命名为“高级筛选”。

10．分类汇总

① 对汇总字段“科目”排序：选定“选修课成绩（5）”工作表，单击“科目”列任意单元格，单击“数据”选项卡“排序和筛选”功能区中的“升序”（或降序）按钮。

② 单击数据清单中任意单元格。

③ 单击“数据”选项卡“分级显示”功能区中的“分类汇总”按钮，打开“分类汇总”对话框，如图 4.67 所示。

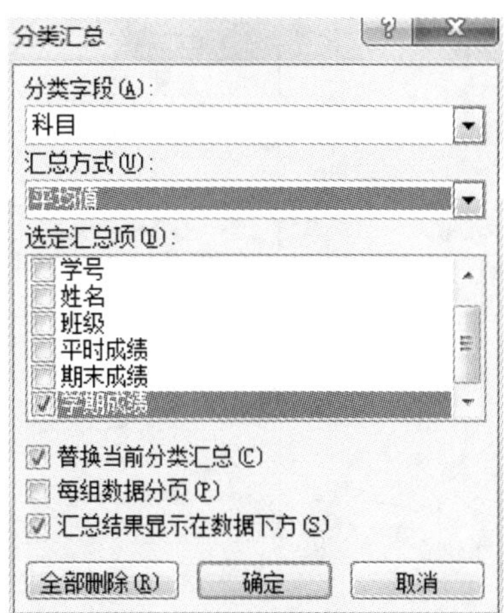

图 4.67 “分类汇总”对话框

④ 在“分类字段”下拉列表框中选择“科目”；在“汇总方式”下拉列表框中选择“平均值”；在“选定汇总项”列表框中勾选“学期成绩”复选框。

⑤ 单击“确定”按钮，结果如图 4.68 所示。

	A	B	C	D	E	F	G
1	警官学院选修课学生成绩表						
2	科目	学号	姓名	班级	平时成绩	期末成绩	学期成绩
3	电子商务	2016013	盛宇光	司法信息	80	76	78
4	**电子商务 平均值**						78
5	会计学	2016007	及 庆	刑事侦查	75	80	78
6	会计学	2016009	石嘉兴	司法信息	85	83	84
7	**会计学 平均值**						81
8	档案管理	2016014	张赵博	司法会计	87	78	83
9	档案管理	2016015	刘得化	司法审计	58	80	69
10	**档案管理 平均值**						76
11	信息化技术	2016001	刘文燕	刑事执行	73	87	80
12	信息化技术	2016002	张志超	刑事侦查	72	69	71
13	信息化技术	2016012	付 强	司法行政	81	78	80
14	**信息化技术 平均值**						77
15	人文社科	2016003	刘 洋	司法行政	74	56	65
16	人文社科	2016004	徐 畅	司法信息	86	90	88
17	人文社科	2016008	孙文盛	司法行政	86	90	88
18	**人文社科 平均值**						80
19	艺术鉴赏	2016006	赵 旭	刑事执行	92	83	88
20	艺术鉴赏	2016010	冯海军	司法会计	80	72	76
21	**艺术鉴赏 平均值**						82
22	应用文写作	2016005	孙 婷	司法会计	66	74	70
23	应用文写作	2016011	张 炎	刑事侦查	69	54	62
24	**应用文写作 平均值**						66
25	**总计平均值**						77

选修课成绩 排序 自动筛选 高级筛选 选修课成绩（5） Sheet2 Sheet3

图 4.68 “分类汇总”结果

⑥ 双击“选修课成绩（5）”工作表标签，将其命名为“分类汇总”。

11．创建数据透视表

① 选定“选修课成绩”工作表，单击数据清单中任意单元格。

② 单击“插入”选项卡“表格”功能区中的“数据透视表”按钮，打开“创建数据透视表”对话框，单击“确定”按钮，创建一个空的数据透视表，如图 4.69 所示。

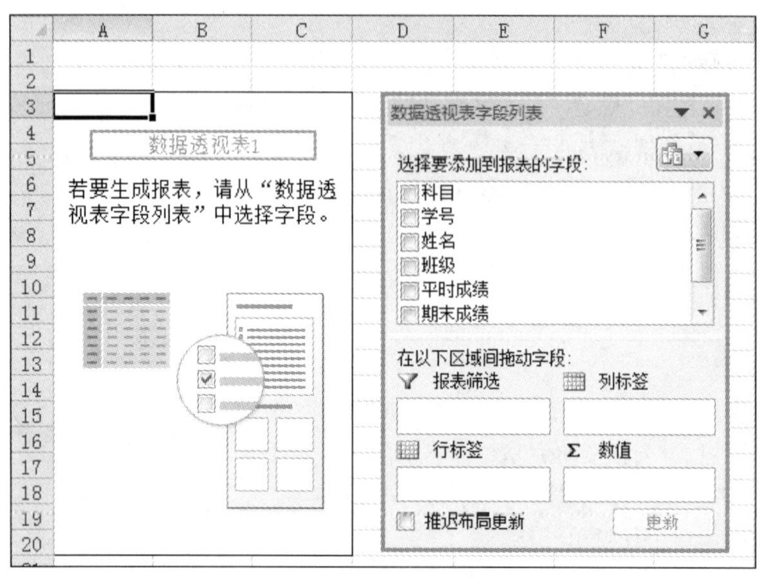

图 4.69 空白数据列表、字段列表

③ 向空数据透视表添加字段：把字段列表中的“班级”与“科目”字段分别拖入“行标签”区域，“期末成绩”“学期成绩”拖入到“数值”区域。

④ 单击数值区域“期末成绩”下拉列表按钮，选择“值字段设置”选项，打开“值字段设置”对话框（见图 4.70），选择“计算类型”列表框中的“平均值”，单击“确定”按钮。同样的方法，将“学期成绩”计算类型设置为“平均值”。完成数据透视表，如图 4.71 所示。

图 4.70 “值字段设置”对话框

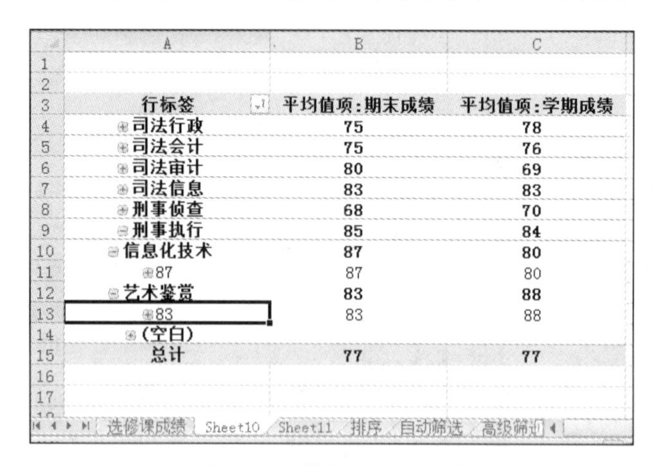

行标签	平均值项:期末成绩	平均值项:学期成绩
司法行政	75	78
司法会计	75	76
司法审计	80	69
司法信息	83	83
刑事侦查	68	70
刑事执行	85	84
信息化技术	87	80
87	87	80
艺术鉴赏	83	88
83	83	88
(空白)		
总计	77	77

图 4.71 “数据透视表”结果

12. 保存工作簿

选择“文件”选项卡中的“保存”命令，在打开的对话框中，输入文件名“选修课成绩表”，单击“确定”按钮。命名为“数据透视表”。

实训任务六 导入文本文件

实训目的与要求

① 了解数据源的含义。

② 掌握将文本文件导入到 Excel 工作表的方法。

实训内容

导入文本文件，数据如图 4.72 所示，要求将“2016 级司法信息技术 1 班成绩.txt”文件数据导入 Excel 工作表中。

2016级司法信息技术1班成绩单 - 记事本

文件(F) 编辑(E) 格式(O) 查看(V) 帮助(H)

ID	姓名	性别	心理学	刑法学	程序设计	警务口语
1	白钦全	男	87.0	58.0	90.0	34.0
2	初阳	女	67.0	89.0	65.0	65.0
3	丁俊植	女	78.0	72.0	89.0	67.0
4	冯胜甲	女	98.0	81.0	78.0	76.0
5	付博书	男	90.0	76.0	67.0	71.0
6	高益博	男	65.0	77.0	56.0	78.0
7	葛昱骁	男	89.0	89.0	78.0	88.0
8	雷高财	男	78.0	92.0	88.0	65.0
9	李东泽	女	67.0	87.0	66.0	86.0
10	李政权	男	56.0	67.0	58.0	67.0
11	李卓臣	男	78.0	78.0	89.0	98.0
12	刘国斌	女	88.0	98.0	66.0	77.0
13	刘帅	女	66.0	90.0	54.0	80.0
15	王皓	男	58.0	65.0	34.0	68.0
16	王鹏飞	男	89.0	89.0	76.0	65.0
17	王鹏舒	女	72.0	78.0	87.0	76.0
18	曾先锋	男	81.0	89.0	66.0	72.0
19	张宏伟	男	76.0	72.0	87.0	81.0
20	张爽	女	77.0	81.0	90.0	76.0
22	庄严	女	89.0	76.0	76.0	76.0

第 1 行，第 1 列

图 4.72 文本文件

操作要点

① 启动 Excel，单击“数据”选项卡“获取外部数据”功能区中的“自文本”按钮，打开“导入文本文件”对话框，如图 4.73 所示。

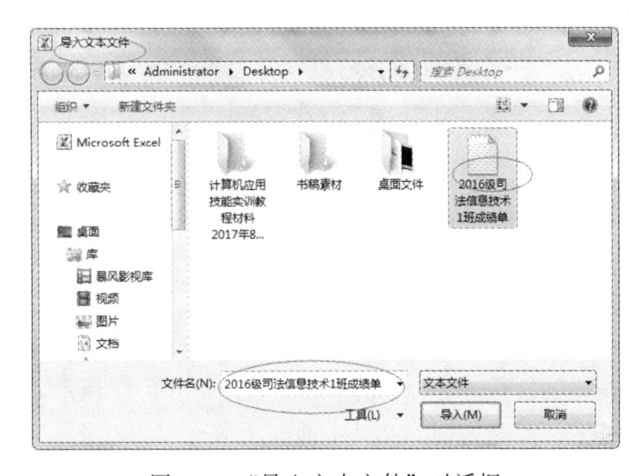

图 4.73 “导入文本文件”对话框

② 选择要导入的文本文件，单击“导入”按钮，打开“文本导入向导–第 1 步”对话框，如图 4.74 所示。

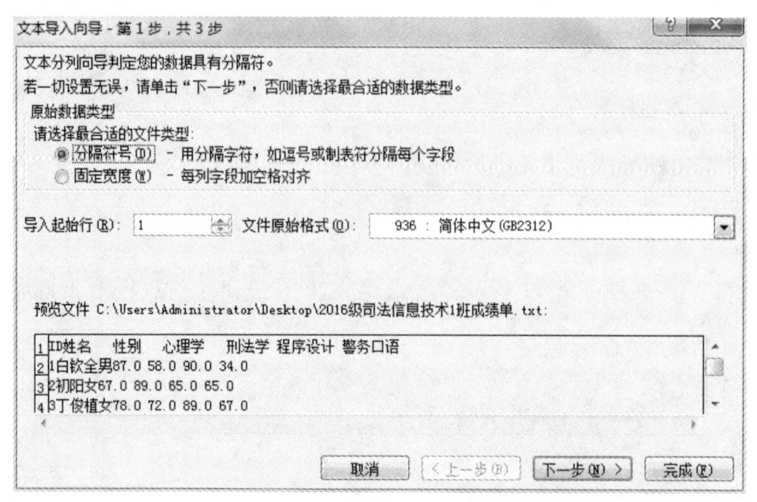

图 4.74 “文本导入向导 –第 1 步”对话框

③ 在“请选择最合适的文件类型”下面，选择“分隔符号”单选按钮，单击“下一步”按钮，打开“文本导入向导–第 2 步”对话框，如图 4.75 所示。

④ 在该对话框中，需要判断文本文件分列数据所包含的分隔符号，本例中包含了空格和 Tab 键，所以这里选择分隔符号为“空格”和“Tab 键”，同时选中“连续分隔符号视为单个处理”复选项。

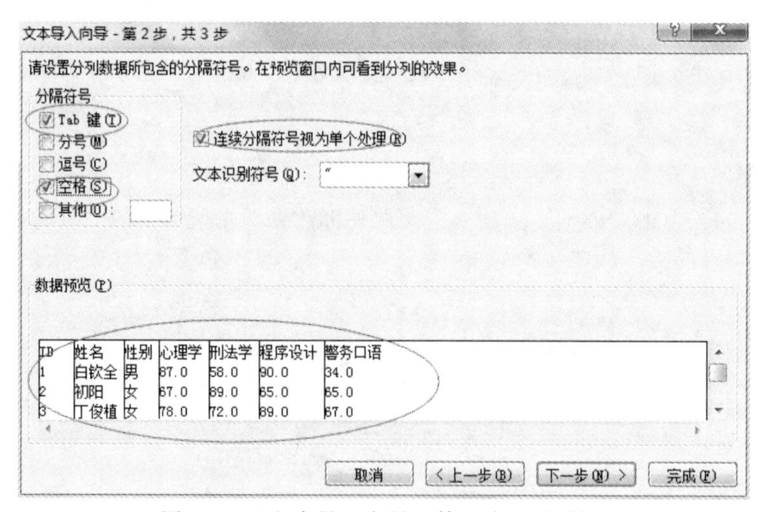

图 4.75 “文本导入向导 – 第 2 步”对话框

⑤ 单击“下一步”按钮，打开“文本导入向导–第 3 步”对话框，如图 4.76 所示，选择“常规”的列数据格式。

⑥ 单击“完成”按钮，打开“导入数据”对话框，如图 4.77 所示。

⑦ 选择“现有工作表”单选按钮，在其下面的文本框中输入导入文本文件存放的工作表位置“=$A$1”。

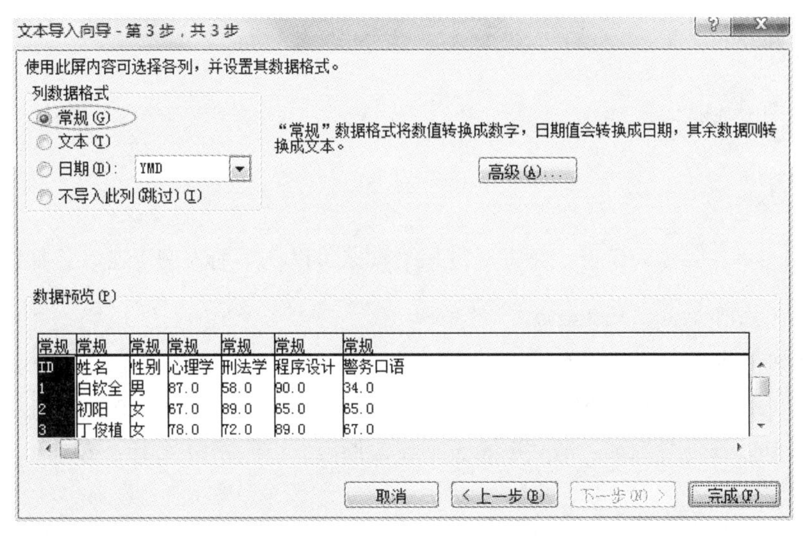

图 4.76　“文本导入向导 - 第 3 步”对话框

⑧ 单击“完成”按钮，数据导入工作表，如图 4.78 所示。

导入数据
数据的放置位置
现有工作表(E):
=$A$1
新工作表(N)
属性(R)...　确定　取消

图 4.77　“导入数据”对话框

H24

	A	B	C	D	E	F	G	H
1	ID	姓名	性别	心理学	刑法学	程序设计	警务口语	
2	1	白钦全	男	87	58	90	34	
3	2	初阳	女	67	89	65	65	
4	3	丁俊植	女	78	72	89	67	
5	4	冯胜甲	女	98	81	78	76	
6	5	付博书	男	90	76	67	71	
7	6	高益博	男	65	77	56	78	
8	7	葛昱骁	男	89	89	78	88	
9	8	雷高财	男	78	92	88	65	
10	9	李东泽	女	67	87	66	86	
11	10	李政权	男	56	67	58	67	
12	11	李卓臣	男	78	78	89	98	
13	12	刘国斌	女	88	98	66	77	
14	13	刘帅	女	66	90	54	80	
15	15	王皓	男	58	65	34	68	
16	16	王鹏飞	男	89	89	76	65	
17	17	王鹏舒	女	72	78	87	76	
18	18	曾先锋	男	81	89	66	72	
19	19	张宏伟	男	76	72	87	81	
20	20	张爽	女	77	81	90	76	
21	22	庄严	女	89	76	76	76	
22	23	高珂	女	92	76	56	65	
23								

图 4.78　数据导入后的工作表

实训任务七　数据模拟分析和实验

实训目的与要求

① 熟悉分析数据库的加载和使用。

② 掌握数据库模拟表的运用。

③ 巩固公式和函数的应用。

实训内容

车贷不同期限还款金额计算

操作要点

① 启动 Excel，创建工作表，并将车贷相关数据（以一年期为例）输入，如图 4.79 所示。

注意：总还款期限=每年还款月数*贷款年限

② 使用公式和函数计算车贷每月还款金额。单击 C9 单元格，输入“=PMT（$C$5/12,$C$8,$C$4）”,该公式中有 3 个参数：第一个参数是利率，由于偿还金额按月计算，所以年利率除以 12，将其转换为月利率；第二个参数是还款期限，1 年共 12 个月；第三个参数是贷款金额，如图 4.80 所示。

	A	B	C
1		车贷计算	
2		车贷总额	320000
3		首付比例	0.3
4		贷款金额	224000
5		贷款利率	6.31%
6		贷款年限	1
7		每年还款月数	12
8		总还款期限	12
9		每月偿还额	
10			

图 4.79　车贷相关数据

C9　=PMT($C$5/12,$C$8,$C$4)

	A	B	C	D
1		车贷计算		
2		车贷总额	320000	
3		首付比例	0.3	
4		贷款金额	224000	
5		贷款利率	6.31%	
6		贷款年限	1	
7		每年还款月数	12	
8		总还款期限	12	
9		每月偿还额	¥-19,310.81	
10				

图 4.80　车贷每月还款金额

根据利率和贷款年限的变化计算每月还款金额：

① 设置模拟运算表存放区域。选择 B10 单元格，输入“=PMT（$C$5/12,$C$8,$C$4）”，再选择 B10:G12 单元格区域作为模拟运算表的存放区域，在该区域的最左列 B11：B12 单元格区域中输入假设的利率变动范围数据；在该区域的第一行输入可能的贷款年限数据，如图 4.81 所示。

	A	B	C	D	E	F	G	H
1		车贷计算						
2		车贷总额	320000					
3		首付比例	0.3					
4		贷款金额	224000					
5		贷款利率	6.31%					
6		贷款年限	1					
7		每年还款月数	12					
8		总还款期限	12					
9		每月偿还额	¥-19,310.81					
10		¥-19,310.81	12个月	24个月	36个月	48个月	60个月	
11		6.40%						
12		6.65%						
13								

图 4.81　设置模拟运算表存放区域

② 设置模拟运算表，执行计算。单击“数据”选项卡“数据工具”功能区中的“模拟分析”按钮，在弹出的下拉列表中单击“模拟运算表”命令。在“模拟运算表”对话框中的设置如图 4.82 所示。在“输入引用行的单元格”文本框中输入“$C$8”（年份）；在“输入引用列的单元格”文本框中输入“$C$5”（年利率）。单击“确定”按钮，计算结果如图 4.83 所示。

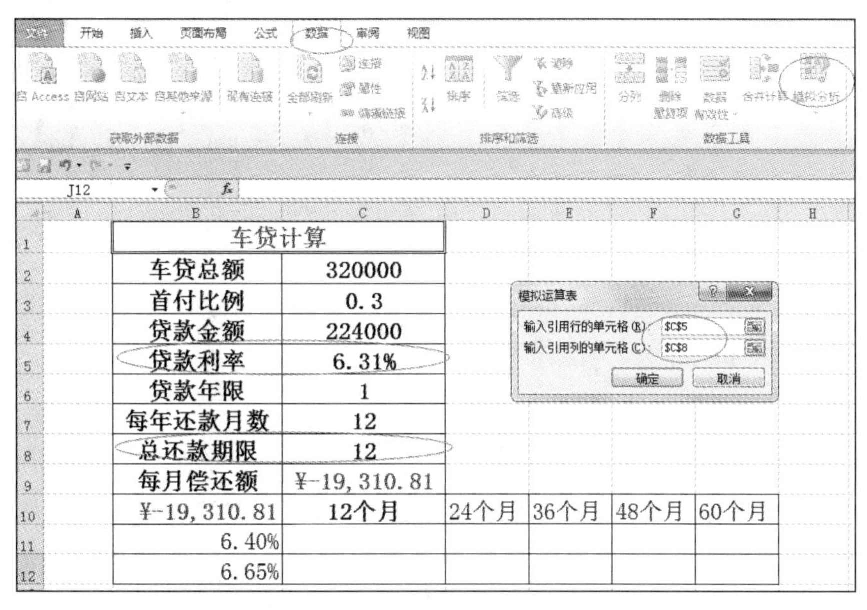

图 4.82 “模拟运算表”对话框

B	C	D	E	F	G
车贷计算					
车贷总额	320000				
首付比例	0.3				
贷款金额	224000				
贷款利率	6.31%				
贷款年限	1				
每年还款月数	12				
总还款期限	12				
每月偿还额	¥-19,310.81				
¥-19,310.81	12	24	36	48	60
6.40%	-19320.08784	-9968.23929	-6855.185673	-5301.824338	-4372.332713
6.65%	-19345.86748	-9993.5534	-6880.680381	-5327.660112	-4398.572552

图 4.83 车贷计算结果

实训单元五 演示文稿制作软件 PowerPoint 2010

实训任务一　制作“个人介绍”演示文稿

实训目的与要求

① 掌握演示文稿的创建和打开方法。

② 掌握在占位符中输入并编辑文字的方法。

③ 掌握添加及删除幻灯片、插入图片并编辑图片的方法。

④ 掌握使用文本框输入并编辑文字的方法。

⑤ 掌握浏览及放映幻灯片，保存演示文稿等操作方法。

实训内容

创建“个人介绍.ppt”，最终效果如图 5.1 所示。

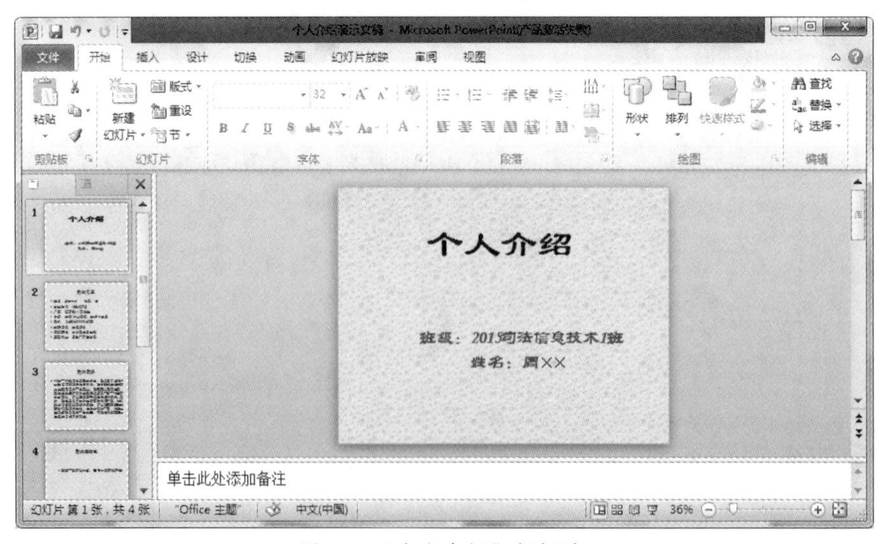

图 5.1　“个人介绍”幻灯片

操作要点

① 启动 PowerPoint 2010，并输入文字。启动后，系统会自动生成一张空白的幻灯片，根据输入提示添加标题副标题，如图 5.2 所示。

图 5.2　输入文字

② 修饰第一张幻灯片中的标题文字。选中需要修饰的文字，设置字体为“隶书”、字号为 80 磅、字形为“加粗”，设置文字对齐方式为“居中”。

③ 选中副标题框，选择“绘图工具-格式”选项卡，在“艺术字样式”功能区中单击右下侧的“设置文本效果格式：文本框”按钮，打开“设置文本效果格式”对话框（见图 5.3），从中进行设置即可。

图 5.3　“设置文本效果格式”对话框

④ 选择“开始”选项卡，单击“新建幻灯片”按钮，此时，弹出的下拉菜单中的版式有“标题幻灯片”“标题和内容”“内容与标题”等，如图 5.4 所示。这里选择“空白”版式，如图 5.5 所示。

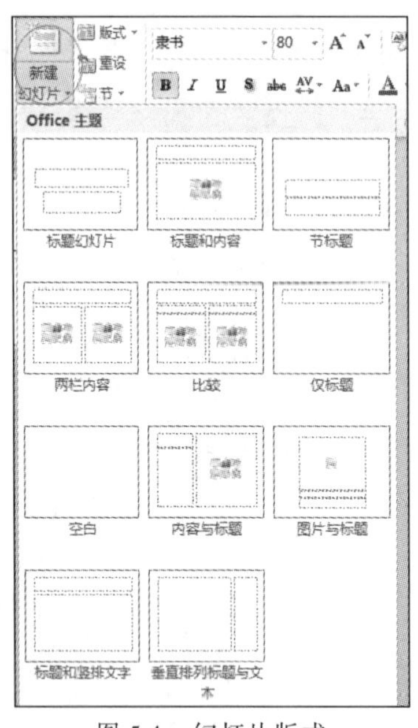

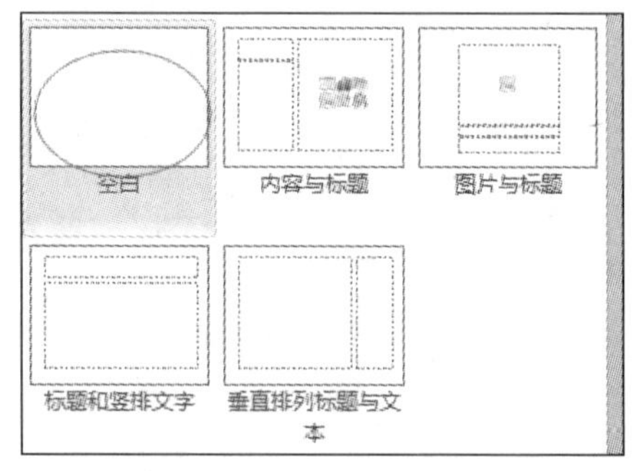

图 5.4　幻灯片版式

图 5.5　选择“空白”版式

⑤ 单击“插入”选项卡“文本”功能区中的“文本框”按钮，在弹出的下拉列表中选择“横排文本框”选项（见图 5.6），创建一个横排文本框。并输入文字“大家好，我叫周 × ×，很高兴能成为司法信息系的一员，下面我简单地介绍一下我自己：”，设置字体为宋体，大小为 54 磅。

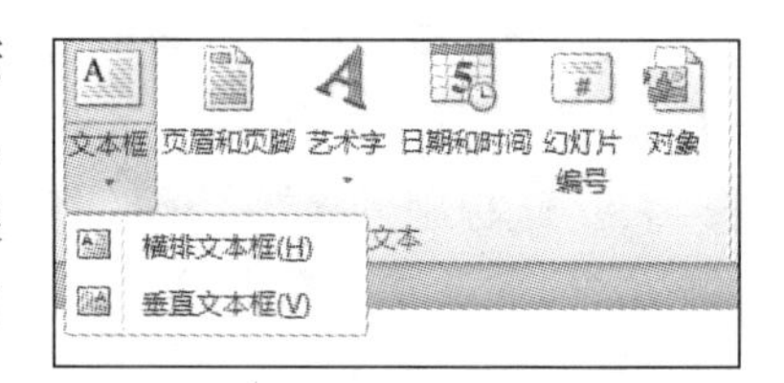

图 5.6　插入“横排文本框”

⑥ 剩下的 3 张幻灯片按相同的方法完成，分别介绍“我的简历”“我的爱好”及“我的座右铭”。

⑦ 单击“设计”选项卡“背景”功能区中的“背景样式”按钮，在下拉菜单中选择“设置背景格式”命令，在打开的对话框的“填充”选项卡中，选中“图片或纹理填充”单选按钮，然后在“纹理”下拉列表框中选择纹理为“水滴”。图 5.7 所示为幻灯片设计“主题”组。使整个演示文稿具有相同的设计风格。

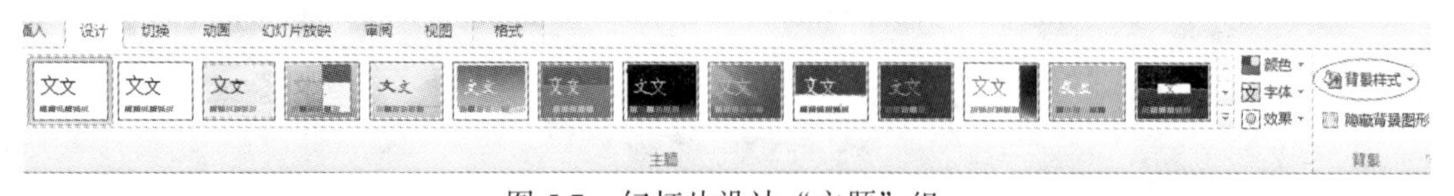

图 5.7　幻灯片设计“主题”组

实训任务二　制作“知识测验”演示文稿

实训目的与要求

① 掌握样本模板的使用方法。

② 掌握幻灯片放映方式。

实训内容

"知识测试节目"演示文稿，效果如图 5.8 所示。

图 5.8　"知识测试节目"演示文稿

操作要点

① 选择"文件"|"新建"命令，从其右侧窗格中选择"样本模板"选项，如图 5.9 所示。在弹出的界面中选择"小测验短片"模板，如图 5.10 所示。然后单击"创建"按钮，此时幻灯片自动切换到普通视图，已经将模板创建好。

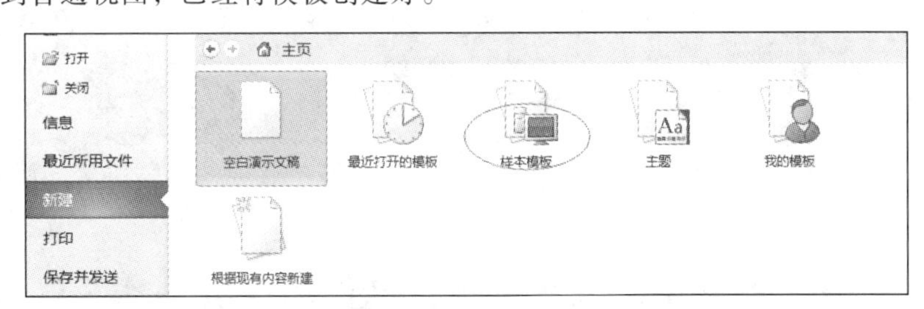

图 5.9　样本模板

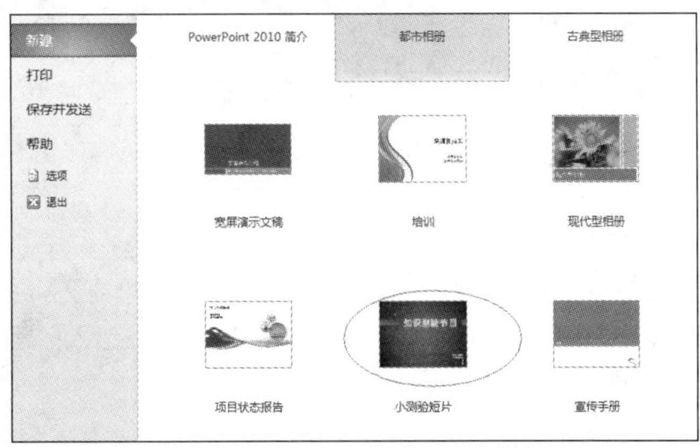

图 5.10　选择"小测验短片"模板

② 单击“设计”选项卡“背景”功能区中的“背景样式”按钮，在弹出的下拉列表框中选择一种样式即可。

③ 选中标题文字，设置字体为“幼圆”、大小为 80 磅、加粗、倾斜、加下画线。选择副标题文字，设置字体为“华文行楷”、大小为 60 磅。

④ 单击“幻灯片放映”|“从头开始”按钮，播放演示文稿。

实训任务三　元旦晚会演示文稿

实训目的与要求

① 熟练掌握创建和编辑演示文稿的基本方法。

② 掌握设置超链接的方法。

③ 掌握对演示文稿外观设置的方法。

④ 掌握设置幻灯片放映的方法。

⑤ 掌握插入 SmartArt 图形的方法。

实训内容

制作“元旦晚会”演示文稿，效果如图 5.11 所示。

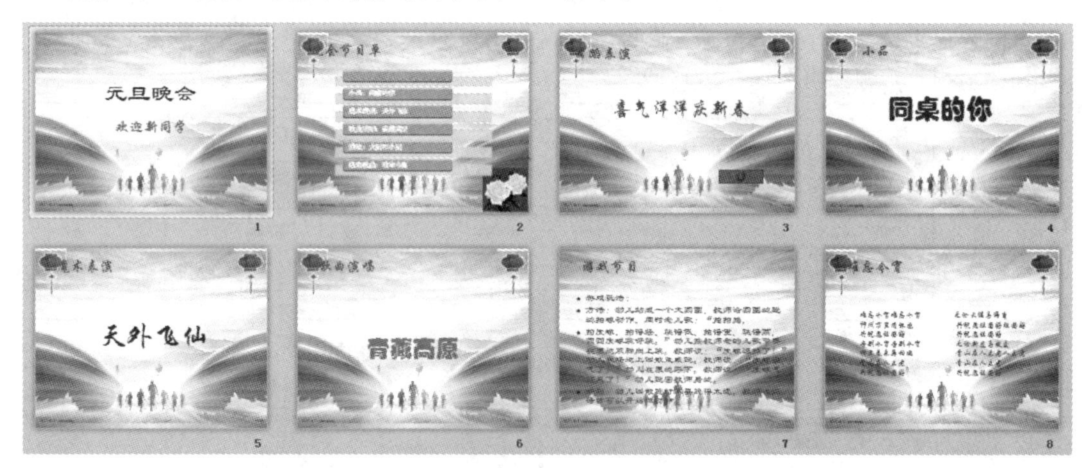

图 5.11 “元旦晚会”演示文稿样张

操作要点

1. 制作元旦晚会演示文稿初稿

① 演示文稿初稿需要建立 8 张幻灯片，制作第 1 张幻灯片。启动 PowerPoint 2010，此时会自动创建一个空白演示文稿。在主界面上幻灯片视图的文本框中，输入标题“元旦晚会”，副标题“欢迎新同学”，如图 5.12 所示。

图 5.12　主界面幻灯片

② 单击“开始”|“幻灯片”|“新建幻灯片”下拉按钮，在“Office 主题”列表框中选择“仅标题”版式，如图 5.13 所示。在标题文本框中输入“晚会节目单”。

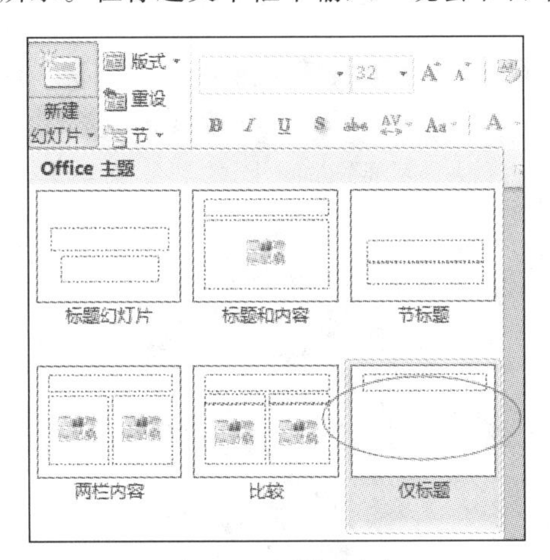

图 5.13　主题列表框

③ 重复操作步骤②，插入第 3～8 张幻灯片。除对第 7 张幻灯片选择“标题和内容”版式，其余幻灯片选“仅标题”版式。

④ 单击各幻灯片的标题文本框输入标题文字。在第 4、5、6 张幻灯片中按样张输入说明表演内容的文字。方法是单击“插入”|“文本”|“文本框”下拉按钮，选择“横排文本框”，然后单击幻灯片的中间位置，输入文字。

2．设置字体格式和主题格式

① 设置第 1 张幻灯片中标题为“隶书”，副标题为“华文行楷”。将标题字号设置为“72”；副标题设置为“44”；标题文字为“蓝色”，副标题为“紫色”。重复以上步骤为其余幻灯片

设置字体、字号和文字颜色。

② 设置主题格式。单击“设计”选项卡“主题”组中的“暗香扑面”主题，如图 5.14 所示。系统默认所有幻灯片均改变为选定主题样式。若想对指定幻灯片单独使用一种主题，可以选定该幻灯片，然后右击需要使用的主题，从弹出的快捷菜单中选择“应用于选定幻灯片”命令。

图 5.14 主题设置

③ 单击“设计”|“主题”|“颜色”按钮，弹出内置颜色组合样式表，选择自己喜欢的颜色组合。当鼠标指针在这些颜色组合中移动时，其效果立即显示在幻灯片上。也可以选择列表下部的“新建主题颜色”命令，根据需要选择不同的颜色组合，如图 5.15 所示。

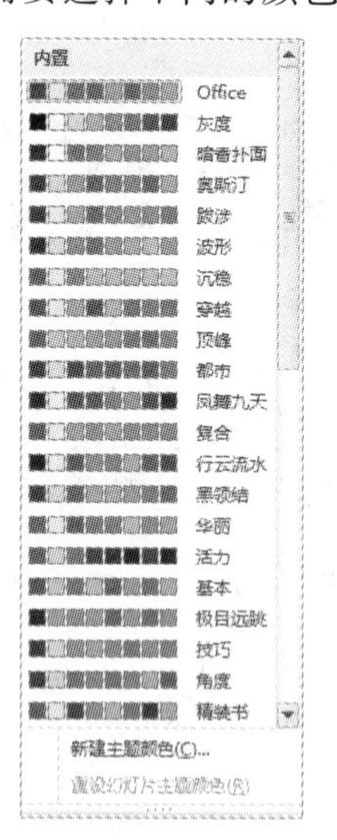

图 5.15 内置主题颜色

3. 插入 SmartArt 图形制作晚会节目单

① 添加 SmartArt 图。选中第 2 张幻灯片，单击“插入”|“插图”|SmartArt 按钮。在“选

择 SmartArt 图形”对话框中，选择“垂直框列表”（见图 5.16），单击“确定”按钮。在插入的“垂直列表框”左侧输入节目内容，图 5.17 所示为添加好的节目单。

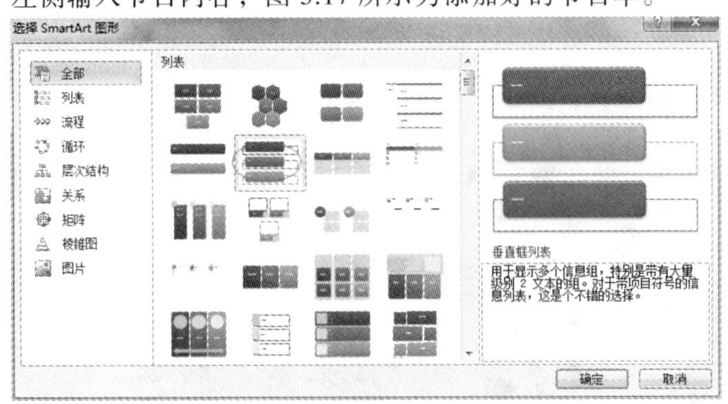

图 5.16　“选择 SmartArt 图形”对话框

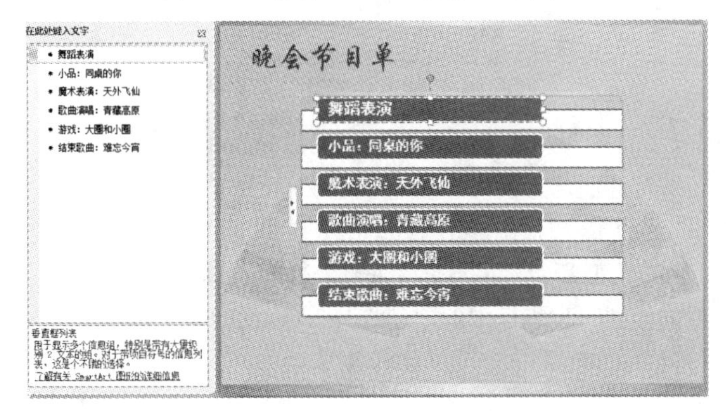

图 5.17　晚会节目单

② 选中“晚会节目单”SmartArt 图，单击“SmartArt 工具”|“设计”|“SmartArt 样式”|“更改颜色”按钮，修改 SmartArt 图的样式和颜色。单击“SmartArt 样式”功能区右边的“其他”按钮，选择三维组中的“嵌入”效果。修改后的效果如图 5.18 所示。

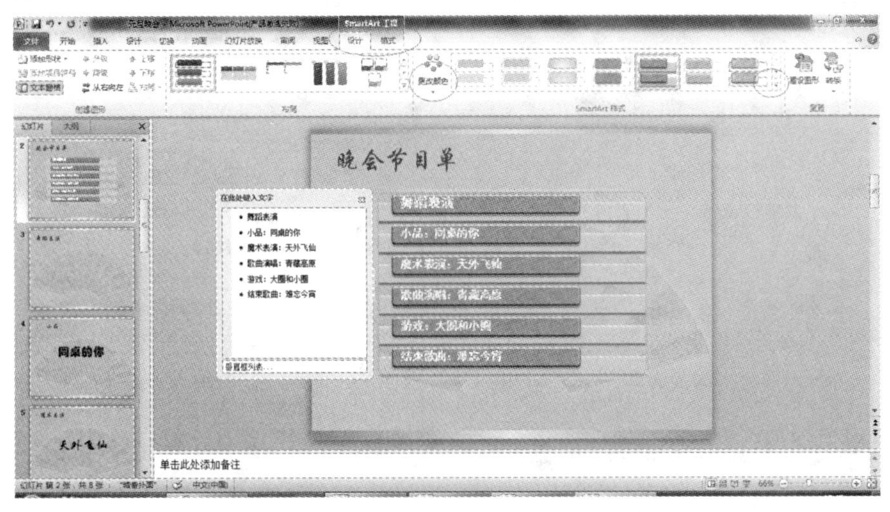

图 5.18　设置 SmartArt 图的样式

4. 位节目单插入超级链接

① 从节目链接到节目。选中“垂直框列表”中第一行文字“舞蹈表演：庆新春”，单击“插入”|“链接”|“超链接”按钮。在如图5.19所示的“插入超链接”对话框的左侧选中“本文档中的位置”，在“请选择文档中的位置”列表中选中与“舞蹈表演”对应的幻灯片，单击“确定”按钮。

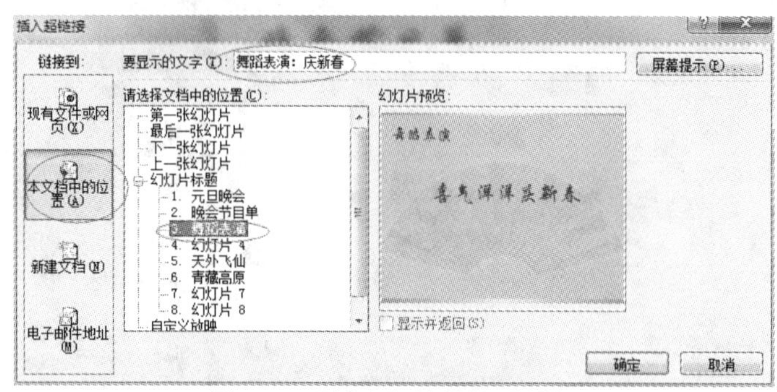

图 5.19 “插入超链接”对话框

② 从节目返回到节目单。从主界面左侧的“幻灯片”中选中与“舞蹈表演”对应的幻灯片“舞蹈表演”，在幻灯片底部加入一个超链接以便返回“晚会节目单”。

③ 单击“插入”选项卡“插图”功能区中的“形状”按钮，选择最底部“动作按钮”中的“上一张”按钮，如图5.20所示。在幻灯片底部拖动鼠标添加一个动作按钮。在“动作设置”对话框中，单击“超链接到”列表框中的“幻灯片”选项，如图5.21所示。

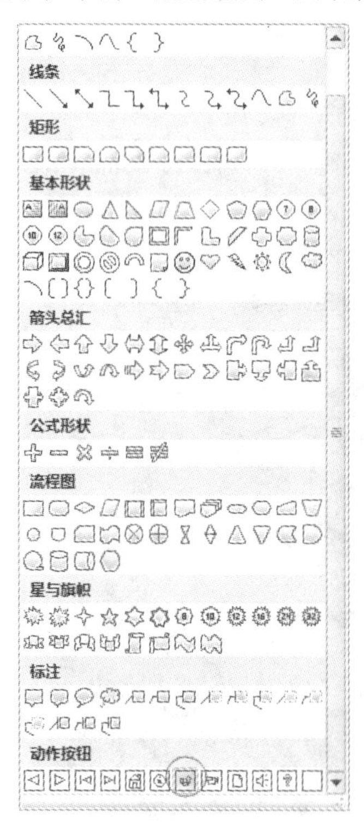

图 5.20 “形状”列表

图 5.21 “动作设置”对话框

④ 在弹出的“超链接到幻灯片”对话框中选择“晚会节目单”（见图 5.22），单击“确定”按钮。用类似的方法为其他节目添加超链接。

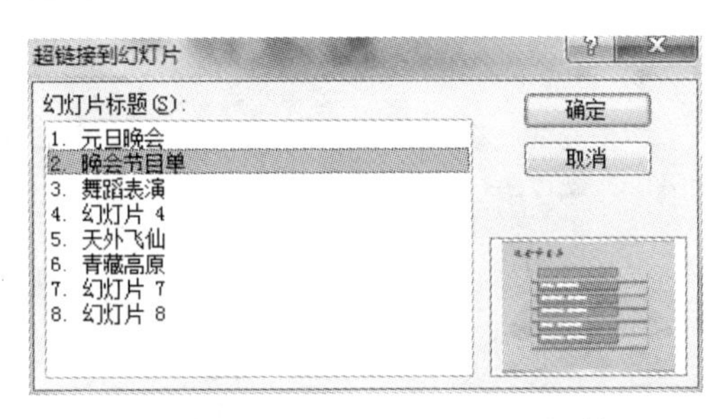

图 5.22　“超链接到幻灯片”对话框

5. 演示文稿的美化

① 为幻灯片添加日期、时间、页码和页脚。单击“插入”选项卡“文本”功能区中的“日期和时间”按钮，如图 5.23 所示。

② 单击“插入”选项卡“文本”功能区中的“页面和页脚”按钮，在弹出的“页眉和页脚”对话框中选择“自动更新”“幻灯片编号”相应的内容，如图 5.24 所示。

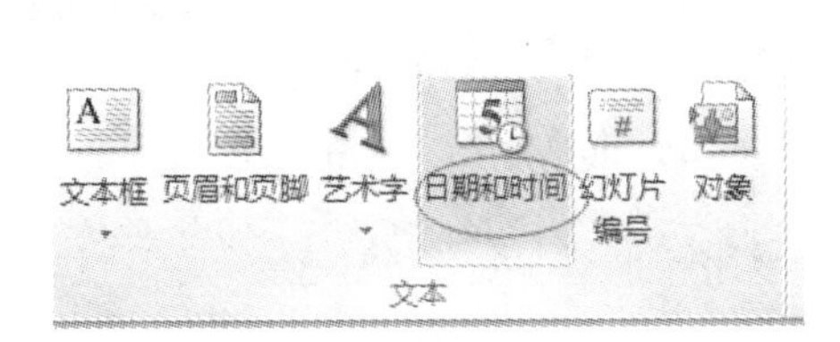

图 5.23　选择日期和时间

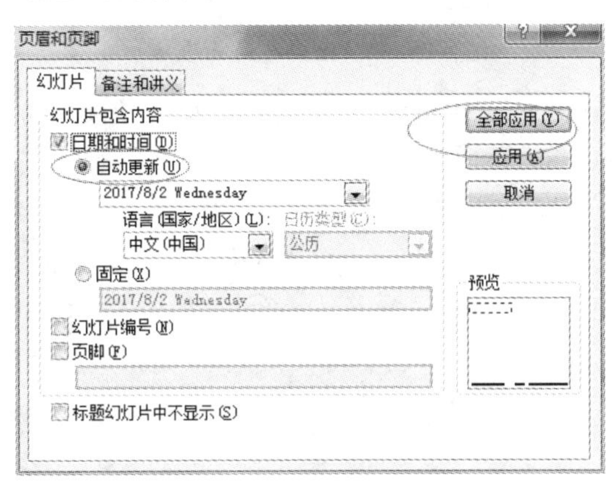

图 5.24　“页眉和页脚”对话框

③ 单击“全部应用”按钮，可在幻灯片中调整日期和时间等的位置和字体。

④ 为幻灯片添加剪贴画、图片。选中第 2 张幻灯片作为当前操作的幻灯片，单击“插入”选项卡“图像”功能区中的“剪贴画”按钮。在“剪贴画”窗格（见图 5.25）中单击“搜索”按钮，可以查看所有的插图、照片、视频、音频，找到“flower”剪贴画，将其插入到当前幻灯片中。

⑤ 选中插入的剪贴画，将其拖动到需要的位置，调整其大小和形状，通过“格式”选项卡调整图片的颜色、亮度和对比度、旋转角度、边框等。

⑥ 为幻灯片母版插入剪贴画。单击“视图”选项卡“母版视图”功能区中的“幻灯片母版”按钮，进入幻灯片母版编辑状态，选择窗体左侧第一个幻灯片母版。单击“插入”选项卡“图像”功能区中的“图片”按钮，在打开的“插入图片”对话框中选择“灯笼.jpg”

⑦ 隐藏“灯笼”图片的白色背景。选中幻灯片中的灯笼图片，单击“图片工具-格式”选

项卡“调整”功能区中的“颜色”按钮，出现如图 5.26 所示的颜色调整选项，选择“设置透明色”命令，再单击“灯笼”图片的白色区域。调整灯笼图片的大小，将其放置在幻灯片的左上角。

图 5.25 “剪贴画”对话框

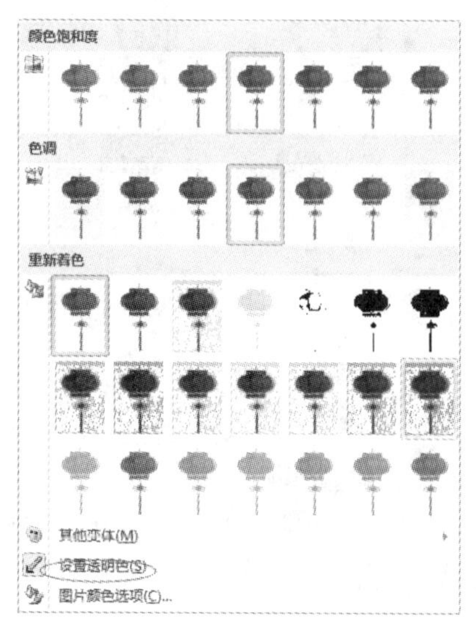

图 5.26 颜色调整

⑧ 复制一个“灯笼”图片放置在幻灯片的右上角。分别右击幻灯片上的两个灯笼图片，从弹出的快捷菜单中选择“置于底层”命令。设置好后的效果如图 5.27 所示。

⑨ 为幻灯片母版添加背景图片。单击“幻灯片母版”选项卡“背景”功能区中的“背景样式”按钮，选择“设置背景格式”命令。在“设置背景格式”对话框中，选中“图片或纹理填充”选项，如图 5.28 所示。单击“插入自”下的“文件”按钮，在“插入图片”对话框中选中“背景.jpg”图片，单击“插入”按钮，返回到“设置背景格式”对话框，单击“全部应用”按钮。

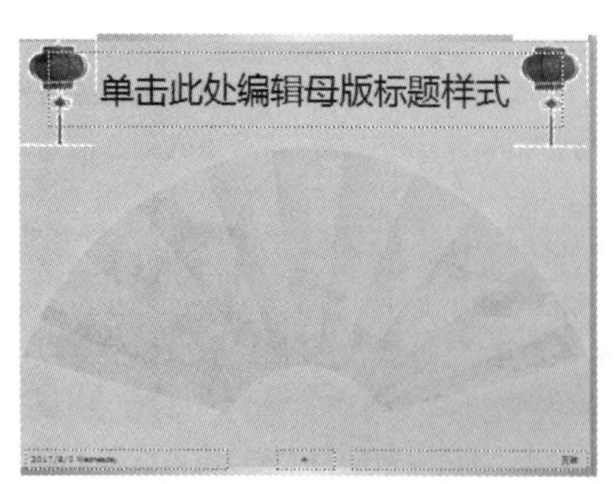

图 5.27 添加“灯笼”图片后的母版

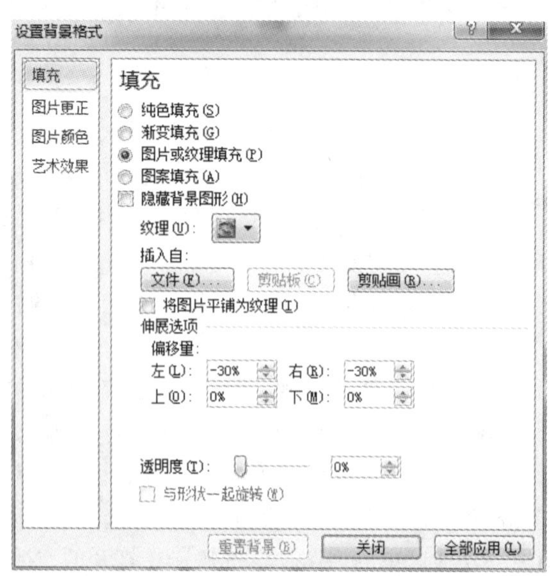

图 5.28 “设置背景格式”对话框

⑩ 单击“幻灯片母版”选项卡“关闭”功能区中的“关闭母版视图”按钮，回到普通视图状态。

6．演示文稿的播放

① 手动播放。单击“幻灯片放映”选项卡“开始放映幻灯片”功能区中的“从头开始”按钮，开始播放幻灯片。

② 在播放过程中，单击“晚会节目单”中的超链接，检查链接是否正确。

③ 按 F5 键观看放映效果。

实训任务四　为演示文稿添加动画、声音和视频

实训目的与要求

① 掌握幻灯片中设置背景音乐的方法。

② 掌握幻灯片中插入视频的方法。

③ 掌握在幻灯片中设置动画的方法。

④ 掌握设置演示文稿的放映方式。

实训内容

为实训任务三中的元旦晚会演示文稿添加音频、视频和动画等，使幻灯片更加绚丽多彩。

操作要点

1．插入背景音乐

① 选中第 1 张幻灯片作为当前幻灯片。单击“插入”选项卡“媒体”功能区中的“音频”|“文件中的音频”。在“插入音频”对话框中，选中相应的 MP3 文件作为背景音乐，单击“插入”按钮。

② 选中声音图标，单击“音频工具-播放”选项卡“音频选项”功能区“开始”列表中的“跨幻灯片播放”，选中“循环播放，直到停止”以及“放映时隐藏”，如图 5.29 所示。

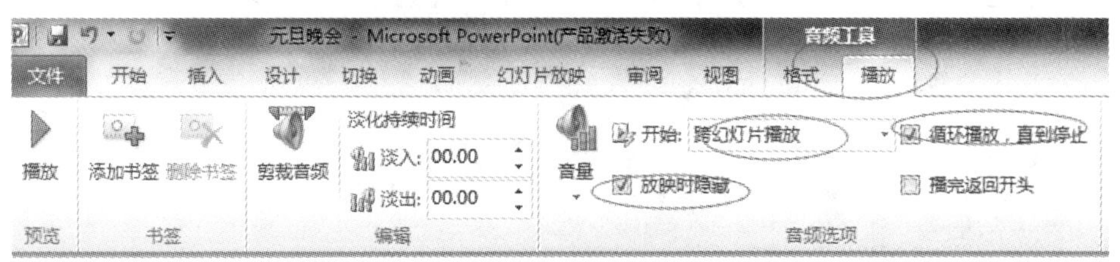

图 5.29　设置音频播放选项

2．在幻灯片中插入视频

① 选择“舞蹈表演”幻灯片为当前幻灯片。

② 单击“插入”选项卡“媒体”功能区中的“视频”|“文件中的视频”，在“插入视频

文件”对话框中选中视频文件，单击“插入”按钮。

③ 通过幻灯片中视频周围的控制柄调整视频播放窗口的大小。

3．为幻灯片及幻灯片对象设置动画

① 设置各幻灯片之间的切换效果。选中第一张幻灯片，单击“切换”选项卡“切换到此幻灯片”功能区中的“切出”按钮，如图 5.30 所示。

图 5.30　单击“切出”按钮

② 对其他幻灯片选择切换方式，播放幻灯片查看效果。

③ 设置最后一页幻灯片中对象的动画效果。通过设置幻灯片中对象的动画，实现“难忘今宵”页歌词字幕的卡拉 OK 效果。使用播放软件播放歌曲，同时记录歌曲演唱过程中各歌词演唱的开始时间和持续时间。图 5.31 列出了第一段歌词的开始和持续时间。

“难忘今宵”第一段歌词的开始和持续时间统计		
歌词	开始时间	持续时间
难忘今宵	19	4
难忘今宵	23	4
无论天涯	27	5
与海角	33	4
神州万里同怀抱	37	7
共祝愿祖国好	44	7
祖国好	52	3
共祝愿	56	4
祖国好	61	4
共祝愿	65	4
祖国好	69	4

图 5.31　歌词时间统计

④ 第二段的制作方法与第一段类似，请读者自行实现。

⑤ 添加音频。参照“插入背景音乐的方法”插入音频文件“难忘今宵”，在“音频工具-

播放”选项卡“音频选项”功能区中的“开始”列表中选择“自动”，选中“放映时隐藏”其余选项取默认设置。

⑥ 单击“动画”选项卡“计时”功能区“开始”列表中的“单击时”。

⑦ 剪辑音频。单击“播放”选项卡“编辑”功能区中的“剪辑音频”按钮，在如图 5.32 所示的对话框中修改结束时间为“01:14”，这样就只播放第一段歌词。

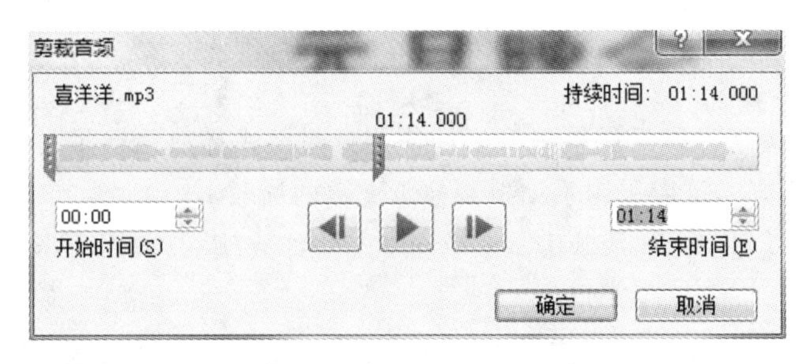

图 5.32　“剪辑音频”对话框

⑧ 制作第一句歌词的底色文字。单击“插入”选项卡“文本”功能区中的“艺术字”按钮，选择其中第 5 行第 3 列的“填充—红色，强调文字颜色 2，暖色粗棱台”按钮。在幻灯片中新加入的艺术字中输入歌曲的第一句歌词“难忘今宵”。通过“开始”选项卡“字体”功能区将其字号改为“28”，再将艺术字放置在幻灯片的合适位置。选中刚加入的艺术字，单击“动画”选项卡“动画”中的“出现”按钮，在“计时”功能区中将“延迟”改为 19.00（单位为 s），如图 5.33 所示。

图 5.33　“动画设置”对话框

⑨ 制作第一句歌词的动态文字。重复上一步添加艺术字的方法，艺术字格式选择第 5 行第 4 列的“填充—橄榄色，强调文字颜色 3，粉状棱台”，艺术字内容仍然是第一句歌词“难忘今宵”，将新建的艺术字放置在上一步所做艺术字的相同位置，选中新建的艺术字，单击“动画”选项卡“动画”功能区中的“擦除”按钮，选择“动画”功能区中的“效果选项”为“自左侧”；选择“计时”功能区“开始”列表中的“与上一动画同时”，“持续时间”设为“04.00”，“延迟”设为“19.00”，如图 5.34 所示。

图 5.34　设置第一句歌词的动态效果

⑩ 添加其他歌词，重复第⑧、⑨的操作。

4．设置演示文稿的播放方式

① 对演示文稿进行排练计时。单击“幻灯片放映”选项卡“设置”功能区中的“排练计

时”按钮，出现“录制”计时工具栏，如图 5.35 所示。

② 按照演示要求速度，控制播放每一张幻灯片，直到结束，弹出如图 5.36 所示的提示框。

图 5.35 “录制”计时

图 5.36 是否保留排练计时提示框

③ 单击“是”按钮，以后如果选择了“使用计时”来播放该演示文稿，则会自动按照排练计时进行播放。否则，可以采用手动控制演示文稿的播放。

④ 对演示文稿设置不同的放映方式。单击“幻灯片放映”选项卡“设置”功能区中的“设置幻灯片放映”按钮，如图 5.37 所示。

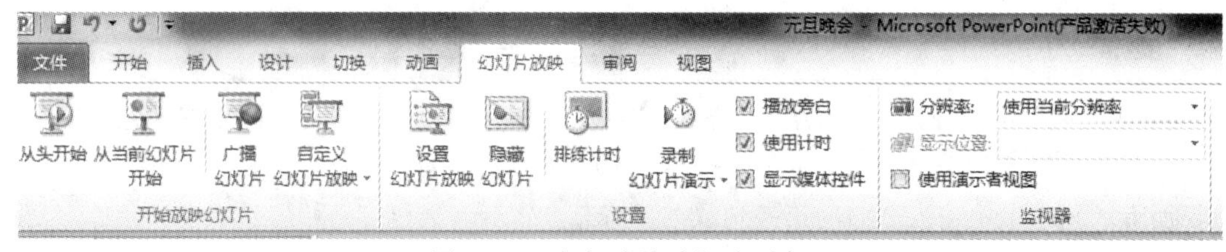

图 5.37 “幻灯片放映”选项卡

⑤ 在如图 5.38 所示的“设置放映方式”对话框中，对“放映类型”中的 3 个选项分别试选，观察放映效果。

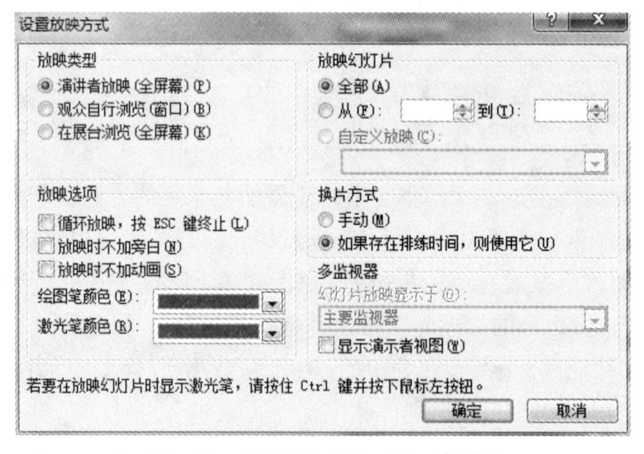

图 5.38 “设置放映方式”对话框

实训任务五　演示文稿的发布

实训目的与要求

① 掌握演示文稿的打印。

② 掌握演示文稿的打包及解包的方法。

③ 掌握网上发布演示文稿的方法。

④ 掌握设置演示文稿的放映方式。

实训内容

对实训任务四中的元旦晚会演示文稿打包、发布。元旦晚会演示文稿的打包操作界面如图 5.39 所示。

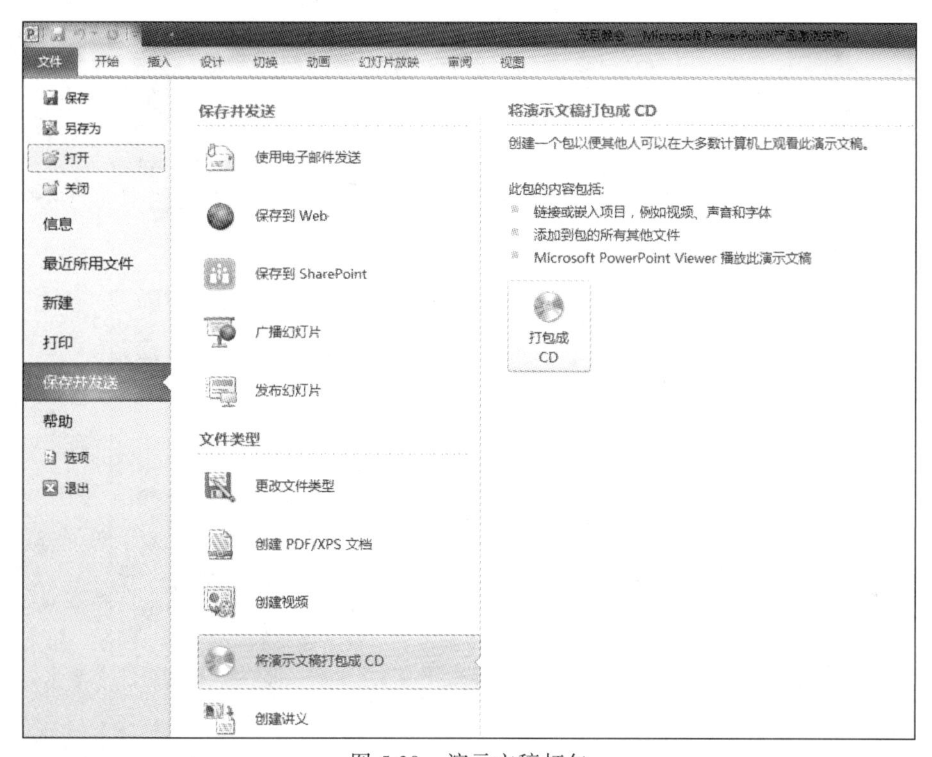

图 5.39　演示文稿打包

操作要点

① 启动 PowerPoint 2010，选择“文件”|“打开”命令，从弹出的“打开”对话框中选择“元旦晚会”演示文稿，单击“打开”按钮。

② 选择“文件”|“保存并发送”|“将演示文稿打包成 CD”，单击“打包成 CD”按钮，打开如图 5.40 所示的对话框。

③ 如果还需要添加其他文件，可单击“添加”按钮，从弹出的“添加文件”对话框中选择要添加的文件；如图要对演示文稿进行加密保护操作，则可单击“选项”按钮，从弹出的“选项”对话框中设置打开或修改 PowerPoint 文件的密码。

④ 这里单击“复制到文件夹”按钮，从弹出的“复制到文件夹”中设置文件复制到的磁盘位置，如“E 盘”，如图 5.41 所示，单击“确定”按钮，系统会弹出消息框询问打包文件中是否包含所有的链接文件，单击“是”按钮，则会包含所有的链接文件，单击“否”按钮，则

不包含链接文件。

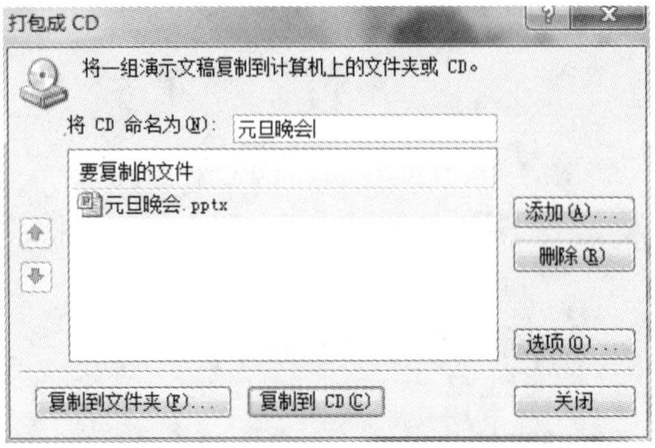

图 5.40 “打包成 CD”对话框

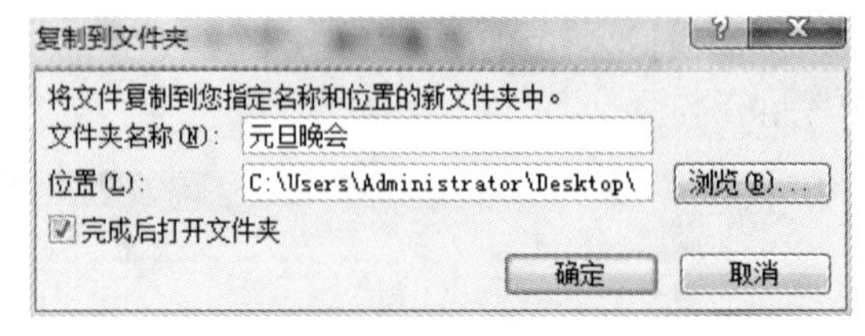

图 5.41 “复制到文件夹”对话框

⑤ 打开“计算机”，会发现在“计算机”的桌面上增加了一个名称为“元旦晚会”的文件夹，如图 5.42 所示。

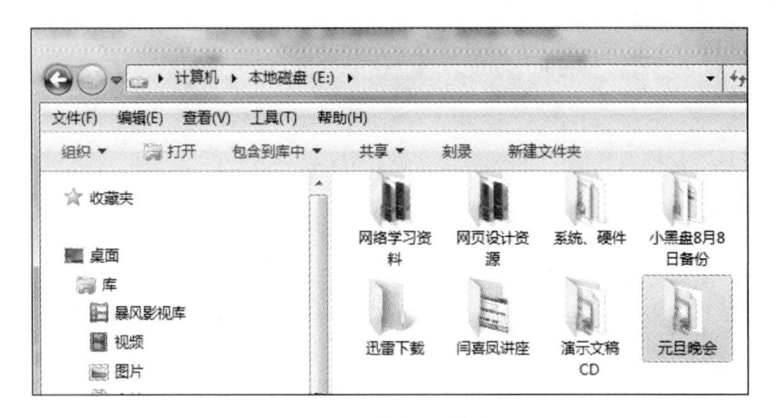

图 5.42 打包文件夹

⑥ 双击“E 盘”中的“元旦晚会”文件夹，播放 PowerPoint 演示文稿，如图 5.43 所示。

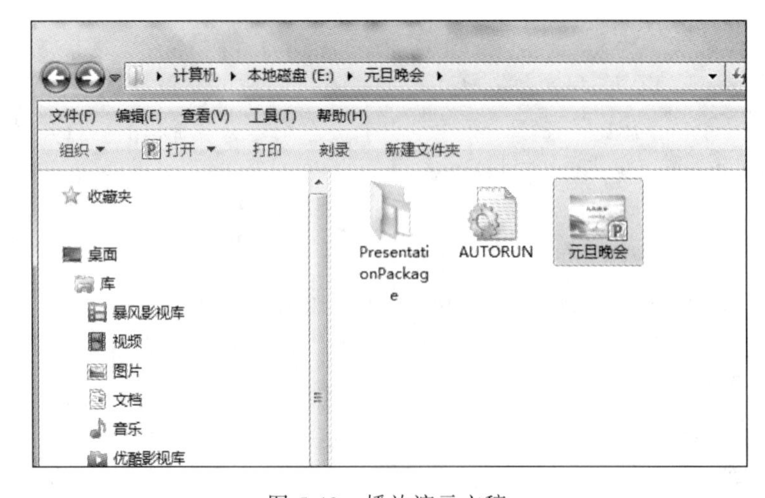

图 5.43 播放演示文稿

实训任务六　演示文稿转换为 PDF/XPS 文档文件

实训目的与要求

掌握演示文稿的格式转换。

实训内容

将实训任务四中的元旦晚会演示文稿进行格式转换。

① 转换为 PDF 格式，效果如图 5.44 所示。

图 5.44　发布为 PDF 文档效果图

② 转换为 XPS 格式，效果如图 5.45 所示

图 5.45　发布为 XPS 格式文档效果图

操作要点

1. 演示文稿发布为 PDF 格式文档

① 启动 PowerPoint 2010，选择“文件”|“打开”命令，从弹出的“打开”对话框中选择“元旦晚会”演示文稿，单击“打开”按钮。

② 选择“文件”|“另存为”命令，打开“另存为”对话框，保存类型选择 PDF，如图 5.46 所示。

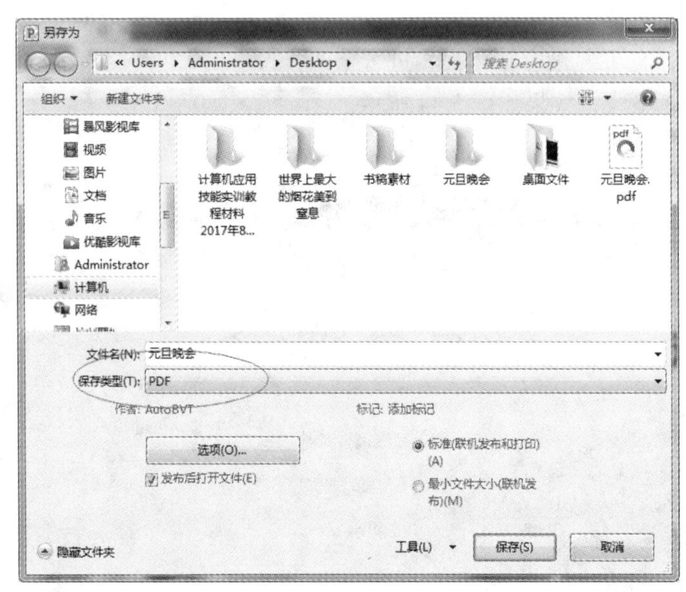

图 5.46　保存为 PDF 文档

③ 保存好后，它将会自动发布，如图 5.47 所示。

图 5.47　发布为 PDF 文档

2. 演示文稿发布为 XPS 格式文档

① 启动 PowerPoint 2010，选择“文件”|“打开”命令，从弹出的“打开”对话框中选择“元旦晚会”演示文稿，单击“打开”按钮。

② 选择“文件”|“另存为”命令，打开“另存为”对话框，保存类型选择“XPS 文档”，如图 5.48 所示。

图 5.48　发布为 XPS 文档

③ 保存好后，它将会自动发布，如图 5.49 所示。

图 5.49　发布为 XPS 格式文档

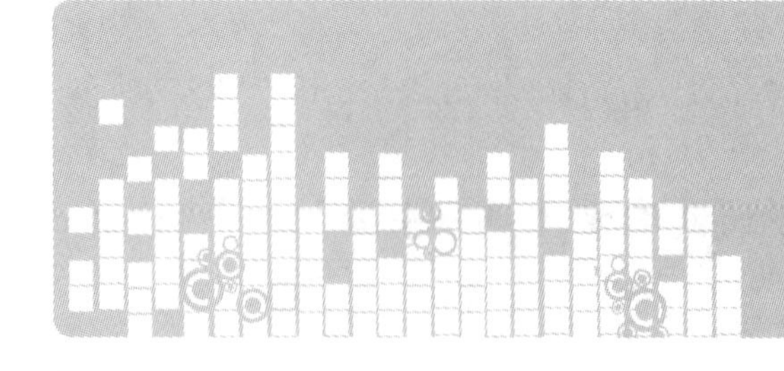

实训单元六

Internet 应用

实训任务一　IE 浏览器的使用

实训目的与要求

① 掌握使用 Internet Explorer 浏览器浏览网页的方法。

② 熟悉 Internet Explorer 浏览器常用项的设置。

③ 掌握浏览、搜索、收藏各类网站。

④ 学会从网站上下载文件。

实训内容

① 配置 Internet Explorer 浏览器。

② 使用 Internet Explorer 浏览器浏览网页。

③ 掌握下载软件的方法。

④ 掌握如何利用 360 安全卫士修复 IE 浏览器。

操作要点

1. 配置 Internet Explorer 浏览器

① 打开 Internet Explorer 浏览器窗口，选择“工具”|“Internet 选项”命令，打开如图 6.1 所示的“Internet 选项”对话框。

② 选中“常规”选项卡，在“主页”文本框中设置每一次启动 Internet Explorer 浏览器时，自动打开并浏览的主页 URL，如 http://hao.360.cn/。

在该选项卡中，单击“删除”按钮，打开如图 6.2 所示的对话框，勾选“Internet 临时文件”复选项，可以删除存放在计算机中曾经访问过的网页（在用 IE 浏览器访问网页时，计算机会自动将一些网页存放在临时文件夹中，以备以后访问时提高访问速度），这样可以提高计算机的运行速度；勾选“历史记录”复选项，可以将 IE 地址栏中存放的地址删除，单击“删除”按钮。

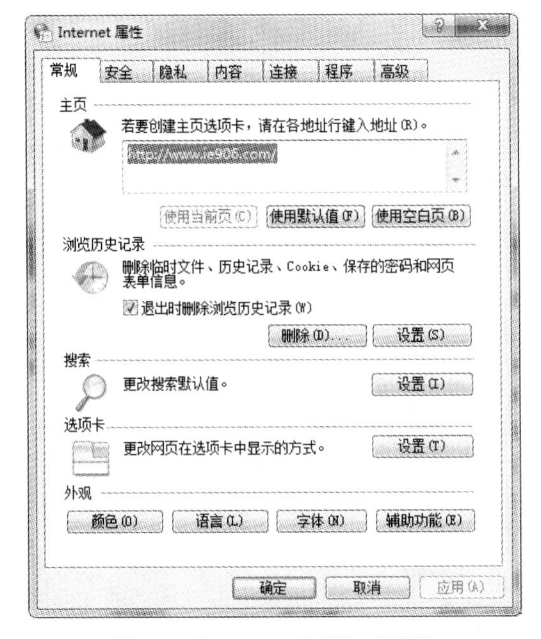

图 6.1 “Internet 选项”对话框

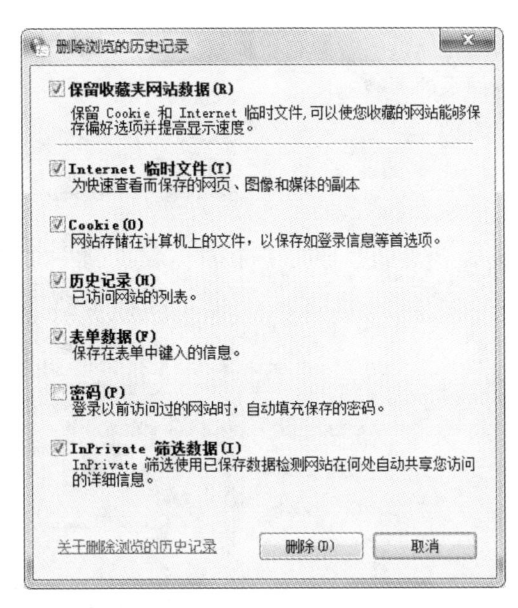

图 6.2 “删除浏览的历史记录”对话框

③ 选中“连接”选项卡，打开如图 6.3 所示的对话框。如果是拨号上网，则在“拨号和虚拟专用网络设置”栏中选择已经创建好的拨号连接；如果通过局域网登录 Internet，则单击“局域网设置”按钮，则可以继续局域网的设置程序，当然也可单击“添加”按钮重新建立新的连接。

④ 选中“程序”选项卡，打开如图 6.4 所示的对话框，其中可以对 HTML 编辑器、电子邮件等内容进行设置，一般保持默认值。

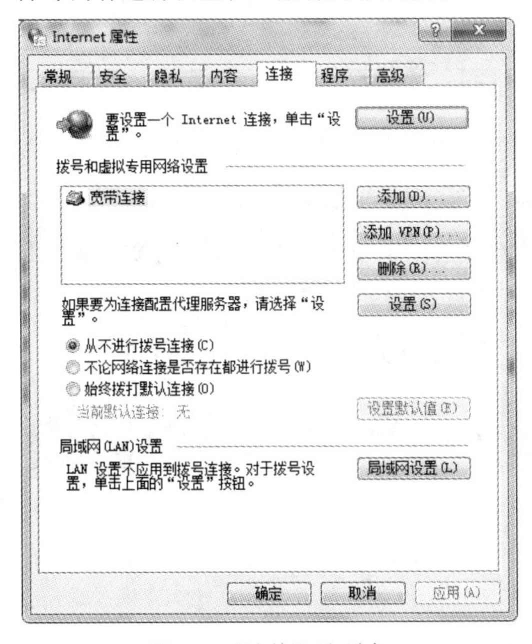

图 6.3 “连接”选项卡

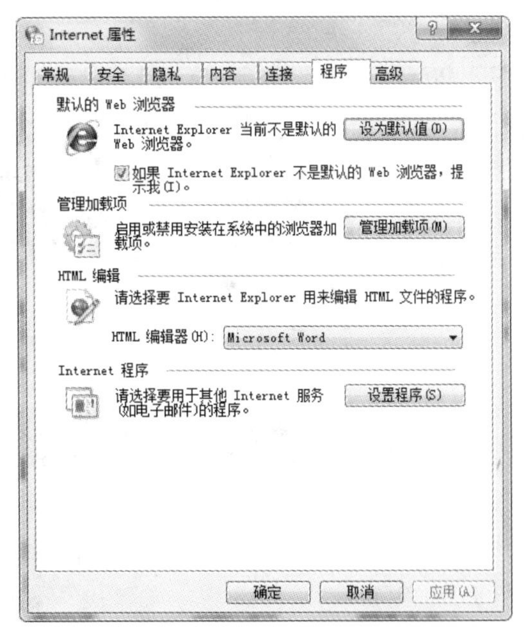

图 6.4 “程序”选项卡

⑤ 选中“高级”选项卡，打开如图 6.5 所示的对话框，在这里可以对浏览器进行个性化的设置。取消“在网页中播放动画”和“在网页中播放声音”两项的勾选，在浏览网页时可以加速网页的下载速度。

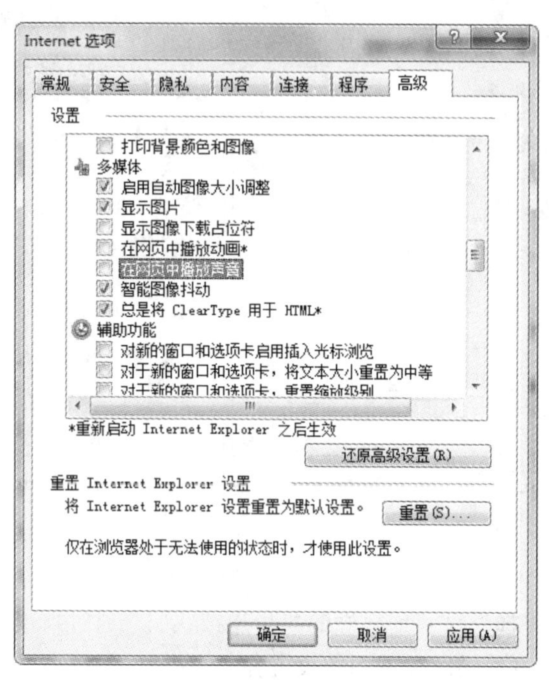

图 6.5 “高级”选项卡

2. 使用 Internet Explorer 浏览器浏览网页

① 启动 IE 浏览器，在地址栏中输入 http://www.xinhuanet.com，即进入新华网主页，如图 6.6 所示。

图 6.6 新华网主页

② 将鼠标指向“新闻”链接，鼠标指针会变成手形形状，此时单击鼠标，即可转向“新闻”网页，如图 6.7 所示。

图 6.7 进入链接页面

③ 回到主页，单击“收藏夹”|“添加到收藏夹”按钮，打开“添加收藏”对话框，单击“添加”按钮，如图 6.8 所示。

④ 当用户在浏览的过程中碰到自己喜爱的主页时，也可以将其加入到收藏夹中，以便日后可以直接通过收藏夹进入该主页。在当前喜爱的主页处于打开的状态下，如 www.xinhuanet.com 主页，选择 IE 浏览器的“收藏夹” | “添加到收藏夹”命令，打开如图 6.8 所示的对话框，设置保存的地址，单击“添加”按钮，当前网页即添加到收藏夹中。以后，如果再次访问该网页时，就可以直接单击“收藏夹” | “新华网”实现对该网页的浏览。

⑤ 可以把正在浏览的网页保存起来，以便在脱机的情况下浏览该网页。选择“文件” | “另存为”命令（见图 6.9），打开“保存网页”对话框，可以对文件名、保存位置及保存的文件类型等进行设置，然后单击“保存”按钮，如图 6.10 所示。

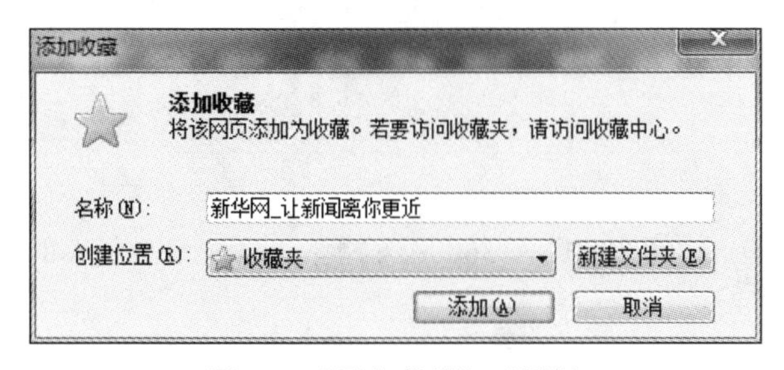

图 6.8 “添收藏栏”对话框

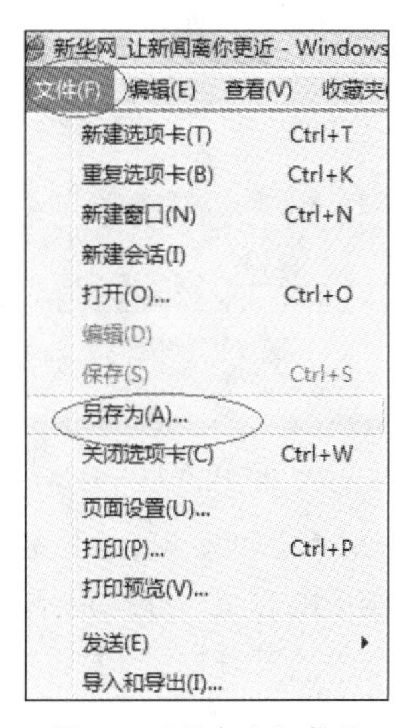

图 6.9 “另存为”菜单

图 6.10　保存网页对话框

⑥ 如果对网页的图片感兴趣，也可以将它保存下来。先将鼠标移到要保存的图片上，右击，在弹出的快捷菜单中选择“图片另存为”命令，打开“另存为”对话框，对文件名、保存位置进行设置，然后单击“保存”按钮。

3. 从网站上下载需要的文件

进入 www.baidu.com 搜索引擎，在文本框中输入“通达信下载”并按 Enter 键，进入下载链接界面，如图 6.11 所示。进入其中一个页面，选择要下载的链接，会打开“文件下载”对话框，如图 6.12 所示。单击“保存”按钮，即可下载该软件。

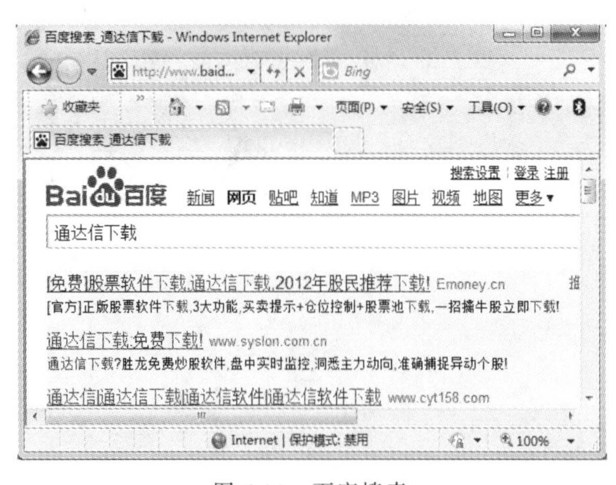

图 6.11　百度搜索

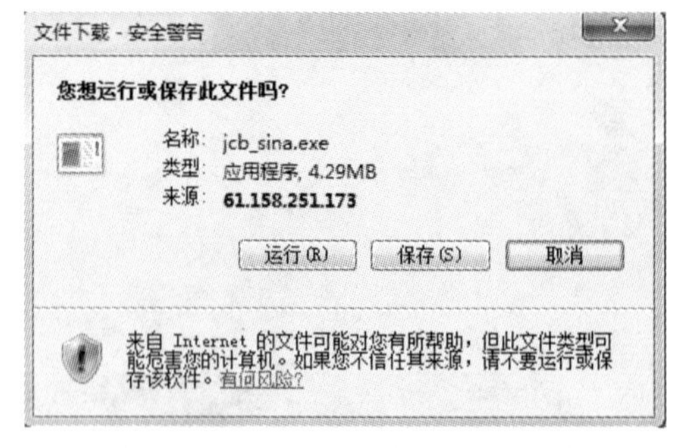

图 6.12　“文件下载”对话框

4. 利用 360 安全卫士修复 IE 浏览器

① 用 IE 浏览器打开 http://www.360.cn/网站，进入 360 官方网站，下载最新版本的 360 安全卫士，并将其安装到计算机中。

② 安装完成的 360 安全卫士会自动运行。

③ 双击任务栏右侧的 360 安全卫士图标，打开 360 安全卫士界面，如图 6.13 所示。

图 6.13　360 安全卫士界面

④ 在 360 安全卫士界面中，单击“系统修复”按钮，如图 6.14 所示。

图 6.14　系统修复

⑤ 进入“系统修复”界面，单击“全面修复”选项， 360 安全卫士会自动进行系统扫描，如图 6.15 所示。

⑥ 360 安全卫士修复完成后，会弹出如图 6.16 所示的界面。

图 6.15　360 系统修复

图 6.16　系统修复结果

实训任务二　电子邮件的接收与发送

实训目的与要求

① 掌握申请电子邮箱的方法。

② 掌握接收和发送电子邮件的方法。

实训内容

① 申请一个免费的电子邮箱。

② 接收和发送电子邮件。

操作要点

1. 申请一个免费的电子邮箱

说明： 在网上拥有一个免费的电子邮箱对于大多数人来说都是很方便的，比如在求职和工作过程中，与他人信函往来、传送照片、发送文件等都是非常有用的。下面以在“网易邮局”申请一个免费的电子邮箱为例，介绍免费电子邮箱的申请过程。

① 打开 IE 浏览器，在地址栏中输入 http://www.163.com 并按 Enter 键，进入网易的首页，如图 6.17 所示。

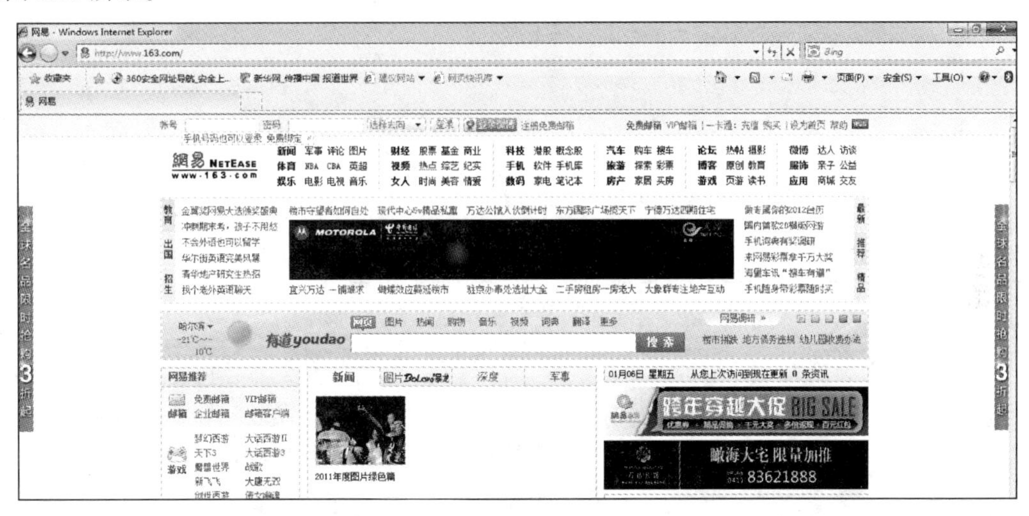

图 6.17　网易首页

② 在此窗口中，单击“注册免费邮箱”超链接，进入“网易免费邮箱 - 中国第一大电子邮件服务商”页面，如图 6.18 所示。

图 6.18　网易邮箱

③ 单击“立即注册”超链接，进入如图 6.19 所示的注册新用户界面。

图 6.19　注册新用户界面

④ 在该界面中输入邮件地址、密码、确认密码等必要的信息，并且在注册验证下方的文本框中输入系统随机给出的图片上的文字，同时勾选“同意‘服务条款’和‘隐私权保护和个人信息利用政策’”复选项，然后单击“立即注册”，即登录已注册邮箱，如图 6.20 所示。

图 6.20　成功登录邮箱

2. 接收和发送电子邮件

① 打开 IE 浏览器，在地址栏中输入 http://mail.126.com 并按 Enter 键，进入如图 6.21 所示的网易邮局，输入正确的账号和密码后，单击“登录”按钮，即可进入邮箱，如图 6.22 所示。

图 6.21　邮箱登录界面

图 6.22　登录邮箱

② 单击窗口左侧的“收信”按钮，即可进入收件箱，如图 6.23 所示。

图 6.23　收件箱

③ 在收件箱中，可以看到已有的旧邮件，也可以看到加粗显示的新邮件，单击新邮件的发件人或主题超链接部分，即打开该邮件并可以进行阅读，如图 6.24 所示。

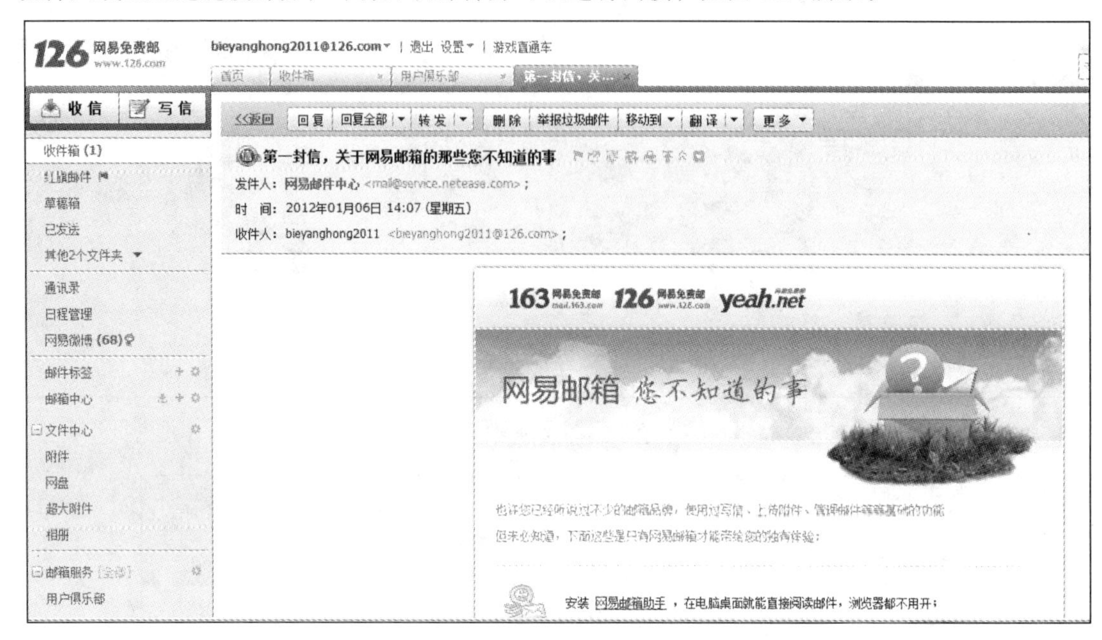

图 6.24 阅读新邮件

④ 单击该窗口右侧的“写信”按钮，即可进入如图 6.25 所示的写信界面。

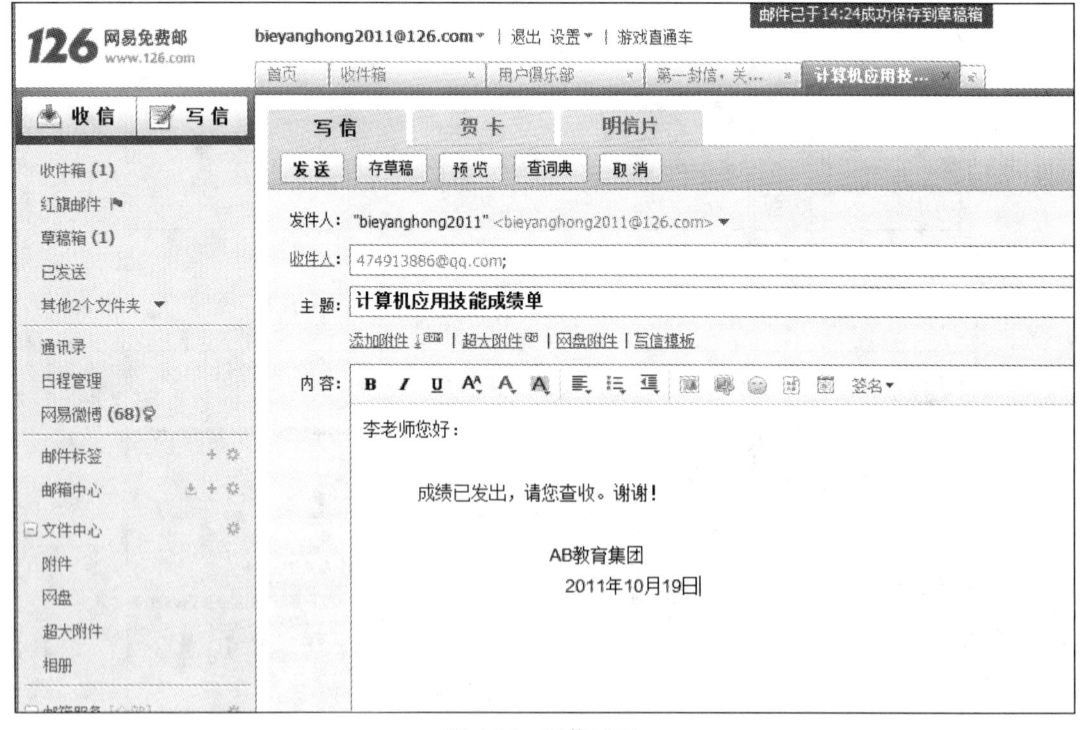

图 6.25 写信界面

⑤ 在该界面中，输入收件人的 E-mail 地址，并输入相关的主题和信件内容（见图 6-25）输入完成后，单击“发送”按钮，当出现“邮件发送成功!”的提示时，即表示邮件已经成功发送给了收件人，如图 6.26 所示。

图 6.26　邮件发送成功界面

实训任务三　TCP/IP 网络配置

实训目的与要求

① 掌握本地计算机的 TCP/IP 网络配置方法。

② 掌握 Ping 命令，创建和测试网络连接。

实训内容

① 配置本机 TCP/IP 协议。

② 创建和测试网络连接。

操作要点

配置本机 TCP/IP 协议：

① 在桌面右击图标，在弹出的快捷菜单中选择“属性”命令，打开“网络和共享中心”窗口，如图 6.27 所示。

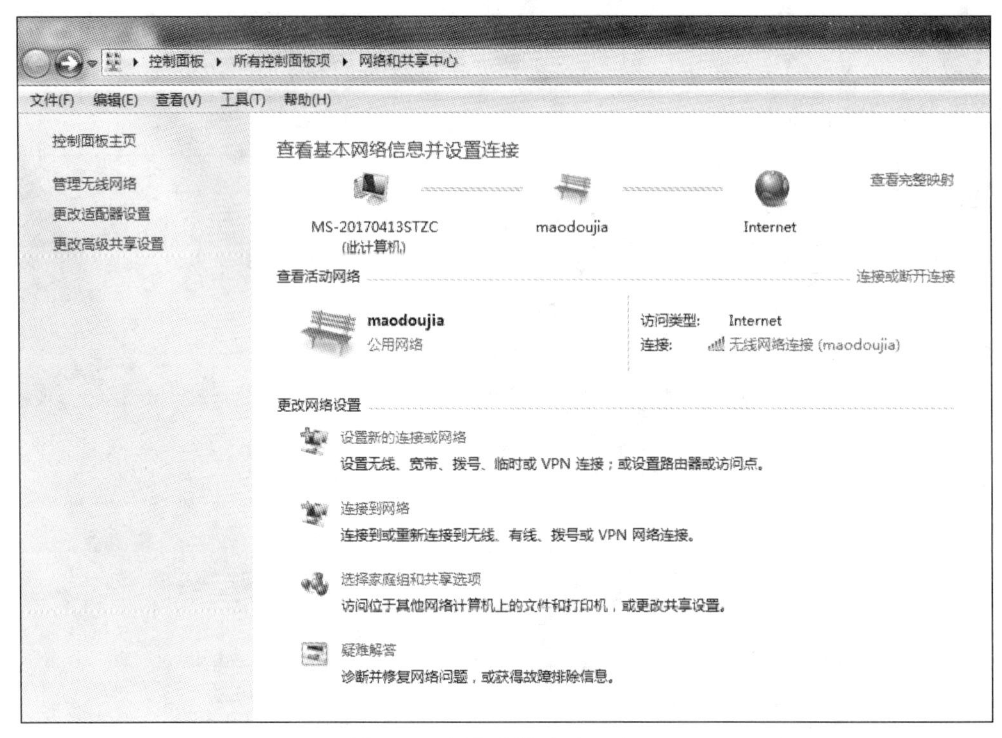

图 6.27　网络和共享中心窗口

② 单击“更改适配器设置”，打开“网络连接”窗口，右击“本地链接”选择“属性”命令，打开“本地连接属性”对话框，如图 6.28 所示。

③ 选中“Internet 协议（TCP/IP）”复选框，单击“属性”按钮，打开“Internet 协议版本 4（TCP/IPv4）属性”对话框，如图 6.29 所示。

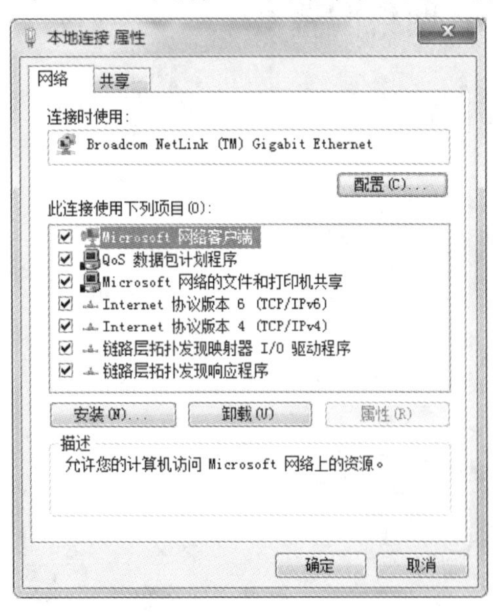

图 6.28　“本地连接 属性”对话框

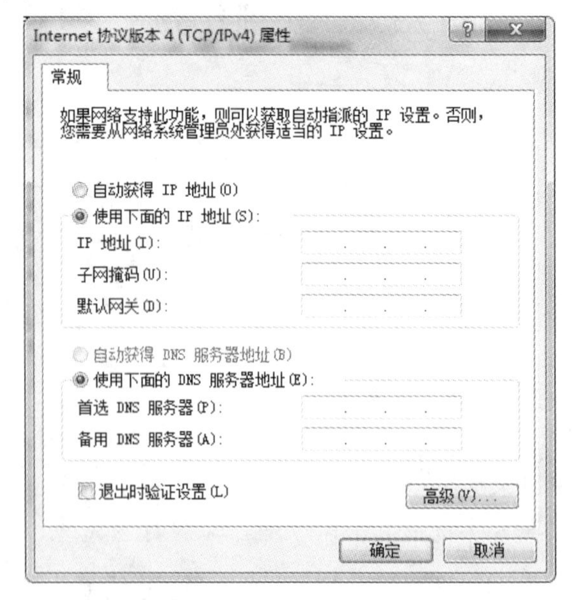

图 6.29　“Internet 协议版本 4（TCP/IPv4）属性”对话框

④ 选中“使用下面的 IP 地址”单选按钮，输入如图 6.30 所示的数据。

⑤ 在“开始”菜单中选择“运行”命令，在打开的“运行”对话框中输入 ping 192.168.0.12 如图 6.31 所示。

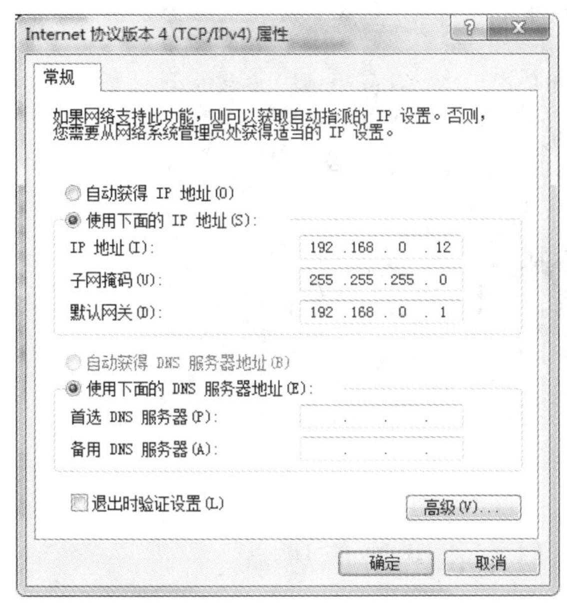

图 6.30　输入 IP 地址

图 6.31　“运行”对话框

⑥ 按 Enter 键后，查看 TCP/IP 的连接测试结果，已经连通的情况如图 6.32 所示，未连通情况如图 6.33 所示。

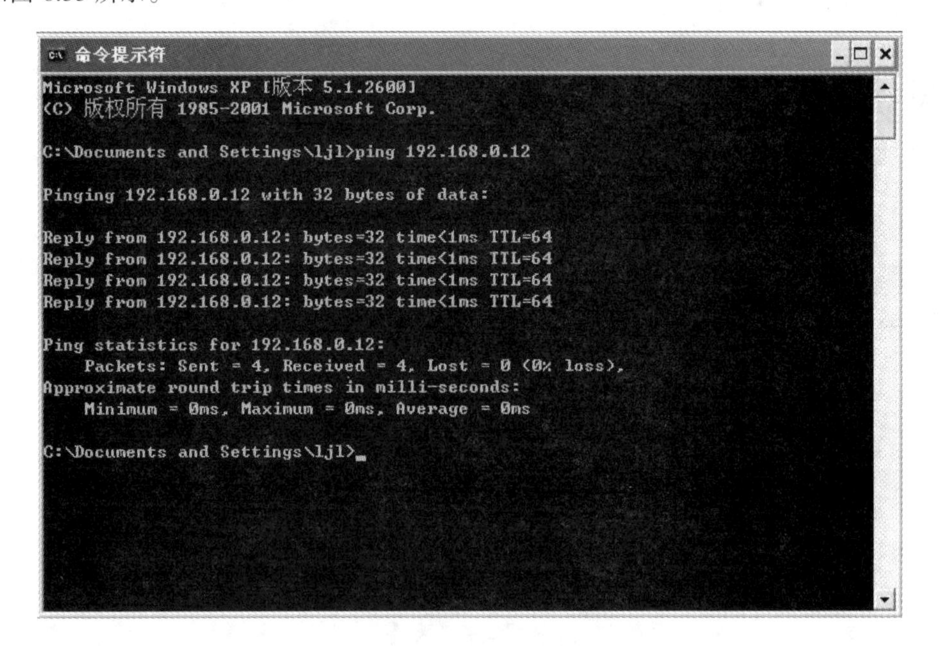

图 6.32　TCP/IP 已经连通的测试结果

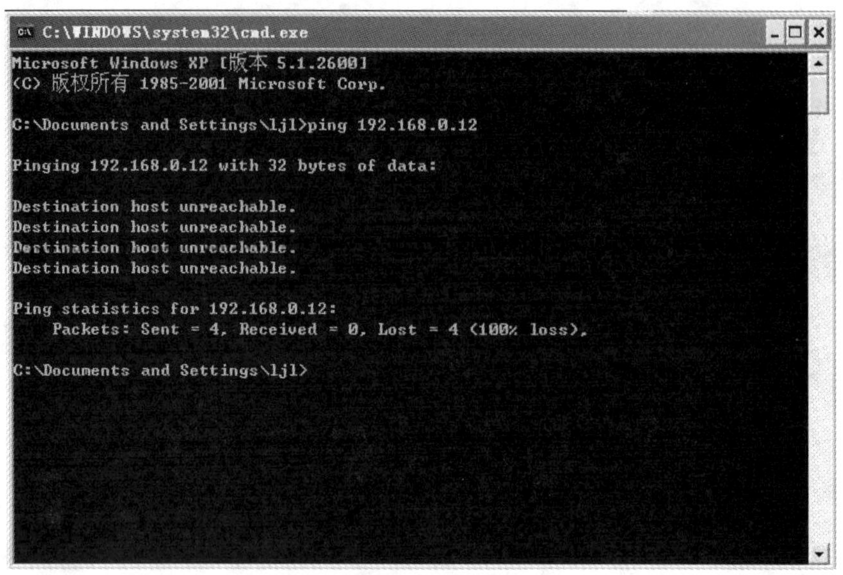

图 6.33　未连通的测试结果

实训任务四　查看本机网络信息

实训目的与要求

① 了解 ipconfig 的含义。

② 掌握 ipconfig 的用法。

实训内容

通过 ipconfig 命令查询本机基本信息。

操作要点

① 选择“开始”|“运行”命令，打开“运行”对话框，在“打开”文本框中输入 cmd，如图 6.34 所示。

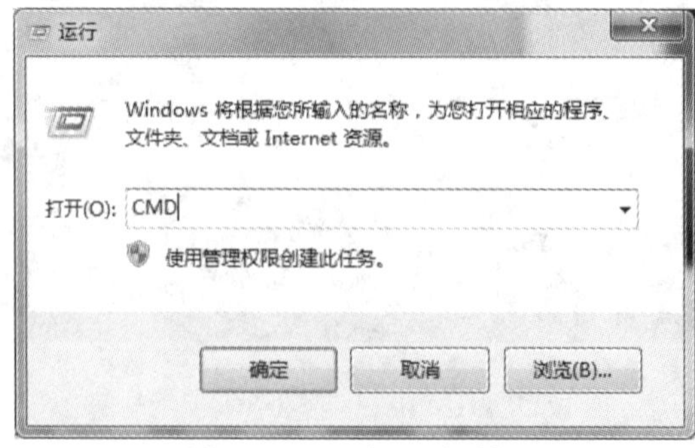

图 6.34　“运行”对话框

② 单击“确定”按钮，系统将自动弹出 DOS 命令窗口，如图 6.35 所示。

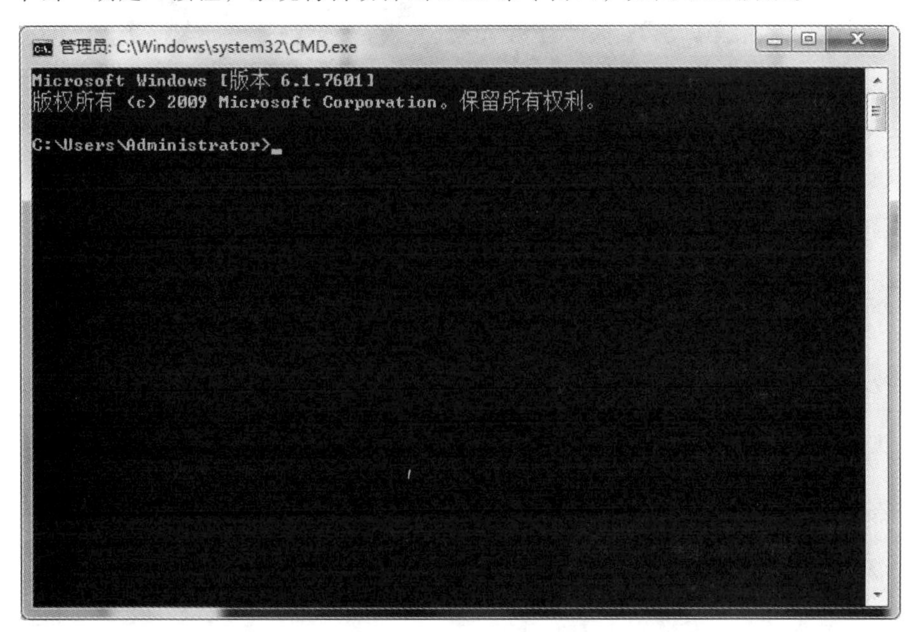

图 6.35　DOS 命令窗口

③ 在提示符后输入 ipconfig，按 Enter 键后显示如图 6.36 所示的结果。

图 6.36　ipconfig 命令执行的结果

④ 在提示符后输入 ipconfig/all，按 Enter 键后显示如图 6.37 所示的结果。

图 6.37　ipconfig/all 命令执行的结果

实训任务五　网 络 连 接

实训目的与要求

① 掌握双机对等网的组建方法。

② 掌握双绞线的制作方法。

③ 熟悉 IP 地址的设置。

④ 掌握宽带连接的方法。

实训内容

① 制作双机直连的双绞线。

② 设置两台计算机的 IP 地址。

③ 检测两台计算机是否连通。

④ Windows 7 环境下的宽带连接。

操作要点

1. 制作双机直连的双绞线

① 用压线钳的剪线刀口截取足够长的双绞线。

② 用压线钳的剥线刀口将双绞线的两头剥去约 1.5 cm 长的灰色管皮，使其露出内部不同颜色且相互缠绕双绞线。

③ 按照国标 EIAT/T568A 标准进行排线，要求排列紧凑整齐，再用压线钳的剪线刀口将线头切齐。

④ 将切齐的排线直接插入到水晶头底部。

⑤ 将水晶头插入到压线钳的压头槽，用力按下手柄将水晶头的金属引脚压至线槽底部。至此，双机直连双绞线的一头就制作完成。

⑥ 利用上述方法，制作双机直连双绞线的另一头，注意线序必须采用国标 EIAT/T568B 的标准进行排线。

⑦ 将制作好的两头插入到测线仪的测试口，打开电源开关，指示灯亮起，若指示灯亮起的顺序与表 6.1 相同，则表示该双绞线制作成功。

⑧ 把制作好的网线两端的 RJ-45 接头分别插入两台计算机网卡的 RJ-45 端口。

表 6.1　测线仪指示灯亮起的对应顺序表

一端	另一端
1	3
2	6
3	1
4	4
5	5
6	2
7	7
8	8

2. 设置两台计算机的 IP 地址

① 首先通过“控制面板”打开如图 6.38 所示“网络连接”窗口。

② 右击“本地连接”，在弹出的快捷菜单中选择“属性”命令，打开如图 6.39 所示的“本地连接 属性”对话框。

图 6.38　网络连接窗口

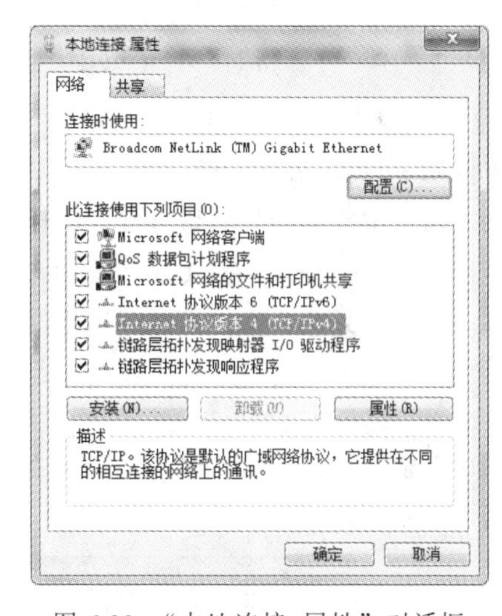

图 6.39　“本地连接 属性”对话框

③ 在该对话框中，双击“Internet 协议版本 4(TCP/IPv4)”选项，打开如图 6.40 所示的“Internet 协议版本 4 (TCP/IPv4) 属性”对话框，为其设置 IP 地址为 192.168.0.11，子网掩码为 255.255.255.0。用同样的方法，为另一台计算机设置 IP 地址为 192.168.0.12，子网掩码相同。不需要设置默认网关和 DNS 服务器地址。

④ 设置完成后，单击“确定”按钮，返回到“本地连接 属性”对话框，再次单击“确定”按钮，设置完成。

3. 查看或设置计算机名称和所属工作组

① 单击“开始”|“控制面板|“系统和安全”|“系统”|“高级系统设置”选项，打开“系

统属性”对话框，选择“计算机名”选项卡。或用右击桌面上的“计算机”图标，在弹出的快捷菜单中选择“属性”命令，在弹出的“系统窗口”中单击“高级系统设置”选项，打开“系统属性”对话框，如图 6.41 所示。

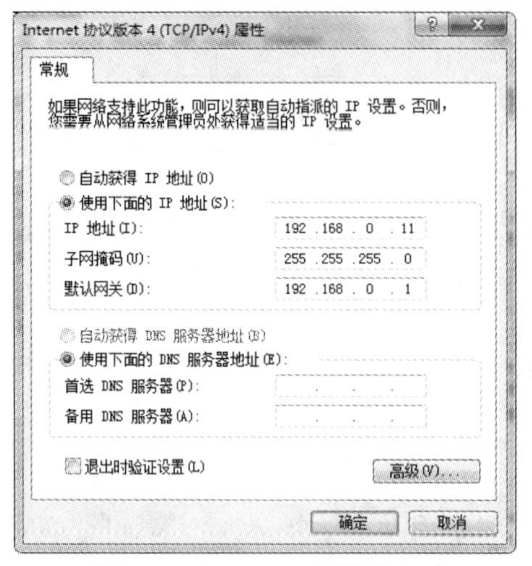

图 6.40 “Internet 协议版本 4 (TCP/IPv4) 属性”对话框

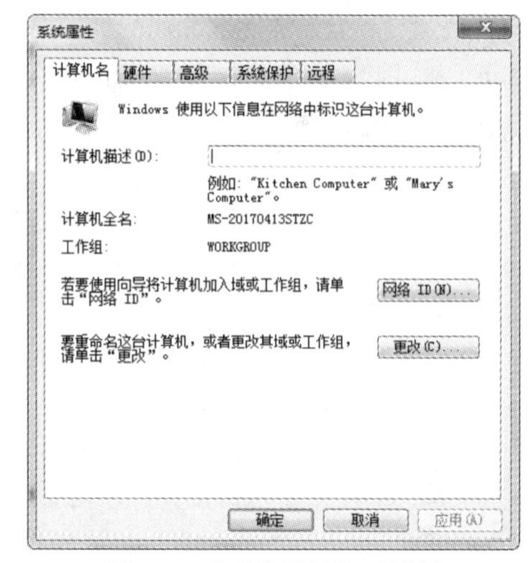

图 6.41 “系统属性”对话框

② 在“计算机名”选项卡中查看或更改本机的计算机全名和隶属的工作组。

4. 设置允许网络登录

① 单击“开始”|“控制面板|“系统和安全|“管理工具”选项，打开“管理工具”窗口，在右窗口中双击“计算机管理”图标，打开“计算机管理”窗口，查看 Guest 用户的账户是否被停用。若被停用，双击该用户图标，打开“Guest 属性”对话框，启用该账户。或者右击桌面上的“计算机”图标，在弹出的快捷菜单中选择“管理”命令打开“计算机管理”窗口，如图 6.42 所示。

② 在“开始”菜单的“搜索程序和文件”文本框中输入 gpedit.msc，打开“本地组策略编辑器”窗口，从窗口右侧的策略中查看“拒绝从网络访问这台计算机”是否包含用户 Guest，若有，则删除。

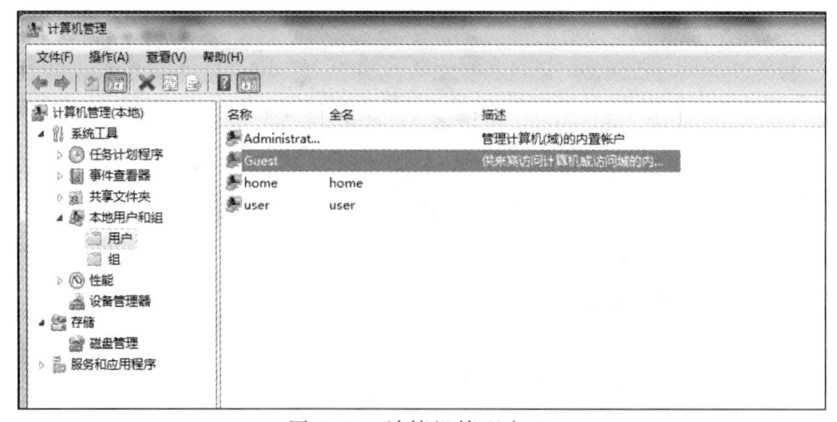

图 6.42 计算机管理窗口

5. 创建宽带连接

① 单击“开始”|“控制面板|“网络和 Internet”|“网络和共享中心”，打开“网络共享中心”窗口，如图 6.43 所示。

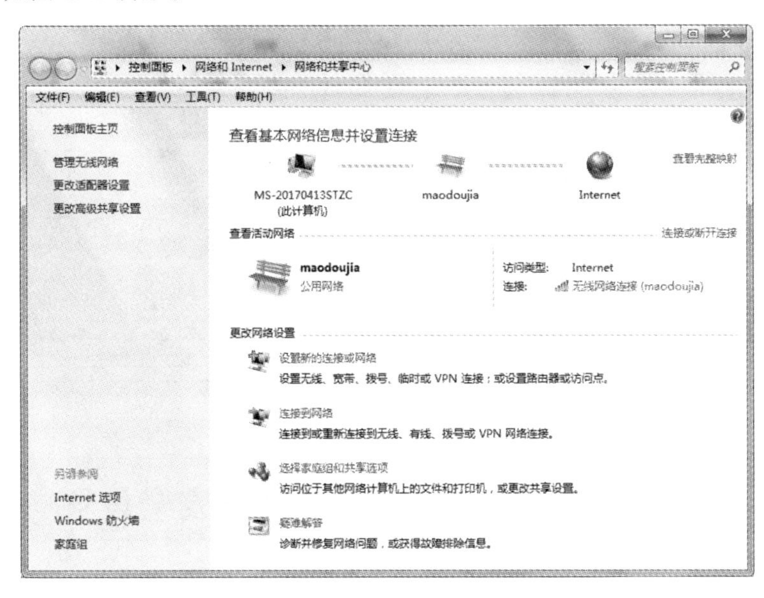

图 6.43 “网络和共享中心”窗口

② 单击“设置新的连接或网络”选项，打开“设置连接或网络”对话框，选中“连接到 Internet”选项，单击“下一步”按钮，在打开的“连接到 Internet”对话框中选择“宽带(PPPOE)”选项，输入电信运营商提供给的用户名和密码。建议选中“记住此密码”选项，下次连接时就可不再重新输入密码，如图 6.44 所示。

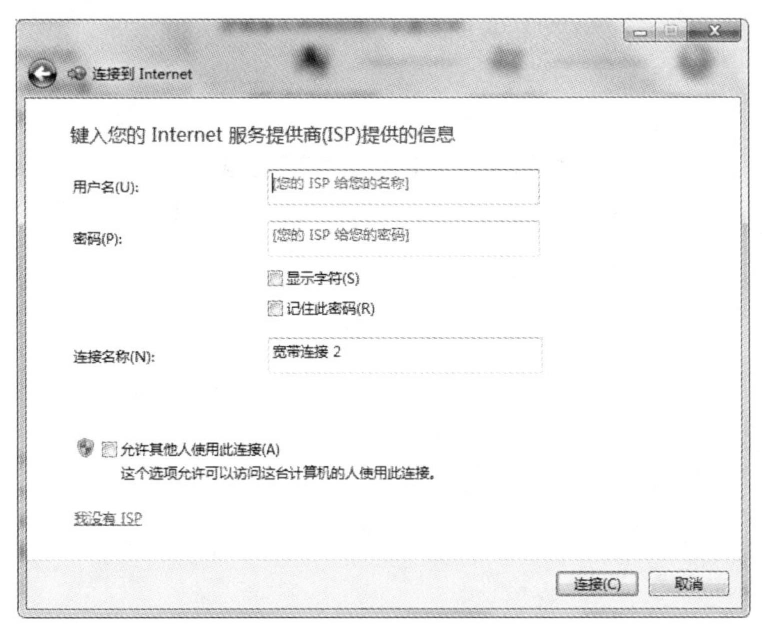

图 6.44 设置用户名和密码

③ 单击“连接”按钮，即可连接到网络。新建宽带连接成功后，会在“更改适配器设置”中显示一个宽带连接，选择“宽带连接”并在桌面创建快捷方式，如图 6.45 所示。

图 6.45　创建“宽带连接”快捷方式

实训任务六　Windows 7 网络安全设置

实训目的与要求

① 掌握 Windows 7 基本的网络配置。

② 掌握网络安全设置的方法。

实训内容

对 Windows 7 的网络配置进行设置。

操作要点

1. 禁止 NetBIOS,关闭不需要的服务可以提供更高的安全性

① 在“控制面板”中选择“网络和 Internet”选项（见图 6.46），然后单击“网络和共享中心”，查看基本网络信息并设置连接，如图 6.47 所示。

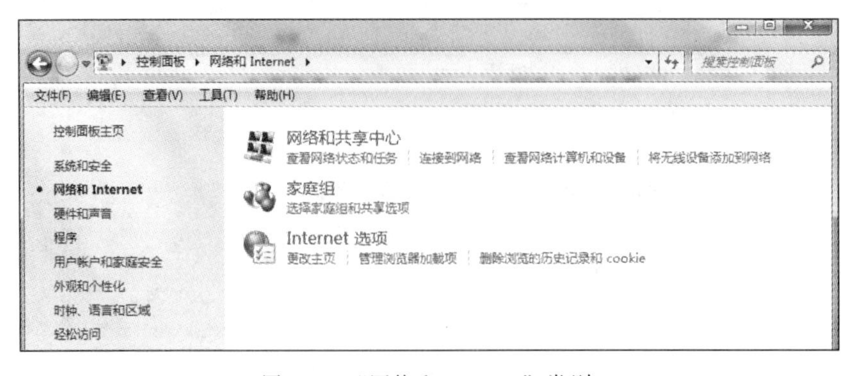

图 6.46　“网络和 Internet”类别

图 6.47 “网络和共享中心”窗口

② 在“网络和共享中心”窗口中的“查看活动网络”区域中单击“无线网络连接”，打开“无线网络连接状态”对话框，如图 6.48 所示。单击“属性”按钮，打开“本地连接 属性”对话框，如图 6.49 所示。在“此连接使用下列项目”列表框中选择“Internet 协议版本 4（TCP/IPv4）”。

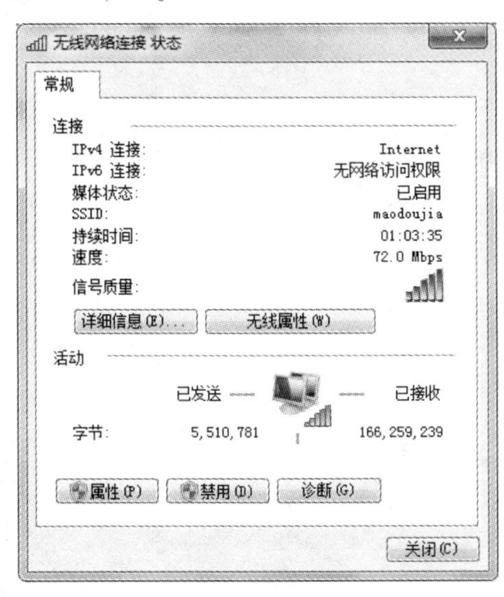

图 6.48 “无线网络连接 状态”对话框

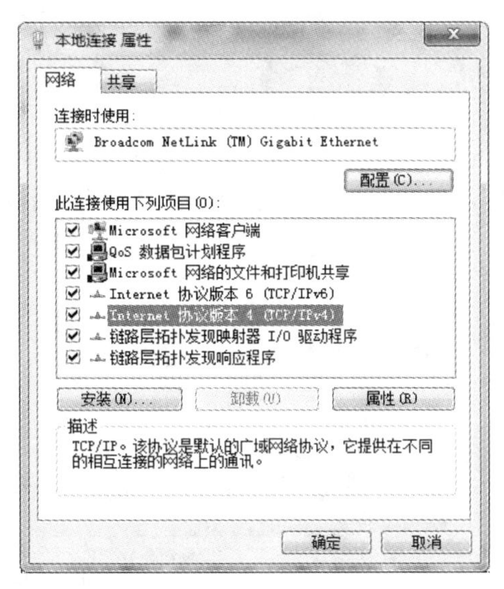

图 6.49 “本地连接 属性”对话框

③ 单击“属性”按钮，打开“高级 TCP/IP 设置”对话框，如图 6.50 所示。然后，单击“高级”按钮，在“高级 TCP/IP 设置”对话框下的 WINS 选项卡中勾选“禁用 TCP/IP 上的 NetBIOS”单选按钮，单选“确定”按钮，如图 6.51 所示。

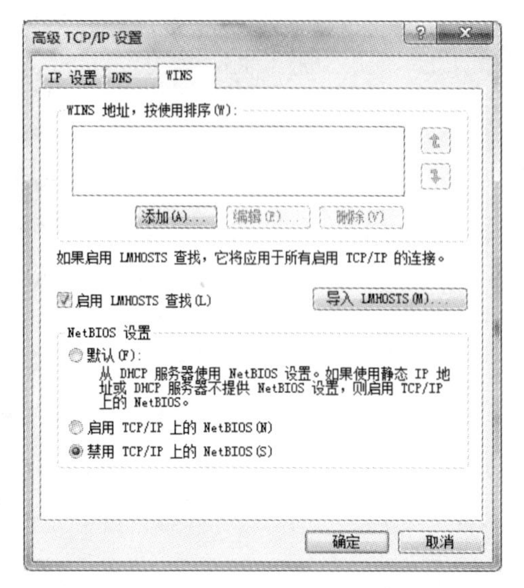

图 6.50 “高级 TCP/IP 设置”对话框

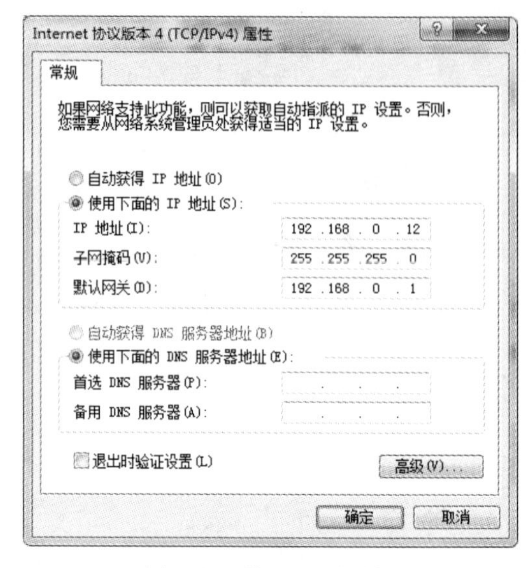

图 6.51 设置 IP 对话框

2. 禁止远程连接

① 在“控制面板”中的“系统和安全”选项中单击“系统”选项（见图 6.52），即可进入“系统属性”对话框。

图 6.52 系统和安全

② 选择“远程”选项卡，选中“不允许连接到这台计算机”单选按钮，即可完成禁止远程连接设备，如图 6.53 所示。

3. 浏览器安全设置

① 在浏览器菜单中选择“工具”|“Internet 选项”命令，在打开的“Internet 选项”对话

框中选择“安全”选项卡，单击“自定义级别”按钮。

② 在打开的“安全设置”对话框的“重置为”下拉列表中将安全级别选为“中-高”，单击“重置”按钮，如图 6.54 所示。

③ 重置后可能会影响个别网站的页面打开，可以将一些可信任的站点加入“可信站点”中，在“安全”选项卡中单击“可信站点”图标，单击“站点”按钮，即可将信任的站点地址加入表中。

4. 痕迹清除

① 单击“工具”|“Internet 选项”|“常规”选项卡。

② 在“浏览历史记录”区域单击“删除”按钮。

③ 勾选所有的复选框，单击“删除”按钮进行删除，如图 6.55 所示。

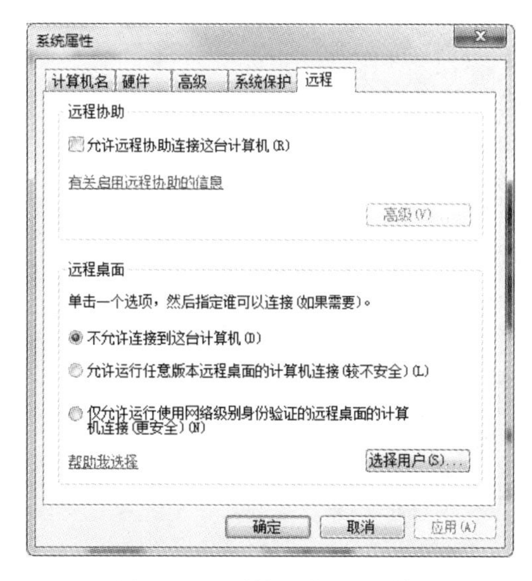

图 6.53 “系统属性”对话框

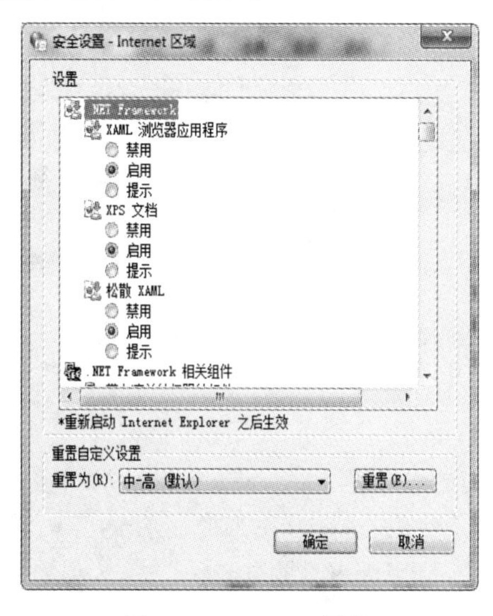

图 6.54 Internet 属性

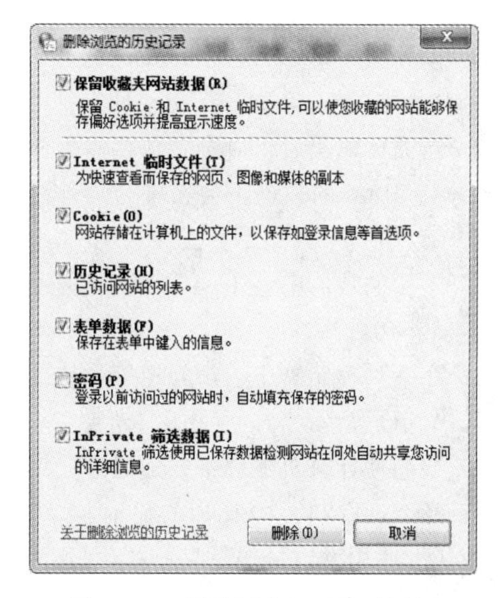

图 6.55 “删除历史记录”对话框

习　题

习题一　计算机基础知识

一、单项选择题

1. 世界上的第一台电子计算机诞生在（　　）。
   A. 中国　　B. 日本　　C. 德国　　D. 美国
2. 当关掉电源后，对半导体存储器而言，下列叙述正确的是（　　）。
   A. RAM 的数据不会丢失　　B. ROM 的数据不会丢失
   C. CPU 中数据不会丢失　　D. ALU 中数据不会丢失
3. 下面的数值中，（　　）一定是十六进制数。
   A. 1011　　B. DDF　　C. 84EK　　D. 125M
4. 在下列存储器中，访问速度最快的是（　　）。
   A. 硬盘　　B. 光盘　　C. 内存　　D. 磁带
5. 要想使计算机能够很好地处理三维图形，我们的做法是（　　）。
   A. 使用支持 2D 图形的显示卡　　B. 使用支持 3D 图形的显示卡
   C. 使用大容量的硬盘　　D. 使用大容量的软盘
6. 计算机安全包括（　　）。
   A. 操作安全　　B. 物理安全　　C. 病毒防护　　D. 以上皆是
7. 微机因同时运行的程序过多而造成“死机”，最可能的原因是（　　）。
   A. 电压不稳　　B. CPU 烧毁
   C. 内存不足　　D. 显示器分辨率太低
8. 将二进制数 111011001 转换成十六进制数是（　　）。
   A. 731　　B. EC1　　C. 1D9　　D. 473
9. 对计算机发展趋势的叙述，不正确的是（　　）。
   A. 体积越来越小　　B. 精确度越来越高
   C. 速度越来越快　　D. 容量越来越小

10. 以下属于高级语言的是（　　）。
A. 汇编语言　B. C 语言　C. 机器语言　D. 以上都是
11. 组成多媒体计算机系统的两部分是（　　）。
A. 多媒体功能卡和多媒体主机
B. 多媒体通信软件和多媒体开发工具
C. 多媒体输入设备和多媒体输出设备
D. 多媒体计算机硬件系统和多媒体计算机软件系统
12. 断电会使存储数据丢失的存储器是（　　）。
A. RAM　B. 硬盘　C. 软盘　D. ROM
13. 在内存中，每个存储单元都被赋予一个唯一的编号，这个编号称为存储单元的（　　）。
A. 字节数　B. 逻辑值　C. 地址　D. 容量
14. 下列一组数中，最大的是（　　）。
A. $(227)_8$　B. $(1FF)_{16}$　C. $(10100001)_2$　D. 178
15. 用高级语言编写的程序必须转换成（　　）程序，计算机才能执行。
A. 汇编语言　B. 机器语言　C. 中级语言　D. 算法语言
16. 下列属于静态图片文件扩展名的是（　　）。
A. BMP　B. JPG　C. TIFF　D. 以上都是
17. 键盘上的 NumLock 按键的作用是（　　）。
A. 大小写切换　B. 自动换行　C. 上档功能切换　D. 小键盘开启
18. 下面列出的 4 种存储器中，易失性存储器是（　　）。
A. RAM　B. ROM　C. 硬盘　D. CD-ROM
19. 运算器的主要功能（　　）。
A. 控制计算机各部件协同动作进行计算　B. 进行算术和逻辑运算
C. 进行运算并存储结果　D. 进行运算并存取数据
20. 下列关于计算机病毒说法错误的是（　　）。
A. 有些病毒仅能攻击某一种操作系统，如 Windows
B. 病毒一般附着在其他应用程序之后
C. 每种病毒都会给用户造成严重后果
D. 有些病毒能损坏计算机硬件
21. 八进制数“712.5“所对应的二进制数是（　　）。
A. 110010110.010　B. 111001010.101　C. 101011001.111　D. 111001100.110
22. 多媒体个人计算机的英文缩写是（　　）。
A. VCD　B. APC　C. DVD　D. MPC
23. 计算机病毒是指（　　）。
A. 编制有错误的计算机程序　B. 设计不完善的计算机程序
C. 已被破坏的计算机程序　D. 以危害系统为目的的特殊计算机程序
24. 应用软件是指（　　）。
A. 所有的软件系统

B. 从能被各应用单位共同使用的某种软件
C. 用户在微型计算机上的各种操作系统和 Office 套件
D. 专门为某一应用目的而编制的软件

25. CPU 处理数据的基本单位为字，一个字的字节长（　　）。
A. 为 8 个二进制位　　B. 为 16 个二进位制
C. 为 2 个二进位制　　D. 与 CPU 芯片的型号有关

26. 第二代电子计算机使用的逻辑元件是（　　）。
A. 电子管　　B. 晶体管
C. 集成电路　　D. 超大规模集成电路

27. 第四代电子计算机使用的逻辑器件是（　　）。
A. 晶体管　　B. 电子管
C. 中、小规模集成电路　　D. 大规模和超大规模集成电路

28. 电子计算机主要是以（　　）划分第几代的。
A. 集成电路　　B. 电子元件　　C. 电子管　　D. 晶件管

29. 世界上第一台数字电子计算机是（　　），它诞生于美国宾夕法尼亚大学。
A. EDVAC　　B. EDVAC　　C. ENIAC　　D. UNVAC

30. 一个完整的微型计算机系统应包括（　　）。
A. 计算机及外围设备　　B. 主机箱、键盘、显示器和打印机
C. 硬件系统和软件系统　　D. 系统软件和系统硬件

31. 按冯·诺依曼的观点，计算机由五大部件组成，分别是（　　）。
A. CPU、控制器、存储器、输入/输出设备
B. 控制器、运算器、存储器、输入/输出设备
C. CPU、运算器、主存储器、输入/输出设备
D. CPU、控制器、运算器、主存储器、输入/输出设备

32. 操作系统是一种（　　）。
A. 应用软件　　B. 实用软件　　C. 系统软件　　D. 编译软件

33. 计算机能直接执行的程序是（　　）。
A. 源程序　　B. 机器语言程序
C. BASIC 语言程序　　D. 汇编语言程序

34. 微型计算机中使用的关系数据库系统，就应用领域而言属于（　　）范围的应用。
A. 数据处理　　B. 科学计算　　C. 实时控制　　D. 计算机辅助设计

35. 微型计算机系统中的中央处理器通常是指（　　）。
A. 内存储器和控制器　　B. 内存储器和运算器
C. 控制器和运算器　　D. 内存储器、控制器和运算器

36. 计算机主存中，能用于存取信息的部件是（　　）。
A. 硬盘　　B. 软盘　　C. 只读存储器　　D. RAM

37. 微型计算机的主存储器比辅助存储器（　　）。
A. 存储容量大　　B. 存储可靠性高　　C. 读写速度快　　D. 价格便宜

38. 计算机显示器参数中，参数 640×480，1 024×768 等表示（　　）。
A. 显示器屏幕的大小　　B. 显示器显示字符的最大列数和行数
C. 显示器的分辨率　　D. 显示器的颜色指标
39. 微机显示器一般有两组引线，即（　　）。
A. 电源线与信号线　　B. 电源线与控制线
C. 地址线与信号线　　D. 控制线与地址线
40. 鼠标器是（　　）。
A. 输出设备　　B. 输入设备　　C. 存储设备　　D. 显示设备
41. 下列设备中，可以将图片输入到计算机内的设备是（　　）。
A. 绘图器　　B. 键盘　　C. 扫描仪　　D. 鼠标
42. 光驱的倍速越大（　　）。
A. 数据传输越快　　B. 纠错能力越强
C. 所能读取光盘的容量越大　　D. 播放 DVD 效果越好
43. 在微机系统中基本输入/输出模块（BIOS）存放在（　　）中。
A. RAM　　B. ROM　　C. 硬盘　　D. 寄存器
44. 在微机的性能指标中，用户可用的内存容量通常是指（　　）。
A. RAM 的容量　　B. ROM 的容量
C. RAM 和 ROM 的容量之和　　D. CD-ROM 的容量之和
45. 微型计算机外存储器是指（　　）。
A. ROM　　B. RAM
C. U 盘、硬盘等辅助存储器　　D. 虚盘
46. 微型计算机的硬盘是一种（　　）。
A. CPU 的一部分　　B. 大容量内存　　C. 辅助存储器　　D. 内存（主存储器）
47. 硬盘工作时，应特别注意避免（　　）。
A. 强烈震动　　B. 噪声　　C. 光线直射　　D. 环境卫生不好
48. 计算机之所以能按人们的意志自动进行工作，最直接的原因是因为采用了（　　）。
A. 二进制数制　　B. 高速电子元件
C. 存储程序控制　　D. 程序设计语言
49. 微型计算机主机的主要组成部分是（　　）。
A. 运算器和控制器　　B. CPU 和内存储器
C. CPU 和硬盘存储器　　D. CPU、内存储器和硬盘
50. 微型计算机中，控制器的基本功能是（　　）。
A. 进行算术和逻辑运算　　B. 存储各种控制信息
C. 保持各种控制状态　　D. 控制计算机各部件协调一致地工作
51. 计算机操作系统的作用是（　　）。
A. 管理计算机系统的全部软、硬件资源，合理组织计算机的工作流程，以达到充分发挥计算机资源的效率，为用户提供使用计算机的友好界面
B. 对用户存储的文件进行管理，方便用户

C. 执行用户输入的各类命令

D. 为汉字操作系统提供运行的基础

52. 下列各组设备中，完全属于外围设备的一组是（　　）。

A. 内存储器、磁盘和打印机　　B. CPU、光盘驱动器和 RAM

C. CPU、显示器和键盘　　D. 硬盘、光盘驱动器、键盘

53. RAM 的特点是（　　）。

A. 断电后，存储在其内的数据将会丢失

B. 存储在其内的数据将永久保存

C. 用户只能读出数据，但不能随机写入数据

D. 容量大但存取速度慢

54. 计算机存储器中，组成一个字节的二进制位数是（　　）。

A. 4　　B. 8　　C. 16　　D. 32

55. 微型计算机硬件系统中最核心的部件是（　　）。

A. 硬盘　　B. I/O 设备　　C. 内存储器　　D. CPU

56. 无符号二进制整数 10111 转换成十进制整数，其值是（　　）。

A. 17　　B. 19　　C. 21　　D. 23

57. KB（千字节）是度量存储器容量大小的常用单位之一，1KB 实际等于（　　）。

A. 1 000 个字节　　B. 1 024 个字节　　C. 1 000 个二进位　　D. 1 024 个字

58. 下列叙述中，正确的是（　　）。

A. CPU 能直接读取硬盘上的数据　　B. CPU 能直接存取内存储器中的数据

C. CPU 由存储器和控制器组成　　D. CPU 主要用来存储程序和数据

59. 下面关于 ROM 的说法中，不正确的是（　　）。

A. CPU 不能向 ROM 随机写入数据

B. ROM 中的内容在断电后不会消失

C. ROM 是只读存储器的英文缩写

D. ROM 是只读的，所以它不是内存而是外存

60. 在计算机应用领域中，CAD、CAI、CAT 所代表的中文含意依次是（　　）。

A. 计算机辅助设计、计算机辅助制造、计算机辅助教学

B. 计算机辅助制造、计算机辅助测试、计算机辅助设计

C. 计算机辅助设计、计算机辅助教学、计算机辅助测试

D. 计算机辅助教学、计算机辅助制造、计算机辅助设计

61. 下列 4 种存储器中，存取速度最快的是（　　）。

A. 磁带　　B. U 盘　　C. 硬盘　　D. 内存储器

62. 计算机病毒的特点（　　）。

A. 传播性、潜伏性、易读性与隐蔽性　　B. 破坏性、传播性、潜伏性与安全性

C. 传播性、潜伏性、破坏性与隐蔽性　　D. 传播性、潜伏性、破坏性与易读性

63. 计算机病毒是（　　）。

A. 通过计算机传播的危害人类健康的一种病毒

B. 人为制作的能够侵入计算机系统并给计算机带来故障的程序或指令集合

C. 一种由于计算机元器件老化而产生的对生态环境有害的物质

D. 利用计算机的海量高速运算能力而研制出来的用于疾病预防的新型病毒

64. 在计算机硬件系统中，Cache 是（　　）存储器。

A. 只读　　B. 可编程只读

C. 可擦可编程只读　　D. 高速缓冲

65. CPU 是由（　　）组成的。

A. 存储器和运算器　　B. 存储器和控制器

C. RAM 和 ROM　　D. 运算器和控制器

66. 所谓媒体是指（　　）。

A. 表示和传播信息的载体　　B. 各种信息的编码

C. 计算机的输入/输出信息　　D. 计算机屏幕和音箱等输出的信息

67. 多媒体计算机是指（　　）计算机。

A. 专供家庭使用的

B. 连接在网络上的高级

C. 装有 CD-ROM 的

D. 具有处理文字、图形、声音、影像等信息的

68. Shift 键的作用是（　　）。

A. 改变字母大小输入状态　　B. 输入双字键中上方字符

C. 输入控制信息　　D. A 和 B

69. 个人计算机属于（　　）。

A. 小巨型机　　B. 中型机　　C. 小型机　　D. 微机

70. 计算机内部使用的数是（　　）。

A. 二进制数　　B. 八进制数　　C. 十进制数　　D. 十六进制数

71. 在微机中，存储容量为 5 MB，指的是（　　）。

A. 5×1 000×1 000 字节　　B. 5×1 000×1 024 字节

C. 5×1 024×1 000 字节　　D. 5×1 024×1 024 字节

72. 在下列设备中，属于输出设备的是（　　）。

A. 扫描仪　　B. 键盘　　C. 鼠标　　D. 打印机

73. 为了避免混淆，十六进制数在书写时常在后面加上字母（　　）。

A. H　　B. O　　C. D　　D. B

74. 目前市场上的 MP3 播放器与计算机之间进行数据传输是使用的最广泛的接口类型是（　　）。

A. 串口　　B. 并口　　C. USB　　D. 红外接口

二、判断题

1. 计算机的外围设备就是指计算机的输入设备和输出设备。（　　）

2. 衡量计算机存储容量的单位通常是字节。（　　）

3. 软件维护是指对软件的改进和完善。 ( )
4. 办公信息系统一般可分为 3 个层次：事务处理、管理控制和辅助决策。 ( )
5. 外存的数据可以直接进入 CPU 被处理。 ( )
6. 第三代电子计算机主要采用超大规模集成电路原件制造成的。 ( )
7. 软件危机是指使用计算机系统进行经济犯罪活动。 ( )
8. ASCII 码是计算机唯一使用的信息编码。 ( )
9. 程序一定要调入主存储器中才能运行。 ( )
10. 信号简单地说是信息的表现形式，具有确定的物理描述。 ( )
11. 回收站被清空后，其中的文件不可再恢复。 ( )
12. 一般来说计算机的输出设备有打印机和键盘。 ( )
13. 数据通信系统模型中,信宿是信息的发出者，信源是信息的接收者。 ( )
14. 算法的空间复杂度是指算法程序的长度。 ( )
15. 以微处理器为核心的微型计算机属于第一代计算机。 ( )
16. 在计算机中，—个字节由 8 个二进制位组成。 ( )
17. 运算器的主要功能是进行算术运算。 ( )
18. 存储容量常用 KB 表示，4KB 表示存储单元有 4×1 024 个字节。 ( )
19. CPU 和内存合在一起称为主机。 ( )
20. 1 GB=2^{30}B。 ( )
21. 在计算机内部，一切信息的存放、处理和传递均采用二进制的形式。 ( )
22. 微型机开机顺序应遵循先外设后主机的次序。 ( )
23. 微型机中，用来存储信息的最基本单位是字节。 ( )
24. 内存储器容量的大小是衡量计算机性能的指标之一。 ( )

三、填空题

1. 在计算机系统中，输入的一切数据都是以________编码方式存储的。
2. 同十进制数 100 等值的十六进制数是________。
3. 已知大写字母 D 的 ASCII 码为 68，那么小写字母 d 的 ASCII 码为________。
4. 手写板是计算机的________设备
5. 存储器中访问速度最快的是________。
6. 操作系统是对________进行控制和管理的系统软件。
7. 只读存储器简称为________，随机存储器简称为________。
8. 存储器的存储容量通常以能存储多少个二进制信息位或多少个字节来表示，一个字节是指________个二进制信息位，1MB 的含义是________字节。
9. 中央处理器(CPU)主要包含________和________两个部件。
10. 通常把控制器和运算器集成在一起称为________，又叫 CPU。
11. 计算机系统由________和________两部分组成。

习题二　Windows 7 操作系统

一、单项选择题

1. 计算机系统中必不可少的软件是（　　）。
   A. 操作系统　　B. 语言处理程序　　C. 工具软件　　D. 数据库管理系统
2. 下列说法中正确的是（　　）。
   A. 操作系统是用户和控制对象的接口
   B. 操作系统是用户和计算机的接口
   C. 操作系统是计算机和控制对象的接口
   D. 操作系统是控制对象、计算机和用户的接口
3. 操作系统管理的计算机系统资源包括（　　）。
   A. 中央处理器、主存储器、输入/输出设备
   B. CPU、输入/输出
   C. 主机、数据、程序
   D. 中央处理器、主存储器、外部设备、程序、数据
4. 操作系统的主要功能包括（　　）。
   A. 运算器管理、存储管理、设备管理、处理器管理
   B. 文件管理、处理器管理、设备管理、存储管理
   C. 文件管理、设备管理、系统管理、存储管理
   D. 处理管理、设备管理、程序管理、存储管理
5. 在计算机中，文件是存储在（　　）。
   A. 磁盘上的一组相关信息的集合　　B. 内存中的信息集合
   C. 存储介质上一组相关信息的集合　　D. 打印纸上的一组相关数据
6. Windows 7 目前有几个版本（　　）。
   A. 3　　B. 4　　C. 5　　D. 6
7. 在 Windows 7 的各个版本中，支持的功能最少的是（　　）。
   A. 家庭普通版　　B. 家庭高级版　　C. 专业版　　D. 旗舰版
8. Windows 7 是一种（　　）。
   A. 数据库软件　　B. 应用软件　　C. 系统软件　　D. 中文字处理软件
9. 在 Windows 7 操作系统中，将打开窗口拖动到屏幕顶端，窗口会（　　）。
   A. 关闭　　B. 消失　　C. 最大化　　D. 最小化
10. 在 Windows 7 操作系统中，显示桌面的快捷键是（　　）。
    A. Win+D　　B. Win+P　　C. Win+Tab　　D. Alt+Tab
11. 在 Windows 7 操作系统中，显示 3D 桌面效果的快捷键是（　　）。
    A. Win+D　　B. Win+P　　C. Win+Tab　　D. Alt+Tab
12. 安装 Windows 7 操作系统时，系统磁盘分区必须为（　　）格式才能安装。

A. FAT　　B. FAT16　　C. FAT32　　D. NTFS

13. Windows 7 中，文件的类型可以根据（　　）来识别。

A. 文件的大小　　B. 文件的用途

C. 文件的扩展名　　D. 文件的存放位置

14. 在下列软件中，属于计算机操作系统的是（　　）。

A. Windows 7　　B. Excel 2010　　C. Word 2010　　D. Excel 2010

15. 要选定多个不连续的文件（文件夹），要先按住（　　），再选定文件。

A. Alt 键　　B. Ctrl 键　　C. Shift 键　　D. Tab 键

16. 在 Windows 7 中使用删除命令删除硬盘中的文件后，（　　）。

A. 文件确实被删除，无法恢复

B. 在没有存盘操作的情况下，还可恢复，否则不可以恢复

C. 文件被放入回收站，可以通过“查看”菜单的“刷新”命令恢复

D. 文件被放入回收站，可以通过回收站操作恢复

17. 在 Windows 7 中，要把选定的文件剪切到剪贴板中，可以按（　　）组合键。

A. Ctrl+X　　B. Ctrl+Z　　C. Ctrl+V　　D. Ctrl+C

18. 在 Windows 7 中个性化设置包括（　　）。

A. 主题　　B. 桌面背景　　C. 窗口颜色　　D. 声音

19. 在 Windows 7 中可以完成窗口切换的方法是（　　）。

A. Alt+Tab　　B. Win+Tab　　C. Win+P　　D. Win+D

20. Windows 7 中，关于防火墙的叙述不正确的是（　　）。

A. Windows 7 自带的防火墙具有双向管理的功能

B. 默认情况下允许所有入站连接

C. 不可以与第三方防火墙软件同时运行

D. Windows 7 通过高级防火墙管理界面管理出站规则

21. 在 Windows 操作系统中，【Ctrl+C】是（　　）命令的快捷键。

A. 复制　　B. 粘贴　　C. 剪切　　D. 打印

22. 在安装 Windows 7 的最低配置中，硬盘的基本要求是（　　）GB 以上可用空间。

A. 8 GB 以上　　B. 16 GB 以上　　C. 30 GB 以上　　D. 60 GB 以上

23. Windows 7 有 4 个默认库，分别是视频、图片、（　　）和音乐。

A. 文档　　B. 汉字　　C. 属性　　D. 图标

24. 在 Windows 7 中，有两个对系统资源进行管理的程序组，它们是“资源管理器”和（　　）。

A. 回收站　　B. 剪贴板　　C. 计算机　　D. 我的文档

25. Windows 7 是一种（　　）。

A. 数据库软件　　B. 应用软件　　C. 系统软件　　D. 中文字处理软件

26. 在 Windows 7 环境中，鼠标是重要的输入工具，而键盘（　　）。

A. 无法起作用

B. 仅能配合鼠标. 在输入中起辅助作用（如输入字符）

C. 仅能在菜单操作中运用，不能在窗口的其他地方操作

D. 也能完成几乎所有操作

27. Windows 7 中，单击是指（　　）。

A. 快速按下并释放鼠标左键　B. 快速按下并释放鼠标右键
C. 快速按下并释放鼠标中间键　D. 按住鼠标器左键并移动鼠标

28. 在 Windows 7 的桌面上单击鼠标右键，将弹出一个（　　）。

A. 窗口　B. 对话框　C. 快捷菜单　D. 工具栏

29. 被物理删除的文件或文件夹（　　）。

A. 可以恢复　B. 可以部分恢复
C. 不可恢复　D. 可以恢复到回收站

30. 记事本的默认扩展名为（　　）。

A. DOC　B. COM　C. TXT　D. XLS

31. 关闭对话框的正确方法是（　　）。

A. 按最小化按钮　B. 单击鼠标右键
C. 单击关闭按钮　D. 以击鼠标左键

32. 在 Windows 7 桌面上，若任务栏上的按钮呈凸起形状，表示相应的应用程序处在（　　）。

A. 后台　B. 前台　C. 非运行状态　D. 空闲

33. Windows 7 中的菜单有窗口菜单和（　　）菜单两种。

A. 对话　B. 查询　C. 检查　D. 快捷

34. 当一个应用程序窗口被最小化后，该应用程序将（　　）。

A. 被终止执行　B. 继续在前台执行　C. 被暂停执行　D. 转入后台执行

35. 下面是关于 Windows 7 文件名的叙述，错误的是（　　）。

A. 文件名中允许使用汉字　B. 文件名中允许使用多个圆点分隔符
C. 文件名中允许使用空格　D. 文件名中允许使用西文字符“|”。

36. 下列哪一个操作系统不是微软公司开发的操作系统（　　）。

A. Windows Server 7 B. Windows 7　C. Linux　D. Vista

37. 正常退出 Windows 7，正确的操作是（　　）。

A. 在任何时刻关掉计算机的电源
B. 选择“开始”菜单中“关闭计算机”并进行人机对话
C. 在计算机没有任何操作的状态下关掉计算机的电源
D. 在任何时刻按 Ctrl+Alt+Del 键

38. 为了保证 Windows 7 安装后能正常使用，采用的安装方法是（　　）。

A. 升级安装　B. 卸载安装　C. 覆盖安装　D. 全新安装

39. 大多数操作系统，如 DOS、Windows、UNIX 等，都采用（　　）的文件夹结构。

A. 网状结构　B. 树状结构　C. 环状结构　D. 星状结构

40. 在 Windows 7 中，按（　　）键可在各中文输入法和英文间切换。

A. Ctrl+Shift　B. Ctrl+Alt　C. Ctrl+空格　D. Ctrl+Tab

41. 操作系统具有的基本管理功能是（　　）。

A. 网络管理、处理器管理、存储管理、设备管理和文件管理

B. 处理器管理、存储管理、设备管理、文件管理和作业管理
C. 处理器管理、硬盘管理、设备管理、文件管理和打印机管理
D. 处理器管理、存储管理、设备管理、文件管理和程序管理

42. Windows 7 系统是微软公司推出的一种（　　）。
A. 网络系统　　B. 操作系统　　C. 管理系统　　D. 应用程序

43. 在 Windows 7 中，（　　）桌面上的程序图标即可启动一个程序
A. 选定　　B. 右击　　C. 双击　　D. 拖动

44. Windows 7 中任务栏上显示（　　）。
A. 系统中保存的所有程序　　B. 系统正在运行的所有程序
C. 系统前台运行的程序　　D. 系统后台运行的程序

45. 当屏幕的指针为沙漏加箭头时，表示 Windows 7（　　）。
A. 正在执行应答任务
B. 没有执行任何任务
C. 正在执行一项任务，不可以执行其他任务
D. 正在执行一项任务但仍可以执行其他任务

46. 在 Windows 7 中，活动窗口表示为（　　）。
A. 最小化窗口　　B. 最大化窗口
C. 对应任务按钮在任务栏上往外凸　　D. 对应任务按钮在任务栏上往里凹

47. 使用鼠标右键单击任何对象将弹出（　　），可用于该对象的常规操作。
A. 图标　　B. 快捷菜单　　C. 按钮　　D. 菜单

48. 在 Windows 7 中，在前台运行的任务数为（　　）个。
A. 1　　B. 2　　C. 3　　D. 任意多

49. 选用中文输入法后，可以实现全角半角切换的组合键是（　　）。
A. Capslock　　B. Ctrl+.　　C. Shift+space　　D. Ctrl+Space

50. 在 Windows 7 中，下列文件名，正确的是（　　）。
A. My file1.txt　　B. file1/　　C. A<B.C　　D. A>B.DOC

二、判断题

1. 正版 Windows 7 操作系统不需要激活即可使用。（　　）
2. Windows 7 旗舰版支持的功能最多。（　　）
3. Windows 7 家庭普通版支持的功能最少。（　　）
4. 在 Windows 7 的各个版本中，支持的功能都一样。（　　）
5. 要开启 Windows 7 的 Aero 效果，必须使用 Aero 主题。（　　）
6. 在 Windows 7 中默认库被删除后可以通过恢复默认库进行恢复。（　　）
7. 在 Windows 7 中默认库被删除了就无法恢复。（　　）
8. 正版 Windows 7 操作系统不需要安装安全防护软件。（　　）
9. 任何一台计算机都可以安装 Windows 7 操作系统。（　　）
10. 安装安全防护软件有助于保护计算机不受病毒侵害。（　　）

11. 直接切断计算机供电的做法，对 Windows 7 系统有损害。（　）
12. 使用“开始”菜单上的“我最近的文档”命令将迅速打开最近使用的文档。（　）
13. Windows 7 的桌面是一个系统文件夹。（　）
14. 任务栏可以拖动到桌面上的任何位置。（　）
15. 对话框窗口可以最小化。（　）

三、填空题

1. 在安装 Windows 7 的最低配置中，内存的基本要求是________GB 及以上。
2. Windows 7 有 4 个默认库，分别是视频、图片、________和音乐。
3. Windows 7 是由________公司开发，具有革命性变化的操作系统。
4. 要安装 Windows 7，系统磁盘分区必须为________格式。
5. 在 Windows 操作系统中，Ctrl+C 是________命令的快捷键。
6. 在安装 Windows 7 的最低配置中，硬盘的基本要求是________ GB 以上可用空间。
7. 在 Windows 操作系统中，Ctrl+X 是________命令的快捷键。
8. 在 Windows 操作系统中，Ctrl+V 是________命令的快捷键。
9. 记事本是 Windows 7 操作系统内带的专门用于________应用程序。
10. Windows 7 中“剪贴板”是一个可以临时存放________、________等信息的区域，专门用于在________之间或________之间传递信息。
11. 磁盘是存储信息的物理介质，包括________、________等。
12. 在计算机中，“*”和“？”被称为________。
13. ________是一个小型的文字处理软件，能够对文章进行一般的编辑和排版处理，还可以进行简单的图文混排。
14. Windows 7 是美国________开发的新一代操作系统。

习题三　文字处理软件 Word 2010

一、单项选择题

1. 下列视图中不是 Word 2010 视图模式的是（　）。
   A. 页面视图　B. 大纲视图　C. 特殊视图　D. 普通视图
2. 关于 Word 2010，以下说法中错误的是（　）。
   A. “剪切”功能将选取的对象从文档中删除，并存放在剪切板中
   B. “粘贴”功能将剪切板上的内容粘贴到文档中插入点所在的位置
   C. 剪贴板是外存中一个临时存放信息的特殊区域
   D. 剪切板是内存中一个临时存放信息的特殊区域
3. 要将硬盘 C 中 Word 2010 文档复制到另一个文件夹，以下操作正确的做法是（　）。
   A. 用鼠标将文件拖到目标文件夹中　B. 使用文件菜单中的“发送到”功能

C. 使用复制粘贴　　D. 使用剪切与粘贴

4. 在 Word 2010 文档编辑窗口中，将选定的一段文字拖到另一位置，则完成（　　）。

A. 移动操作　　B. 复制操作　　C. 删除操作　　D. 非法操作

5. 在 Word 2010 中，用左键单击文档中的图片，产生的效果是（　　）。

A. 弹出快捷菜单　　B. 选中图片

C. 启动图形编辑器进入图形编辑状态　　D. 将该图片加文本框

6. 在 Word 2010 中，若想要绘制一个标准的圆，应该先选择椭圆工具，再按住（　　）键，然后拖动鼠标。

A. Shift　　B. Alt　　C. Ctrl　　D. Tab

7. 在 Word 2010 中，将一部分内容改为四号楷体，然后紧连这部分内容输入新的文字，则新输入的文字字号和字体为（　　）。

A. 四号楷体　　B. 五号楷体　　C. 五号宋体　　D. 不能确定

8. 以下关于 Word 2010 中分页符的描述，错误的是（　　）。

A. 分页符的作用是分页

B. 按 Ctrl+ Enter 组合键可以插入一个分页符

C. 各种分页符都可以选中后按 Delete 键删除

D. 在“普通视图”方式下分页符以虚线显示

9. 在 Word 2010 中，若存储文件时输入的文件名与当前目录下的文件同名，按 Enter 键（或保存按钮）后则（　　）。

A. 直接覆盖原文件　　B. 提示“冲突”信息，请求更名

C. 与原文件合并　　D. 放弃当前文件

10. 在 Word 2010 中，能看到分栏实际效果的视图是（　　）。

A. 页面　　B. 大纲　　C. 主控文档　　D. 联机版式

11. 在 Word 2010 中，不能选取全部文档的操作是（　　）。

A. 选择“编辑”菜单中的“全选”命令

B. 按 Ctrl+A 组合键

C. 在文档任意处双击鼠标

D. 先在文档开头用拖动操作选取一段文字，然后在文档结尾按住【Shift】键单击鼠标左键

12. 在 Word 2010 中，用拼音输入法输入单个汉字时，字母键（　　）。

A. 必须是大写　　B. 必须是小写

C. 可以大写或小写　　D. 可以大写与小写混合使用

13. Word 2010“开始”选项卡“字体组工具”上“B”“I”按钮的作用分别是（　　）。

A. 前者是“倾斜”操作，后者是“加粗”操作

B. 前者是“加粗”操作，后者是“倾斜”操作

C. 前者的快捷键是 Ctrl+ X，后者的快捷键是 Ctrl+ Z

D. 前者的快捷键是 Ctrl+ C，后者的快捷键是 Ctrl+ V

14. 以下关于 Word 2010 中文字设置的说法正确的是（　　）。

A. 默认字体有宋体、黑体、楷体和隶书

B. 文字格式工具栏中的“加粗”按钮可以设置字符间距

C. 利用“格式”菜单打开“字体”对话框，可以设置字符间距

D. 利用“格式”菜单打开“段落”对话框，可以设置字符间距

15. 在“表格属性”对话框中不可以设置（　　）。

A. 表格浮于文字之上　　B. 单元格中文字顶端对齐

C. 单元格中文字居中对齐　　D. 单元格中文字顶端对齐

16. 在 Word 2010 中，要改变文档中整个段落的字体，必须（　　）。

A. 把光标移到该段落段首，然后选择“格式”菜单中的“字体”命令

B. 选定该段落，再选择“开始”选项卡“段落”功能区中“段落设置”命令

C. 选定该段落，再选择“开始”选项卡“段落”功能区中“字体设置”命令

D. 选定该段落，右键选中区域，在弹出的快捷菜单中选择“段落 ”命令

17. Word 2010 功能区中的按钮（　　）。

A. 固定不变

B. 可以通过“视图”菜单的功能区中进行增减

C. 可以通过拖动方式删除

D. 不可以移动位置

18. 以下关于 Word 2010 表格的行高的说法，正确的是（　　）。

A. 行高不能修改

B. 行高只能用鼠标拖动来调整

C. 行高只能用菜单项来设置

D. 行高的调整既可以用鼠标拖动来调整，也可以用菜单项来设置

19. 在 Word 2010 文档编辑窗口中，将选定的一段文字从一个地方拖到另一个位置，则完成（　　）。

A. 移动操作　　B. 复制操作　　C. 删除操作　　D. 非法操作

20. 在 Word 2010 中，对图片版式设置不能用（　　）。

A. 嵌入型　　B. 滚动型　　C. 四周型　　D. 紧密型

21. 在 Word 2010 中，单击“Office 按钮”的“打印”按钮，则会（　　）。

A. 打印选定内容　　B. 打印当前页

C. 打印全部文档　　D. 出现“打印”对话框

22. Word 2010 工具的按钮凹下（暗灰色），代表该功能（　　）。

A. 无法使用　　B. 正在使用　　C. 未被使用　　D. 可以使用

23. Word 2010 选项卡工具组内的按钮（　　）。

A. 固定不变　　B. 可以增减

C. 可以用【Delete】键来删除　　D. 不可以移动位置

24. 若使用“平均分布各行”命令后，（　　）。

A. 表格行高调整为原有行高中的最大值

B. 表格行高调整为原有行高中的最小值

C. 表格行高调整为原有行高中的预设值

D. 表格行高调整为原有行高高度总和的平均数

25. 以下关于 Word 2010 中字号定义与实际字大小的比较，正确的是（　　）。

A. 五号>四号，13 磅>12 磅　　B. 五号<四号，13 磅<12 磅

C. 五号<四号，13 磅>12 磅　　D. 五号>四号，13 磅<12 磅

26. 关于 Word 2010 中使用图形，以下说法错误的是（　　）。

A. 图片可以进行大小调整，也可以进行裁剪

B. 插入图片可以嵌入文字中间，也可以浮于文字上方

C. 图片可以插入到文档中已有的图文框中，也可以插入到文档中的其他位置

D. 只能使用 Word 2010 本身提供的图片，而不能使用从其他图形软件中转换过来的图片

27. 在 Word 2010 中，编辑英文文本时经常会出现红色下画波浪线，这表示（　　）。

A. 语法错误　　B. 单词拼写错误　　C. 格式错误　　D. 逻辑错误

28. 以下有关 Word 2010 中“分栏”操作说法，正确的是（　　）。

A. “分栏”的设置在“段落”对话框中

B. “分栏”的设置在“页面设置”对话框中

C. “分栏”的最大值只能设置为 16

D. “分栏”的效果在普通视图中不能到看到

29. Word 2010 不包括的功能是（　　）。

A. 编辑　　B. 排版　　C. 打印　　D. 编译

30. 在 Word 2010 中要打印预览效果，可以通过（　　）实现。

A. 页面预览　　B. 普通视图　　C. 打印预览　　D. 打印

31. 在 Word 2010 中，用鼠标拖动选择矩形文字块的方法是（　　）。

A. 按住 Ctrl 键拖到鼠标　　B. 按住 Shift 键拖到鼠标

C. 按住 Alt 键拖到鼠标　　D. 同时按住 Ctrl 和 Shift 键拖到鼠标

32. Word 2010 快捷工具栏上的↺和↻按钮的作用是（　　）。

A. 前者是“重复”操作，后者是“撤销”操作

B. 前者是“撤销”操作，后者是“重复”操作

C. 前者的快捷键是 Ctrl+X，后者的快捷键是 Ctrl+Z

D. 前者的快捷键是 Ctrl+C，后者的快捷键是 Ctrl+V

33. Word 2010 中，“文件”菜单底部列出的文件命表示（　　）。

A. 该文件正在使用　　B. 该文件正在打印

C. 扩展名为 TXT 的文件　　D. 最近处理过的文件

34. Word 2010 文件的扩展名约定为（　　）。

A. txt　　B. docx　　C. xls　　D. dbf

35. 在 Word 2010“查找和替换“对话框中，默认的搜索范围是（　　）。

A. 全部　　B. 向上　　C. 向下　　D. 指定页

36. 在 Word 2010 中输入某些特殊的符号前，为了打开“符号”对话框，可以进行的操作是（　　）。

A. 依次单击“编辑”和“符号”

B. 依次单击“插入”和“对象”

C. 在编辑区右击，打开快捷菜单，单击其中的“符号”

D. 依次单击“格式”和“项目编辑符号”

37. 以下关于 Word 2010 表格制作的说法正确的是（　　）。

A. 利用“表格”命令，插入的表格列宽是固定的默认值

B. 利用“表格”命令中的“绘制表格”按钮可以手动绘制表格

C. 利用“表格”命令中的“插入表格”可以绘制任意行数、列数的表格

D. 可以直接用 Delete 键删除表格

38. 在 Word 2010“格式”菜单中打开“段落”对话框，以下不可以在其中设置是（　　）。

A. 段落行距为 1.5 行　　B. 段落首行缩进

C. 段落后空两行　　D. 段落字间距

39. Word 2010 的页面设置中，默认的纸型为（　　）。

A. A4　　B. A4 plus　　C. 16K　　D. A3

40. Word 2010 中默认的图片与文字的环绕方式是（　　）。

A. 四周型　　B. 紧密型　　C. 嵌入型　　D. 衬于文字下方

41. 以下不可以在“打印”对话框中设置的是（　　）。

A. 打印当前页　　B. 打印奇数页　　C. 打印 100 分　　D. 打印预览

42. 以下关于 Word 2010 中文字设置说法正确的是（　　）。

A. 默认字体有宋体、黑体、楷体和隶书

B. “字体”功能区中的“加粗”按钮可以设置字符间距

C. 利用“字体”功能区打开“字体”对话框，可以设置字符间距

D. 利用“段落”功能区打开“段落”对话框，可以设置字符间距

43. 在 Word 2010 中，以下关于艺术字的说法正确的是（　　）。

A. 在编辑区右击后弹出的快捷菜单中选择“艺术字”可以完成艺术字的插入

B. 插入文本区中的艺术字不可以再更改文字内容

C. 艺术字可以像图片一样设置其与文字的环绕关系

D. 在“艺术字”对话框中设置的线条色是指艺术字四周矩形方框的颜色

44. 在 Word 2010 中，页码不可以插入在（　　）位置上。

A. 页眉居中　　B. 页脚右侧　　C. 纵向中心　　D. 横向右侧

45. 剪贴板最多容纳（　　）项内容。

A. 10　　B. 11　　C. 12　　D. 13

46. 在 Word 2010 编辑过程中，使用（　　）键盘命令可将插入点直接移动到文章末尾。

A. Shift+ End　　B. Ctrl+ End　　C. Alt+ End　　D. End

47. 依次打开 3 个 Word 2010 文档，对每个文档都进行修改，修改完成后为了一次性保存这些文档，正确的操作是（　　）。

A. 按 Shift 键，同时单击“文件”菜单“全部保存”命令

B. 按 Shift 键，同时单击“文件”菜单“保存”命令

C. 按 Ctrl 键，同时单击“文件”菜单“保存”命令

D. 按 Ctrl 键，同时单击“文件”菜单“另存为”命令

48. “打印”对话框中“页面范围”选项卡下的“当前页”专指（　　）。

A. 当前光标所在的　　B. 当前窗口显示的页

C. 第一页　　D. 最后一页

二、判断题

1. Word 中不能插入剪贴画。（　　）

2. 插入艺术字即能设置字体，又能设置字号。（　　）

3. Word 中被剪掉的图片可以恢复。（　　）

4. 页边距可以通过标尺设置。（　　）

5. 如果需要对文本格式化，则必须先选择被格式化的文本，然后再对其进行操作。（　　）

6. 页眉与页脚一经插入，就不能修改了。（　　）

7. 对当前文档的分栏最多可分为三栏。（　　）

8. 使用 Delete 键删除的图片，可以粘贴回来。（　　）

9. 在 Word 中可以使用在最后一行的行末按下 Tab 键的方式在表格末添加一行。（　　）

10. 在打开的最近文档中，可以把常用文档进行固定而不被后续文档替换。（　　）

11. 在 Word 2010 中，通过屏幕截图'功能，不但可以插入未最小化到任务栏的可视化窗口图片，还可以通过屏幕剪辑插入屏幕任何部分的图片。（　　）

12. 在 Word 2010 中可以插入表格，而且可以对表格进行绘制、擦除、合并和拆分单元格、插入和删除行列等操作。（　　）

13. 在 Word 2010 中，表格底纹设置只能设置整个表格底纹，不能对单个单元格进行底纹设置。（　　）

14. 在 Word 2010 中，只要插入的表格选取了一种表格样式，就不能更改表格样式和进行表格的修改。（　　）

15. 在 Word 2010 中，不但可以给文本选取各种样式，而且可以更改样式。（　　）

16. 在 Word 中，行和段落间距'或段落'提供了单倍、多倍、固定值、多倍行距等行间距选择。（　　）

17. 自定义功能区'和自定义快速工具栏'中其他工具的添加可以通过，“文件”'→“选项”，打开“Word 选项”'对话框进行添加设置。（　　）

18. 在 Word 2010 中，可以插入页眉和页脚'，但不能插入，日期和时间。（　　）

19. 在 Word 2010 中，设置段落格式时，必须选定该段落的全部文字。（　　）

20. 在 Word 2010 操作中，必须，先选定，后操作'。（　　）

21. 在 Word 2010 中，使用插入表格'对话框简历表格时，可自动套用格式。（　　）

22. 在 Word 2010 中，只能用一种方法选定表格。（　　）

23. 在 Word 2010 中的页面设置中，不能自定义纸张大小。（　　）

24. 在 Word 2010 中，插入的图片只能按比例缩放。（　　）

25. 在 Word 2010 中，插入艺术字后，还可改变艺术字中的文字。　　　　(　　)
26. 在 Word 2010 中，插入的剪贴画，默认的文字环绕方式是四周型。　　　　(　　)
27. 在 Word 2010 中，建立组织结构图后，不能改变其布局。　　　　(　　)
28. 在 Word 2010 中，形状可以设置阴影效果。　　　　(　　)
29. 在 Word 2010 中，只能插入横排文本框。　　　　(　　)
30. 在 Word 2010 中，文本框中的文字环绕方式都是浮于文字上方。　　　　(　　)

三、填空题

1. Word 格式栏上的 B、I、U，代表字符的粗体、________、下画线标记。
2. Word 对文件另存为另一新文件名，可选用“文件”菜单中的________命令。
3. Word 中按住________键，单击图形，可选定多个图形。
4. Word 中复制的快捷键是________。
5. Word 中新建 Word 文档的快捷键是________。
6. 在 Word 窗口的工作区中闪烁的垂直条表示________。
7. 启动 Word 后，Word 建立一个新的名为________的空文档，等待输入内容。
8. 在 Word 中，按键________与工具栏上的粘贴按功能相同。
9. 在 Word 中，在选定文档内容之后，单击工具栏上的“复制”按钮时将选定的内容复制到________。
10. 在 Word 文档编辑区中，要删除插入点右边的字符，应该按________键。
11. 在 Word 中，按________键可以选定文档中的所有内容。
12. 在 Word 中，按________键与工具栏上的保存按钮功能相同。
13. 在 Word 中，格式工具栏上标有“B”字母按钮的作用是使选定对象________。
14. 在 Word 中将页面正文的底部页面空白称为________。
15. 在 Word 中将页面正文的顶部空白部分称为________。

习题四　电子表格处理软件 Excel 2010

一、单项选择题

1. 在 Excel 2010 中打开“单元格格式”的快捷键是（　　）。
   A. Ctrl+Shift+E　　B. Ctrl+Shift+F　　C. Ctrl+Shift+G　　D. Ctrl+Shift+H
2. 在单元格输入下列（　　），该单元格显示 0.3。
   A. 6/20　　B. =6/20　　C. “6/20”　　D. =“6/20”
3. 下列函数，能对数据进行绝对值运算（　　）。
   A. ABS　　B. ABX　　C. EXP　　D. INT
4. Excel 2010 中，如果给某单元格设置的小数位数为 2，则输入 100 时显示（　　）。
   A. 100.00　　B. 10000　　C. 1　　D. 100

5. 给工作表设置背景，可以通过下列（　　）选项卡完成。

A. “开始”选项卡　　B. “视图”选项卡

C. “页面布局”选项卡　　D. “插入”选项

6. 以下关于 Excel 2010 的缩放比例，说法正确的是（　　）。

A. 最小值 10%，最大值 500%　　B. 最小值 5%，最大值 500%

C. 最小值 10%，最大值 400%　　D. 最小值 5%，最大值 400%

7. 已知单元格 A1 中存有数值 563.6，若输入函数=INT(A1)，则该函数值为（　　）。

A. 563.7　　B. 563.78　　C. 563　　D. 563.8

8. 在 Excel 2010 中，仅把某单元格的批注复制到另外单元格中，方法是（　　）。

A. 复制原单元格到目标单元格执行粘贴命令

B. 复制原单元格到目标单元格执行选择性粘贴命令

C. 使用格式刷

D. 将两个单元格链接起来

9. 在 Excel 2010 中，要在某单元格中输入 1/2，应该输入（　　）。

A. #1/2　　B. 0.5　　C. 0 1/2　　D. 1/2

10. 在 Excel 2010 中，如果要改变行与行、列与列之间的顺序，应按住（　　）键不放，结合鼠标进行拖动。

A. Ctrl　　B. Shift　　C. Alt　　D. 空格

11. Excel 2010 中，如果删除的单元格是其他单元格的公式所引用的，这些公式将会显示（　　）。

A. #####!　　B. #REF!　　C. #VALUE!　　D. #NUM!

12. 关于公式 =Average(A2:C2 B1:B10)和公式=Average(A2:C2,B1:B10)，下列说法正确的是（　　）。

A. 计算结果一样的公式

B. 第一个公式写错了，没有这样的写法的

C. 第二个公式写错了，没有这样的写法的

D. 两个公式都对

13. 在单元格中输入“=Average(10,-3.-PI)”，则显示（　　）。

A. 大于 0 的值　　B. 小于 0 的值　　C. 等于 0 的值　　D. 不确定的值

14. 现 A1 和 B1 中分别有内容 12 和 34，在 C1 中输入公式“=A1&B1”，则 C1 中的结果是（　　）。

A. 1234　　B. 12　　C. 34　　D. 46

15. 关于 Excel 文件保存，（　　）说法错误。

A. Excel 文件可以保存为多种类型的文件

B. 高版本的 Excel 的工作簿不能保存为低版本的工作簿

C. 高版本的 Excel 的工作簿可以打开低版本的工作簿

D. 要将本工作簿保存在别处，不能选“保存”，要选“另存为”

16. 在 Excel 中，若单元格 C1 中公式为=A1+B2，将其复制到 E5 单元格，则 E5 中的公式

是（　　）。

A. =A1+B2　　B. =C5+D6　　C. =C3+ D4　　D. =A3+B4

17. 在 Excel 操作中，某公式中引用了一组单元格，它们是（C3：D7,A1：F1）,该公式引用的单元格总数为（　　）。

A. 16　　B. 2　　C. 4　　D. 8

18. 在工作表中，第 28 列的列标表示为（　　）。

A. AB　　B. AB　　C. AC　　D. AD

19. 如果要打印行号和列标，应该通过“页面设置”对话框中的哪一个选项卡进行设置（　　）。

A. 工作表　　B. 页边距　　C. 页眉/页脚　　D. 页面

20. 在 Excel 中 ，用以下哪项表示比较条件式逻辑“假”的结果（　　）。

A. TRUE　　B. FALSE　　C. 1　　D. ERR

21. Excel 2010 中，在对某个数据库进行分类汇总之前，必须（　　）。

A. 不应对数据排序　　B. 使用数据记录单

C. 应对数据库的分类字段进行排序　　D. 设置筛选条件

22. 如果公式中出现“#DIV/0！”，则表示（　　）。

A. 结果为 0　　B. 列宽不足　　C. 除数为 0　　D. 无此函数

23. Excel 单元格中，手动换行的方法是（　　）。

A. Ctrl+Enter　　B. Shift+Enter　　C. Alt+Enter　　D. Ctrl+Shift

24. 本来输入 Excel 单元格的是数，结果却变成了日期，原因是（　　）。

A. 不可预知的原因

B. 该单元格太宽了

C. 该单元格的数据格式被设置为日期格式

D. 程序出错

25. 在 Excel 中数据透视表的数据区域默认的字段汇总方式是（　　）。

A. 平均值　　B. 乘积　　C. 求和　　D. 最大值

26. 在 Excel 中，工作簿一般是由下列（　　）组成。

A. 工作表　　B. 文字　　C. 单元格　　D. 单元格区域

27. 以下不属于 Excel 中的算术运算符的是（　　）。

A. /　　B. %　　C. *　　D. <>

28. 下面哪一个选项不属于“设置单元格格式”对话框中“数字”选项卡中的内容（　　）。

A. 字体　　B. 货币　　C. 日期　　D. 字体

29. 在 Excel 2010 中，默认保存后的工作簿格式扩展名是（　　）。

A. *.XLSX　　B. *.XLS　　C. *.HTM　　D. *.XLST

30. 在 Excel 2010 中，可以通过（　　）选项卡对所选单元格进行数据筛选，筛选出符合你要求的数据。

A. 开始　　B. 插入　　C. 数据　　D. 审阅

31. 以下不属于 Excel 2010 中数字分类的是（　　）。

A. 常规　　B. 货币　　C. 文本　　D. 条形码

32. 绝对地址在被复制或移动到其他单元格时，其单元格地址（　　）。

A. 不会改变　　B. 部分改变　　C. 发生改变　　D. 不能复制

33. 在 Excel 2010 中要录入身份证号，数字分类应选择（　　）格式。

A. 常规　　B. 数值　　C. 科学计数　　D. 文本

34. 在 Excel 2010 中要想设置行高、列宽，应从（　　）选项卡进行设置。

A. 开始　　B. 插入　　C. 页面布局　　D. 视图

35. 在 Excel 2010 中，在（　　）功能区可进行工作簿视图方式的切换。

A. 开始　　B. 视图　　C. 审阅　　D. 页面布局

二、判断题

1. 在 Excel 2010 中，可以更改工作表的名称和位置。（　　）

2. 在 Excel 中只能清除单元格中的内容，不能清除单元格中的格式。（　　）

3. 在 Excel 2010 中，使用筛选功能只显示符合设置条件的数据而隐藏其他数据。（　　）

4. Excel 工作表的数量可根据工作需要作适当增加或减少，并可以进行重命名、设置标签颜色等相应的操作。（　　）

5. Excel 2010 可以通过 Excel 选项自定义功能区和自定义快速访问工具栏。（　　）

6. Excel 2010 的“文件”→“保存并发送”，只能更改文件类型保存，不能将工作簿保存到 Web 或共享发布。（　　）

7. 要将最近使用的工作簿固定到列表，可打开“最近所用文件”，单击固定的工作簿右边对应的按钮即可。（　　）

8. 在 Excel 2010 中，除在“视图”功能可以进行显示比例调整外，还可以在工作簿右下角的状态栏拖动缩放滑块进行快速设置。（　　）

9. 在 Excel 2010 中，只能设置表格的边框，不能设置单元格边框。（　　）

10. 在 Excel 2010 中套用表格格式后可在“表格样式选项”中选取“汇总行”显示出汇总行，但不能在汇总行中进行数据类别的选择和显示。（　　）

11. Excel 2010 中不能进行超链接设置。（　　）

12. Excel 2010 中只能用“套用表格格式”设置表格样式，不能设置单个单元格样式。（　　）

13. 在 Excel 2010 中，除可创建空白工作簿外，还可以下载多种 office.com 中的模板。（　　）

14. 在 Excel 2010 中，只要应用了一种表格格式，就不能对表格格式进行更改和清除。（　　）

15. 运用“条件格式”中的“项目选取规划”，可自动显示学生成绩中某列前 10 名内单元格的格式。（　　）

16. 在 Excel 2010 中，后台“保存自动恢复信息的时间间隔”默认为 10 分钟。（　　）

17. 在 Excel 2010 中当插入图片、剪贴画、屏幕截图后，功能区选项卡就会出现“图片工具—格式”选项卡，打开图片工具功能区面板做相应的设置。（　　）

18. 在 Excel 2010 中设置“页眉和页脚”，只能通过“插入”功能区来插入页眉和页脚，没有其他的操作方法。（　　）

19. 在 Excel 2010 中只要运用了套用表格格式，就不能消除表格格式，把表格转为原始的普通表格。（　　）

20. 在 Excel 2010 中只能插入和删除行、列，但不能插入和删除单元格。（　　）

三、填空题

1. Excel 2010 默认保存工作簿的格式扩展为________。

2. 在 Excel 中，如果要将工作表冻结便于查看，可以用________选项卡中的“冻结窗格”来实现。

3. 在 Excel 2010 中新增“迷你图”功能，可选定数据在某单元格中插入迷你图，同时打开________选项卡进行相应的设置。

4. 在 Excel 中，如果要对某个工作表重新命名，可以通过________选项卡中的“格式”按钮来实现。

5. 在 A1 单元格内输入“30001”，然后按下 Ctrl 键，拖动该单元格填充柄至 A8，则 A8 单元格中内容是________。

6. 一个工作簿包含多个工作表，默认状态下有________个工作表，分别为 Sheet1、Sheet2、Sheet3。

7. Excel 2010 中，对输入的文字进行编辑是选择________选项卡。

8. 在 Excel 的一张工作表中，最多由________个单元格所组成。

9. 在 Excel 中，当创建一个新工作簿文件后会自动建立________张工作表。

10. 在 Excel 中，已知某工作表的 E4 单元格中已输入公式“=B4*C4/(1+$F$2)-$D4”,若将此单元格公式复制到 G3 单元格后（同一工作表），则 G3 中的公式应为________。

11. 在 Excel 中，如果单元格 D3 的内容是“=A3+C3”，选择单元格 D3，然后向下拖动数据填充柄，这样单元格 D4 的内容是________。

12. 在 Excel 中，拖动单元格的________可以进行数据填充。

13. Excel 2010 常用运算符有引用运算、________、字符连接和关系运算等 4 类。

14. 在 Excel 中，单元格 E5 中有公式“=SUM(C5:D5)*Sheet3!B5”，在公式中“Sheet3!B5”表示________。

15. 在 Excel 中，函数 sum(Al:A3)相当于公式表示为________。

16. 在 Excel 中，图表和数据表放在一个工作簿的不同工作表中，这种方法称为：________。

习题五　演示文稿制作软件 PowerPoint 2010

一、单项选择题

1. PowerPoint 2010 是（　　）家族中的一员。

A. Linux　B. Windows　C. Office　D. Word

2. PowerPoint 2010 中新建文件的默认名称是（　　）。

A. DOCl　B. SHEETl　C. 演示文稿 1　D. BOOKl

3. PowerPoint 2010 的主要功能是（　　）。

A. 电子演示文稿处理　B. 声音处理

C. 图像处　D. 文字处理

4. 扩展名为（　　）的文件，在没有安装 PowerPoint 2010 的系统中可直接放映。

A. .pop　B. .ppz　C. .pps　D. .ppt

5. 在 PowerPoint 2010 中，添加新幻灯片的快捷键是（　　）。

A. Ctrl+M　B. Ctrl+N　C. Ctrl+O　D. Ctrl+P

6. 下列视图中不属于 PowerPoint 2010 视图的是（　　）。

A. 幻灯片视图　B. 页面视图　C. 大纲视图　D. 备注页视图

7. PowerPoint 2010 制作的演示文稿文件扩展名是（　　）。

A. .pptx　B. .xls　C. .fpt　D. .doc

8. （　　）视图是进入 PowerPoint 2010 后的默认视图。

A. 幻灯片浏览　B. 大纲　C. 幻灯片　D. 普通

9. PowerPoint 2010，若要在“幻灯片浏览”视图中选择多个幻灯片，应先按住（　　）键。

A. Alt　B. Ctrl　C. F4　D. Shift+F5

10. 在 PowerPoint 2010 中，要同时选择第 1、2、5 三张幻灯片，应该在（　　）视图下操作。

A. 普通　B. 大纲　C. 幻灯片浏览　D. 备注

11. 在 PowerPoint 2010 中，“文件”选项卡可创建（　　）。

A. 新文件、打开文件　B. 图标

C. 页眉或页脚　D. 动画

12. 在 PowerPoint 2010 中，“插入”选项卡可以创建（　　）。

A. 新文件、打开文件　B. 表、形状与图标

C. 文本左对齐　D. 动画

13. 在 PowerPoint 2010 中，“设计”选项卡可自定义演示文稿的（　　）。

A. 新文件、打开文件　B. 表、形状与图标

C. 背景、主题设计和颜色　D. 动画设计与页面设计

14. 在 PowerPoint 2010 中，“动画”选项卡可以定义幻灯片上的（　　）。

A. 对象应用、更改与删除动画　B. 表、形状与图标

C. 背景、题设计和颜色　D. 动画设计与页面设计

15. 在 PowerPoint 2010 中，“视图”选项卡可以查看幻灯片（　　）。

A. 母版、备注母版、幻灯片浏览　B. 页号

C. 顺序　D. 编号

16. PowerPoint 2010 演示文稿的扩展名是（　　）。

A. .ppt　B. .pptx　C. .xslx　D. .docx

17. 要进行幻灯片页面设置、主题选择，可以在（　　）选项卡中操作。
A. 开始　B. 插入　C. 视图　D. 设计

18. 要对幻灯片母版进行设计和修改时，应在（　　）选项卡中操作。
A. 设计　B. 审阅　C. 视图　D. 插入

19. 从当前幻灯片开始放映幻灯片的快捷键是（　　）。
A. Shift + F5　B. Shift + F4　C. Shift + F3　D. Shift + F2

20. 从第一张幻灯片开始放映幻灯片的快捷键是（　　）。
A. F2　B. F3　C. F4　D. F5

21. 要设置幻灯片中对象的动画效果以及动画的出现方式时，应（　　）选项卡中操作。
A. 切换　B. 动画　C. 设计　D. 审阅

22. 要设置幻灯片的切换效果以及切换方式，应在（　　）选项卡中操作。
A. 开始　B. 设计　C. 切换　D. 动画

23. 要对幻灯片进行保存、打开、新建、打印等操作时，应在（　　）选项卡中操作。
A. 文件　B. 开始　C. 设计　D. 审阅

24. 要在幻灯片中插入表格、图片、艺术字、视频、音频等元素时，应在（　　）选项卡中操作。
A. 文件　B. 开始　C. 插入　D. 设计

25. 要让 PowerPoint 2010 制作的演示文稿在 PowerPoint 2010 中放映，必须将演示文稿的保存类型设置为（　　）。
A. PowerPoint 演示文稿（*. pptx）　B. PowerPoint 97-2010 演示文稿（*.ppt）
C. XPS 文档（*. xps）　D. Windows Media 视频（*. wmv）

26. 在 PowerPoint 2010 中，“审阅”选项卡可以检查（　　）
A. 文件　B. 动画　C. 拼写　D. 切换

27. 在状态栏中没有显示都是（　　）视图按钮。
A. 普通　B. 幻灯片浏览　C. 幻灯片放映　D. 备注页

28. PowerPoint 2010 演示文稿的扩展名是（　　）。
A. pptx　B. ppzx　C. potx　D. ppsx

29. 按住（　　）键可以选择多张不连续的幻灯片。
A. Shift　B. Ctrl　C. Alt　D. Ctrl+Shift

30. 按住鼠标左键，并拖动幻灯片到其他位置是进行幻灯片的（　　）操作。
A. 移动　B. 复制　C. 删除　D. 插入

31. 光标位于幻灯片窗格中时，单击“开始”选项卡的“幻灯片”功能区中的“新建幻灯片”按钮，插入的新幻灯片位于（　　）。
A. 当前幻灯片之前　B. 当前幻灯片之后
C. 文档的最前面　D. 文档的最后面

32. 幻灯片的版式是由（　　）组成的。
A. 文本框　B. 表格　C. 图标　D. 占位符

33. 如果打印幻灯片的第 1、3、4、5、7 张，则在“打印”对话框的“幻灯片”文本框中可以输入（　　）。

A. 1-3-4-5-7　　B. 1,3,4,5,7

C. 1-3,4,5-7　　D. 1-3，4-5，7

34. 演示文稿与幻灯片的关系是（　　）。

A. 演示文稿和幻灯片是同一个对象　　B. 幻灯片由若干个演示文稿组成

C. 演示文稿由若干个幻灯片组成　　D. 演示文稿和幻灯片没有联系

35. 在应用了板式之后，幻灯片中的占位符（　　）。

A. 不能添加，也不能删除　　B. 不能添加，但可以删除

C. 可以添加，也可以删除　　D. 可以添加，但不能删除

36. 如果要设置“居中对齐”方式，应单击“开始”选项卡“段落”功能区中的（　　）按钮。

A. ≣　　B. ≣　　C. ▤　　D. ▤

37. 在“字体”对话框中不可以进行文本的（　　）设置。

A. 上、下标　　B. 删除线　　C. 下画线　　D. 倾斜度

38. “插入图片”在对话框中，以（　　）视图模式显示图片文件可以直接浏览到图片效果。

A. 大图标　　B. 小图标　　C. 浏览　　D. 缩略图

39. 在“图片工具”下的（　　）功能区中可以对图片进行添加边框的操作。

A. 图片样式　　B. 调整　　C. 大小　　D. 排列

40. 结合（　　）键可以绘制出正方形和圆形图形。

A. Alt　　B. Ctrl　　C. Shift　　D. Tab

二、判断题

1. 在 PowerPoint 2010 中创建和编辑的单页文档称为幻灯片。（　　）

2. 在 PowerPoint 2010 中创建的一个文档就是一张幻灯片。（　　）

3. PowerPoint 2010 是 Windows 家族中的一员。（　　）

4. 设计制作电子演示文稿不是 PowerPoint 2010 的主要功能。（　　）

5. 幻灯片的复制、移动与删除一般在普通视图下完成。（　　）

6. 当创建空白演示文稿时，可包含任何颜色。（　　）

7. 幻灯片浏览视图是进入 PowerPoint 2010 后的默认视图。（　　）

8. 在 PowerPoint 2010 中使用文本框，在空白幻灯片上即可输入文字。（　　）

9. 在 PowerPoint 2010 的“幻灯片浏览”视图中可以给一张幻灯片或几张幻灯片中的所有对象添加相同的动画效果。（　　）

10. PowerPoint 2010 幻灯片中可以处理的最大字号是初号。（　　）

11. 幻灯片的切换效果是在两张幻灯片之间切换时发生的。（　　）

12. 母版以.potx 为扩展名。（　　）

13. PowerPoint 2010 幻灯片中可以插入剪贴画、图片、声音、影片等信息。（　　）

14. PowerPoint 2010 具有动画功能，可使幻灯片中的各种对象以充满动感的形式展示在屏幕上。（　　）

15. 设计动画时，既可以在幻灯片内设计动画效果，也可以在幻灯片间设计动画效果。（　　）

三、填空题

1. PowerPoint 2010 生成的演示文稿的默认扩展名为________。

2. 在幻灯片正在放映时，按键盘上的 Esc 键，可________。

3. 保存 PowerPoint 2010 演示文稿，系统默认的文件夹为________。

4. 同一个演示文稿中的幻灯片，只能使用________个模板。

5. 在 PowerPoint 2010 中，标题栏显示________。

6. 在 PowerPoint 2010 中，快速访问工具栏默认情况下有________、________、________等 3 个按钮。

7. 要在 PowerPoint 2010 中设置幻灯片动画，应在________选项卡中进行操作。

8. 要在 PowerPoint 2010 中显示标尺、网络线、参考线，以及对幻灯片母版进行修改，应在________选项卡中进行操作。

9. 在 PowerPoint 2010 中要用到拼写检查、语言翻译、中文简繁体转换等功能时，应在________选项卡中进行操作。

10. 在 PowerPoint 2010 中对幻灯片进行页面设置时，应在________选项卡中操作。

11. 要在 PowerPoint 2010 中设置幻灯片的切换效果以及切换方式，应在________选项卡中进行操作。

12. 要在 PowerPoint 2010 中插入表格、图片、艺术字、视频、音频时，应在________选项卡中进行操作。

13. 在 PowerPoint 2010 中对幻灯片进行另存、新建、打印等操作时，应在________选项卡中进行操作。

14. 在 PowerPoint 2010 中对幻灯片放映条件进行设置时，应在________选项卡中进行操作。

15. 在 PowerPoint 2010 中，“开始”选项卡可以插入________。

16. 在 PowerPoint 2010 中，“插入”选项卡克将表、形状、________插入到演示文稿中。

17. 在 PowerPoint 2010 中，“设计”选项卡可自定义演示文稿的背景、主题、颜色和________。

18. PowerPoint 2010 提供了 6 种视图方式：________、________、________、________、________、________。

19. 在 PowerPoint 2010 中，新建第二张幻灯片时，在“开始”选项卡中，单击________。

习题六　Internet 应用

一、单项选择题

1. 因特网上的安全问题一方面来自人为因素和自然因素，另一方面是（　　）本身存在的安全问题。

A. 网络传输协议　B. TCP/IP 协议　C. TCP 协议　D. IP 协议

2. 就计算机网络分类而言，下列说法正确的是（　　）。

A. 网络可以分为光缆网、无线网、局域网和有线网

B. 网络可以分为公用网、专用网、远程网和局域网

C. 网络可以分为数字网、模拟网、局域网和专用网

D. 网络可以分为局域网、城域网和广域网

3. 在通常发送和接收电子邮件时，需要 SMTP 和（　　）邮件服务器。

A. MIME　B. TCP　C. POP　D. IP

4. 下列选项是 IP 地址的是（　　）。

A. SJZ engineering　insititute　B. www.pku.edu.cn

C. wangqiang@sina.com.cn　D. 202.192.168.21

5. 下面（　　）不是因特网的机构域名。

A. edu　B. www　C. gov　D. com

6. 如果电子邮件到达时，计算机没有开机，那么电子邮件将（　　）。

A. 退回给发信人　B. 保存在服务商的主机上

C. 过一会对方再重新发送　D. 永远不再发送

7. 要想查看近期访问的站点，应该点击（　　）按钮。

A. 主页　B. 搜索　C. 收藏　D. 历史

8. 通常一台计算机要接入互联网，应当安装的设备是（　　）。

A. 网络操作系统　B. 调制解调器或网卡

C. 网络查询工具　D. 浏览器

9. TCP/IP 协议的含义是（　　）。

A. 局域网传输协议　B. 拨号入网传输协议

C. 传输控制协议和网际协议　D. OSI 协议集

10. 下列四项内容中，不属于因特网基本功能的是（　　）。

A. 电子邮件　B. 文件传输　C. 远程登录　D. 实时监测控制

11. 在计算机网络中，“带宽”用（　　）表示。

A. 频率（Hz）　B. 每秒传输多少字节

C. 每秒传输多少二进制位　D. 每秒传输多少个字符

12. 计算机网络的目标是实现（　　）。

A. 数据处理　B. 信息传输与数据处理

C. 文献查询　D. 资源共享与信息传输

13. IE 的收藏夹是用来（　　）。

A. 记忆感兴趣的文件名　B. 记忆感兴趣的文件内容

C. 记忆感兴趣的页面的内容　D. 记忆感兴趣的页面的地址

14. 在网址 Http://www.sina.com.cn 中，Http 表示（　　）。

A. 超链接　B. 超文本

C. 域名　　D. 超文本传输协议

15. 电子邮件是（　　）。

A. 网络信息检索服务　　B. 通过 Web 网页发布的公告信息

C. 通过网络实时的信息传递方式　　D. 一种利用网络交换信息的非交互式服务

16. 局域网常用的网络拓扑结构是（　　）。

A. 总线形、星形和环形　　B. 总线形和星形

C. 星形和环形　　D. 总线形、星形和树形

17. 不能作为计算机网络中传输中介的是（　　）。

A. 微波　　B. 光纤

C. 光盘　　D. 双绞线

18. 电子邮件地址的一般格式是（　　）。

A. 域名@IP 地址　　B. 用户名@域名

C. 域名@用户名　　D. IP 地址@域名

19. 电子邮箱是（　　）用户开辟的一块存储空间。

A. 邮件服务器的硬盘上　　B. 邮件服务器的内存中

C. 用户机的硬盘上　　D. 用户机的内存中

20. 局域网的英文缩写是（　　）。

A. WAN　　B. LAN　　C. MAN　　D. Internet

21. Internet 的域名中，顶级域名为 gov 代表（　　）。

A. 教育机构　　B. 商业机构　　C. 政府部门　　D. 军事部门

22. Internet 的规范译名应为（　　）。

A. 英特尔网　　B. 因特网　　C. 万维网　　D. 以太网

23. 计算机网络是一个（　　）系统

A. 管理信息系统　　B. 管理数据系统

C. 编译系统　　D. 在协议控制下的多机互连系统

24. 下面（　　）计算机网络不是按覆盖地域划分的。

A. 局域网　　B. 都市网　　C. 广域网　　D. 星形网

25. 通常把计算机网络定义为（　　）。

A. 以共享资源为目标的计算机系统，称为计算机网络

B. 能按网络协议实现通信的计算机系统，称为计算机网络

C. 把分布在不同地点的多台计算机互联起来构成的计算机系统，称为计算机网络

D. 把分布在不同地点的多台计算机在物理上实现互联，按照网络协议实现相互间的通信，以共享硬件、软件和数据资源为目标的计算机系统，称为计算机网络。

26. Internet 是目前世界上第一大互联网，它起源于美国，其雏形是（　　）。

A. NCFC 网　　B. CERNET 网

C. GBNET 网　　D. ARPANET 网

27. 在因特网上浏览需要利用的软件是（　　）。

A. Word　　B. Excel　　C. IE 7.0　　D. FoxPro

28. 在 WWW 系统中，主页（Home Page）的含义是（　　）。
   A. Internet 的技术文件
   B. 传送电子邮件的界面
   C. 个人或机构的基本信息的第一个页面
   D. 比较重要的 Web 页面
29. 域名地址中的后缀 cn 的含义是（　　）。
   A. 美国　　B. 中国
   C. 教育部门　　D. 商业部门
30. FTP 的含义是（　　）。
   A. 文件传输协议　　B. 超文本传输协议
   C. 传输控制协议　　D. 远程登录协议
31. Internet 上计算机的名字由许多域构成，域间用（　　）分隔。
   A. 小圆点　　B. 逗号　　C. 分号　　D. 冒号
32. 域名与 IP 地址的关系是（　　）。
   A. 一个域名对应多个 IP 地址　　B. 一个 IP 地址对应多个域名
   C. 域名与 IP 地址没有关系　　D. 一一对应
33. 域名系统 DNS 的作用是（　　）。
   A. 存放主机域名　　B. 存放 IP 地址
   C. 存放邮件的地址系　　D. 将域名转换成 IP 地址

二、判断题

1. 通信信道根据传输信号的类型可分为模拟信道和数字信道。（　　）

2. 视频会议系统是通过网络通信技术实现虚拟会议，使在地理上分散的用户可以实现距离实时交流图像、声音等多种信息、开展协同工作的应用系统。（　　）

3. 数据通信系统模型中，信宿是信息的发出者，信源是信息的接收者。（　　）

4. 数据通信线路的形式中，具备最佳数据保密性及最高传输效率的是光纤。（　　）

5. 申请电子邮箱过程中，填写个人信息时填写密码提示问题的好处是当遗忘密码时可以到该网站用密码提示问题功能找回密码。（　　）

6. 计算机网络能传输的信息是所有的多媒体信息。（　　）

7. @yhm.163.com 是正确的 E-MAIL 地址。（　　）

8. BBS 是指网上专卖店。（　　）

9. 代表网页文件的扩展名是 html。（　　）

10. 网上传输图像文件常用的格式是.JPG。（　　）

11. 浏览 Web 网站必须使用浏览器，目前常用的浏览器是 Outlook Express。（　　）

12. 根据域名代码规定，域名为 katong.com.cn 表示的网站类别应是教育机构。（　　）

13. 目前世界上最大的计算机互联网络是 Internet。（　　）

三、填空题

1. 网络中各结点的互联方式叫作网络的________。

2. 在计算机网络中，通信双方必须共同遵守的规则或约定，称为________。

3. 计算机网络按其所覆盖的地理范围可以分________、城域网和广域网。

4. 用户如果想要在网上查询 WWW 信息，必须安装并运行一个被称为________软件。

5. 在计算机网络的使用中，网络的最显著特点是________。

6. 电子公告牌的英文缩写是________。

7. 网络体系结构中，由低层到高层排列依次为物理层、________、网络层、传输层、________、表示层和________共七层。

8. 下载是指从________上复制文字、图片、声音等信息或软件到本地硬盘上。

习题一　计算机基础知识

一、单项选择题

1	2	3	4	5	6
D	B	B	C	B	D
7	8	9	10	11	12
C	C	D	B	D	A
13	14	15	16	17	18
C	B	B	D	D	A
19	20	21	22	23	24
B	C	B	D	D	D
25	26	27	28	29	30
D	B	D	B	C	C
31	32	33	34	35	36
B	C	B	A	C	D
37	38	39	40	41	42
C	C	A	B	C	A

43	44	45	46	47	48
B	A	C	C	A	C
49	50	51	52	53	54
B	D	A	D	A	B
55	56	57	58	59	60
D	D	B	B	D	C
61	62	63	64	65	66
D	C	B	D	D	A
67	68	69	70	71	72
D	D	D	A	D	D
73	74				
A	C				

二、判断题

1	2	3	4	5	6
×	×	√	×	×	×
7	8	9	10	11	12
×	×	√	√	√	×
13	14	15	16	17	18
×	×	×	√	×	√
19	20	21	22	23	24
√	√	√	√	√	√

三、填空题

1. 二进制

7. ROM　RAM

2. 64H
3. 100
4. 输入
5. 内存储器
6. 计算机软硬件资源
8. 8　1024^2
9. 运算器　控制器
10. 中央处理器
11. 硬件系统　软件系统

习题二　操作系统 Windows 7

一、单项选择题

1	2	3	4	5	6
A	B	A	B	A	C
7	8	9	10	11	12
A	C	C	A	C	D
13	14	15	16	17	18
C	A	B	D	A	A
19	20	21	22	23	24
A	B	A	B	A	C
25	26	27	28	29	30
C	B	A	C	C	C
31	32	33	34	35	36
C	A	D	D	D	C
37	38	39	40	41	42
B	D	B	C	B	B
43	44	45	46	47	48
C	B	D	D	B	A
49	50				
B	A				

二、判断题

1	2	3	4	5	6
×	√	√	×	√	√
7	8	9	10	11	12
×	×	×	√	√	√
13	14	15			
√	×	×			

三、填空题

1. 1GB
2. 文档
3. 微软
4. NTFS
5. 复制
6. 16
7. 剪切
8. 粘贴
9. 处理文本文件
10. 文本　图像　应用程序　用户文件
11. 软盘　硬盘
12. 通配符
13. 写字板
14. Microsoft 公司

习题三　文字处理软件 Word 2010

一、单项选择题

1	2	3	4	5	6
C	C	C	A	B	A
7	8	9	10	11	12
A	C	B	A	C	B
13	14	15	16	17	18
B	C	A	C	B	D
19	20	21	22	23	24
A	B	C	A	B	D

25	26	27	28	29	30
C	D	B	D	D	C
31	32	33	34	35	36
C	B	D	B	A	C
37	38	39	40	41	42
B	D	A	C	D	C
43	44	45	46	47	48
C	A	C	B	A	A

二、判断题

1	2	3	4	5	6
×	×	×	√	√	×
7	8	9	10	11	12
×	×	√	√	√	√
13	14	15	16	17	18
×	×	√	√	√	×
19	20	21	22	23	24
×	√	√	×	×	×
25	26	27	28	29	30
√	×	×	√	×	×

三、填空题

1. 斜体
2. 另存为
3. Shift
4. Ctrl+C

9. 剪贴板
10. Delete
11. Ctrl+A
12. Ctrl+S

5. Ctrl+N
6. 插入点
7. 文档 1
8. Ctrl+V
13. 变为粗体
14. 页脚
15. 页眉

习题四　电子表格软件 Excel 2010

一、单项选择题

1	2	3	4	5	6
B	B	B	A	D	A
7	8	9	10	11	12
A	B	A	B	B	B
13	14	15	16	17	18
C	A	B	A	A	A
19	20	21	22	23	24
A	B	D	C	C	C
25	26	27	28	29	30
C	A	C	D	A	C
31	32	33	34	35	
D	A	A	C	B	

二、判断题

1	2	3	4	5	6
√	×	√	√	√	×
7	8	9	10	11	12
√	√	×	√	×	×
13	14	15	16	17	18

√	×	√	√	√	×
19	20				
×	×				

三、填空题

1. XLSX
2. 视图
3. 插入
4. 开始
5. 30008
6. 3
7. 开始
8. 256×65 536
9. 3
10. =D3*E3/(1+$F$2)-$D3
11. =A4+C4
12. 填充柄
13. 算术运算
14. 工作表 Sheet3 中的 B5 单元格
15. Al+A2+A3
16. 独立式图表

习题五　演示文稿 PowerPoint 2010

一、单项选择题

1	2	3	4	5	6
C	C	A	C	A	B
7	8	9	10	11	12
A	D	B	C	A	B
13	14	15	16	17	18
C	A	D	B	D	C
19	20	21	22	23	24
A	D	B	C	A	C
25	26	27	28	29	30
B	C	D	A	B	A
31	32	33	34	35	36
B	D	B	C	B	A

37	38	39	40		
D	D	A	C		

二、判断题

1	2	3	4	5	6
√	×	×	×	×	×
7	8	9	10	11	12
×	√	√	×	√	×
13	14	15			
√	√	√			

三、填空题

1. .pptx
2. 结束放映
3. 我的文档
4. 1
5. 程序名及当前操作的文件名
6. 保存、撤销、恢复
7. 动画
8. 视图
9. 审阅
10. 设计
11. 切换
12. 插入
13. 文件
14. 幻灯片放映
15. 新幻灯片
16. 页眉或页脚
17. 页面设计
18. 普通视图、幻灯片浏览视图、幻灯片放映视图、阅读视图、母版视图、演示者视图
19. “新建幻灯片”按钮

习题六　Internet 应用

一、单项选择题

1	2	3	4	5	6
A	D	C	D	B	B
7	8	9	10	11	12
D	B	C	D	C	D

13	14	15	16	17	18
D	D	D	A	C	B
19	20	21	22	23	24
A	B	C	B	D	D
25	26	27	28	29	30
D	D	C	C	B	A
31	32	33			
A	D	D			

二、判断题

1	2	3	4	5	6
√	√	×	√	√	√
7	8	9	10	11	12
×	×	√	√	×	×
13					
√					

三、填空题

1. 拓扑结构
2. 通信协议
3. 局域网
4. 浏览器
5. 资源共享
6. BBS
7. 数据链路层　会话层　应用层
8. 网站